移动物联网智能通信与计算

宁兆龙　王小洁　董沛然◎著

人 民 邮 电 出 版 社
北　京

图书在版编目（CIP）数据

移动物联网智能通信与计算 / 宁兆龙，王小洁，董沛然著. -- 北京 : 人民邮电出版社，2022.7
ISBN 978-7-115-58730-5

Ⅰ. ①移… Ⅱ. ①宁… ②王… ③董… Ⅲ. ①物联网－通信技术－研究 Ⅳ. ①TP393.4②TP18

中国版本图书馆CIP数据核字(2022)第032856号

内 容 提 要

随着物联网、5G 通信技术和大数据的发展，支持边缘计算的终端设备的迅速普及与低时延高可靠通信需求的日益提升，传统的资源管理与优化技术已经无法满足移动物联网用户的多样化需求。为提升移动网络通信容量以及推动移动通信系统可持续发展，本书对智能通信与计算融合技术进行了阐述，包括面向通信与计算融合的泛在智能网络、面向通信与计算融合的智能网络服务延伸和面向通信与计算融合的智能网络算力增强三个部分。

本书适合于通信工程、计算机科学和软件工程专业的高年级本科生和研究生，以及从事 IT 领域的工程技术人员学习和参考。

◆ 著　　　宁兆龙　王小洁　董沛然
责任编辑　邢建春
责任印制　马振武
◆ 人民邮电出版社出版发行　　北京市丰台区成寿寺路 11 号
邮编　100164　　电子邮件　315@ptpress.com.cn
网址　https://www.ptpress.com.cn
固安县铭成印刷有限公司印刷
◆ 开本：700×1000　1/16
印张：16　　　　2022 年 7 月第 1 版
字数：314 千字　　2022 年 7 月河北第 1 次印刷

定价：159.80 元

读者服务热线：(010) 81055493　印装质量热线：(010) 81055316
反盗版热线：(010) 81055315
广告经营许可证：京东市监广登字 20170147 号

前言

《“十三五”国家信息化规划》（简称《规划》）明确指出基于“物联网、云计算、大数据、人工智能、机器深度学习、区块链、生物基因工程等新技术驱动网络空间从人人互联向万物互联演进，数字化、网络化、智能化服务将无处不在”。然而，正如《规划》中所指出，“现阶段多数物联网应用仍是在特定领域的闭环应用，跨领域跨行业的互通共享与应用协同明显不足，成为制约应用发展的重要因素”。近年来，随着物联网、5G 通信技术和大数据的发展，特别是支持边缘计算的终端设备的迅速普及以及低时延高可靠通信需求的日益提升，传统的资源管理与优化技术已经无法满足移动物联网用户的多样化需求，智能通信与计算融合被视为提升移动网络通信容量以及推动移动通信系统可持续发展的关键技术。互联、智能、自治是物联网发展的趋势。《“十四五”规划和 2035 年远景目标》明确指出：“加强泛在感知、终端联网、智能调度体系建设，将物联网感知设施、通信系统等纳入公共基础设施统一规划建设，推进市政公用设施、建筑等物联网应用和智能化改造”。多地在“十四五”规划中明确指出，要加快 5G 和下一代互联网等规模部署，实现从“海量物联”到“万物智联”，建设“智能泛在”的新一代信息基础设施体系。

本书是作者在多年从事物联网、边缘计算和人工智能相关领域教学和科研的基础上撰写而成的。该书可作为通信工程、计算机科学和软件工程专业的高年级本科生和研究生教材，同时可供从事 IT 领域的工程技术人员学习和参考。本书共分为 12 章，涉及的内容包括三部分。

第一部分是面向通信与计算融合的泛在智能网络，包括：第 1 章基于移动边缘计算的动态服务迁移，第 2 章面向普适边缘计算的多智能体模仿学习：分布式计算卸载算法，第 3 章关键信龄最小化：部分观测下基于模仿学习的调度算法和第 4 章移动区块链中集中式资源管理。

第二部分是面向通信与计算融合的智能网络服务延伸，包括：第 5 章基于移动边缘计算的医疗物联网健康监测，第 6 章基于 5G 无人机–社区的计算卸载：协同任务调度和路径规划，第 7 章智能交通系统中分布式资源管理和第 8 章基于 DRL 的智能车联网计算卸载方案。

第三部分是面向通信与计算融合的智能网络算力增强，包括：第 9 章基于边缘计算的 5G 车联网部分卸载，第 10 章迁移感知的智能车联网联合资源分配策略，第 11 章基于模仿学习的在线 VEC 任务调度和第 12 章边缘协同的 IoV 联合资源分配策略。

本书在撰写过程中得到了多位同行专业老师的指导，在此表示感谢。作者在认真听取同行意见，并潜心研究的基础上细心撰写了本书，但由于水平有限，书中难免存在一些错误，殷切希望广大读者批评指正。

目录

第1章 基于移动边缘计算的动态服务迁移

1.1 引言

近几年，移动云计算（Mobile Cloud Computing，MCC）与长期演进（Long Term Evolution，LTE）网络受到了广泛关注。通过为移动用户（Mobile User，MU）提供计算和存储资源，MCC 使复杂的应用程序可以在移动设备上执行。然而，云基础架构和 MU 之间的地理隔离所产生的较长通信时延，导致服务质量（Quality of Service，QoS）降低。移动边缘计算（Mobile Edge Computing，MEC）能够通过为 MU 提供计算卸载服务来降低任务执行时延。

现有研究大多假设 MU 的服务请求可以在确定的时间段内完成，但实际上，MU 可能在完成服务请求之前移动至边缘服务器的无线覆盖范围之外，进而导致该服务执行结果的回程传输中断。因此，待执行任务需要在多个边缘服务器之间动态迁移以保证服务性能。此外，当服务需求量较大时，在给定的时延约束下，单个边缘服务器难以满足这些要求。多边缘服务器的协同动态服务可以加强计算卸载服务的鲁棒性。

多个边缘计算服务器合作构建泛在边缘计算（Pervasive Edge Computing，PEC）网络，该网络能够提供 PEC 卸载服务。在卸载过程（即从任务数据上传到计算结果回传下载）中，任务数据需要在多个边缘计算服务器之间动态迁移，服务器与 MU 之间持续通信。决策者考虑是否要在两台服务器间执行迁移任务时，还需要在迁移服务产生的额外通信开销和回程传输是否会被中断之间进行权衡。由于多个

MU 共享 MEC 资源，MU 的服务部署会产生相互影响，每个 MU 都需要在通信距离和服务器已服务用户数量之间进行权衡。

在现有的移动场景下的动态服务部署研究中，大多数研究需要全局网络信息以设计部署策略，或忽略决策的长期影响来设计短期部署策略。预测 MU 的长期行为模式（如移动轨迹）并非易事，决策者需要在当前服务执行成本与未来可能产生的迁移成本间权衡。基于部分卸载和动态服务部署，多个 MEC 服务器能够协同完成一个任务请求。为了确保任务的一致性、原子性以及 MEC 服务的鲁棒性，在进行服务迁移时，任务输入和输出的完整数据都需要从原服务器迁移到目标服务器。

本章构建了一个动态服务部署框架，用于在 MEC 网络中实现高效卸载。考虑到 MU 不规则的移动轨迹，其服务请求定义为伯努利过程。为了在保证服务器存储队列稳定性的同时最大化长期系统效用，本章利用李雅普诺夫优化将长期系统效用最大化问题分解为一系列即时优化问题——李雅普诺夫漂移加惩罚函数最小化问题。在缺少先验知识（即用户的未来移动轨迹）的情况下，未来的系统效用可以基于蒙特卡洛的随机抽样来近似，而后通过引入服务部署概率分布，将系统效用最大化问题转化为马尔可夫近似优化问题，利用马尔可夫近似模型动态部署服务请求数据，并构建分布式马尔可夫链以获得最佳服务部署策略。从理论分析和性能评估两个角度，本章证明了所提方法在系统效用、服务覆盖率和收敛时间等方面的高效性。此外，每个时隙的平均完成请求数统计显示，本章所提方法可以充分利用 PEC 服务器的存储能力。

1.2 服务迁移模型

本章构建的随机移动模型如图 1.1 所示，其中包含一组边缘服务器 $\mathcal{K}=\{1,2,\cdots,K\}$ 和用户 $\mathcal{N}=\{1,2,\cdots,N\}$。每个边缘服务器都通过高速光纤连接到路侧单元（Road Side Unit，RSU）。为了建模用户的移动性，本章设定卸载服务以离散时隙的形式调度，时隙集合表示为 $\mathcal{T}=\{0,1,\cdots,T-1\}$。根据完成任务所需要的时隙数来区分高速场景和低速场景。如果一项任务能够在一个时隙内由一台服务器独立完成，则该场景被视为低速场景，其中用户移动相对较慢，并且计算卸载过程消耗的时间较短；如果任务需要多个服务器在多个时隙内通过服务迁移来协作完成任务，则该场景被视为高速场景，其中用户在多个服务器的覆盖范围内高速移动，并且用于计算卸载的通信连接可维持相对较长的时间。本章研究主要关注高速移动场景，MU 通过正交频分多址（Orthogonal Frequency-Division Multiple Access，OFDMA）技术与边缘服务器通信。当多个 MU 同时访问一台边缘服务器时，通信信道划分出多个子信道。每个通信用户分别占用一个子信道，且用户之间不产生干扰。

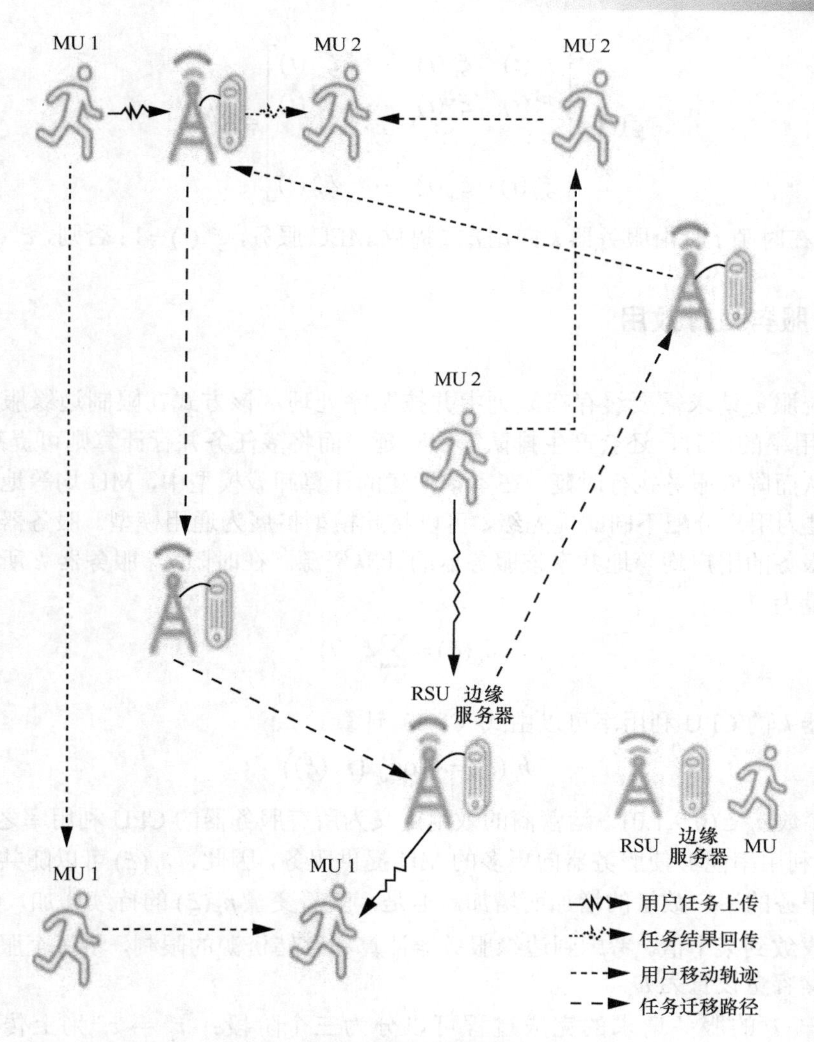

图 1.1　随机移动模型

本章设定服务请求的生成服从伯努利过程。MU_i 的服务请求由三个变量定义，即 $\{d_i, C_i, T_i^{\max}\}$。其中 d_i 表示 MU_i 服务请求的数据大小；C_i 表示完成该服务所需的 CPU 周期数；$T_i^{\max}$ 表示该服务请求的最大容忍时延。服务器状态信息（Server State Information，SSI）由三个变量定义，如服务器 k 的状态信息为 $\{F_k, B_k, D_k\}$。其中 F_k 表示服务器 k 的计算能力；B_k 表示服务器 k 的通信带宽；D_k 表示服务器 k 的最大存储容量。边缘服务器可能耗费多个时隙（用 Δt 表示）来完成每个请求，本模型假设数据上传和输出回传过程不会中断，即服务迁移仅在任务处理过程中发生。变量 ξ^t 表示 t 时隙的服务部署决策，则二元矩阵形式如下：

$$\boldsymbol{\xi}(t)=\begin{bmatrix}\xi_1^1(t) & \xi_1^2(t) & \cdots & \xi_1^K(t)\\ \xi_2^1(t) & \xi_2^2(t) & \cdots & \xi_2^K(t)\\ \vdots & \vdots & \ddots & \vdots\\ \xi_N^1(t) & \xi_N^2(t) & \cdots & \xi_N^K(t)\end{bmatrix}\in\mathbf{R}^{N\times K} \tag{1-1}$$

其中，若在时隙 t 时由服务器 k 向用户 i 提供 MEC 服务，$\xi_i^k(t)=1$；否则，$\xi_i^k(t)=0$。

1.2.1 服务执行效用

传统服务请求需要缓存在队列中并按顺序处理，该方式在限制边缘服务器的 CPU 利用率的同时，还会产生排队等待时延。而将多任务并行计算则可提高 CPU 利用率从而降低服务执行时延。在本章构建的计算卸载模型中，MU 均等地共享资源。通过为用户分配不同的优先级，可以将此模型扩展为通用模型。服务器在某一时隙所服务的用户均等地共享该服务器的计算资源。在时隙 t，服务器 k 所服务的用户数量为

$$n_k(\xi)=\sum_{i\in N}\xi_i^k(t) \tag{1-2}$$

则服务器 k 的 CPU 利用率可以由式（1-3）计算。

$$h_k(\xi)=-\log_{a_k}\left(n_k(\xi)\right) \tag{1-3}$$

其中，参数 $a_k\in(0.9,1.0)$。运营商的效用定义为所有服务器的 CPU 利用率之和。提高 CPU 利用率能够使服务器向更多的 MU 提供服务，因此，$h_k(\xi)$ 可以随共享服务器 k 所服务的用户数量的增加而增加。但是，随着变量 $n_k(\xi)$ 的持续增加，CPU 利用率会收敛到某个值。考虑到边缘服务器计算和存储资源的限制，将每个服务器的最大存储容量设置为 D_k。

用户 i 的服务请求的完成过程可以分为三个阶段：$\tau_i^u\to\tau_i^p$ 为上传阶段，$\tau_i^p\to\tau_i^b$ 为处理阶段，$\tau_i^b\to\tau_i^e$ 为回传阶段，其中，τ_i^u、τ_i^p、τ_i^b、τ_i^e 分别表示服务请求生成并上传、上传完成开始处理、处理完成开始回传、回传完成的时隙。对于上传过程，任务数据大小 d_i 应满足以下公式：

$$d_i=\sum_{t=\tau_i^u}^{\tau_i^p}B_k g_{i,k}(t)\Delta t \tag{1-4}$$

其中，$g_{i,k}(t)$ 表示信道增益，计算公式如下：

$$g_{i,k}(t)=l_{i,k}^{-z}(t) \tag{1-5}$$

其中，$l_{i,k}^{-z}(t)$ 表示 MU_i 与服务器 k 在 t 时刻的距离。用户与服务器基于 OFDMA 进

行通信，则信号噪声比（Signal to Noise Ratio，SNR）的计算公式如下：

$$\mathrm{SNR}_{i,k}(t)=\frac{p_i g_{i,k}(t)}{\sigma^2} \tag{1-6}$$

其中，p_i 和 σ^2 分别表示用户 i 的传输功率和噪声，二者均不随时间变化，在通信期间相对固定。因此，SNR 在数值上与信道增益成正比，即 $\mathrm{SNR}_{i,k}(t)\propto g_{i,k}(t)$。

上传时延 $\left|\tau_i^p-\tau_i^u\right|$ 取决于传输的数据大小、边缘服务器分配的带宽以及用户与服务器之间的距离。MU_i 的任务上传开销可以通过式（1-7）计算。

$$U_i^{\tau_{u\to p}}=p_i\left|\tau_i^p-\tau_i^u\right| \tag{1-7}$$

在时隙 τ_i^p 完成数据传输后，边缘服务器 k 开始处理服务请求。边缘服务器 k 在时隙 t 为用户 i 完成的计算任务量可以通过式（1-8）计算。

$$c_{i,k}^t(\xi,t)=\frac{F_k}{n_k(\xi,t)}\Delta t \tag{1-8}$$

$\max\left\{C_i-c_{i,k}^t(\xi,t),0\right\}$ 表示未来时隙中要完成的剩余任务。给定在时隙 τ_i^b 完成的用户 i 的服务请求，则以下等式成立。

$$C_i=c_{i,k}^{\tau_i^p}(\xi,t)+\sum_{t'=\tau_i^p+1}^{\tau_i^b}c_{i,k'}^{t'}(\xi',t) \tag{1-9}$$

当 MU_i 脱离了服务器 k 的无线覆盖范围时，PEC 服务器 $k'\in\mathcal{K}$ 且 $k'\neq k$。相应地，边缘服务器 $\tilde{k}$ 的处理成本可以通过式（1-10）计算。

$$U_i^{\tau_{p\to b}}=\sum_{t=\tau_i^p}^{\tau_i^b}\sum_{\tilde{k}=1}^{K}\xi_{i,\tilde{k}}(t)p_{\tilde{k}}\Delta t \tag{1-10}$$

如果边缘服务器 $\tilde{k}$ 在时隙 τ_i^b 完成了用户 i 的请求，则在时隙 τ_i^b 到 τ_i^e 内将服务结果发送回用户 i。如果输出结果的数据大小或等于输入数据大小 d_i，则式（1-11）所示的回程传输约束成立。

$$d_i=\sum_{t=\tau_i^b}^{\tau_i^e}B_k g_{i,k'}(t)\Delta t \tag{1-11}$$

相应地，服务器 k^- 回程传输的开销如下：

$$U_i^{\tau_{b\to e}}=p_{k^-}\left|\tau_i^e-\tau_i^b\right| \tag{1-12}$$

本地计算存在以下两种情况：在部分卸载中，需要本地计算和边缘计算协同完成整个任务；在全部卸载中，每个任务被卸载到边缘服务器处理或在本地处理。本章构建的模型主要面向时延敏感的应用程序，如手机和笔记本电脑等难以及时处理的复杂任务，这样可以充分利用泛在边缘计算资源，节省本地资源，提高用户的服务质量。此外，也可以部署无人机为原子性的紧急任务提供敏捷的计算服务，如无人机网络可以为感染了 COVID-19 的患者提供远程健康监测服务，医学分析任务计算过程复杂且对时延敏感。此外，医疗数据具有原子性，任务需要整体传输不可划分。因此，本章构建的模型将服务部署的重点放到边缘服务器上，忽略了本地计算。

1.2.2 服务迁移开销

在任务处理过程中，用户在边缘服务器的覆盖范围内不规则地移动。通过跨服务器动态服务迁移以保证通信的稳定性、降低服务执行时延，进而增强卸载框架的鲁棒性。在时隙 $t+1$ 中，MU_i 的服务迁移成本可以通过式（1-13）计算。

$$E_i(t+1)=\sum_{k=1}^{K}\sum_{k'=1}^{K}\xi_{i,k}(t)\xi_{i,k'}(t+1)E_{k,k'}^{i} \tag{1-13}$$

其中，$\sum_{k=1}^{K}\xi_i^k(t)$ 和 $\sum_{k'=1}^{K}\xi_{i,k'}(t+1)$ 分别表示时隙 t 和时隙 $t+1$ 处理用户 i 的任务请求的服务器。从服务器 k 迁移到服务器 k'的开销表示如下：

$$E_{k,k'}^{i}=\begin{cases}\rho d_i s_{k,k'}, & k\neq k'\\ 0, & \text{其他}\end{cases} \tag{1-14}$$

其中，$s_{k,k'}$ 表示服务器 k 到服务器 k'的欧几里得距离，ρ 表示系数。

1.3 问题描述

给定用户 i 的传输功率 p_i，服务器处理功率 p_k 和传输功率 p_{k^-}，完成服务请求的开销为三个阶段的开销总和，表示为U_i，通过式（1-15）计算。

$$U_i(t)=\begin{cases}\beta\left(p_i\left|\tau_i^p-\tau_i^u\right|+\sum_{t=\tau_i^p}^{\tau_i^b}\sum_{k=1}^{K}\xi_{i,k}(t)p_k\Delta t+p_{k^-}\left|\tau_i^e-\tau_i^b\right|\right)+\gamma\sum_{t=\tau_i^p+1}^{\tau_i^b}E_i(t), t\in\left[\tau_i^u,\tau_i^p\right]\\ \beta\left(\sum_{t'=t}^{\tau_i^b}\sum_{k=1}^{K}\xi_{i,k}(t')p_k\Delta t+p_{k^-}\left|\tau_i^e-\tau_i^b\right|\right)+\gamma\sum_{t=t+1}^{\tau_i^b}E_i(t'), & t\in\left(\tau_i^p,\tau_i^b\right]\\ \beta\left(p_{k^-}\left|\tau_i^e-\tau_i^b\right|\right), & t\in\left(\tau_i^b,\tau_i^e\right]\end{cases} \tag{1-15}$$

其中，$\left|\tau_i^p-\tau_i^u\right|$ 和 $\left|\tau_i^e-\tau_i^b\right|$ 分别表示数据上传时延和回传时延，Δt 表示一个时隙的

时长，$\sum_{t=\tau_i^p+1}^{\tau_i^b} E_i(t)$ 表示服务请求处理过程中的总迁移开销。以最大化系统效用为目标，优化问题描述如下：

$$
\begin{aligned}
&\text{P1.1:} \max_{\xi \in \xi} \alpha \sum_{k \in \mathcal{K}} h_k(\xi, t) - \sum_{i \in \mathcal{N}} U_i \\
&\text{s.t. C1.1:} \sum_{i=1}^{N} \xi_{i,k}(t) d_i \leqslant D_k, \quad \forall k \in \mathcal{K} \\
&\quad\ \text{C1.2:} \left| \tau_i^e - \tau_i^u \right| \leqslant T_i^{\max}, \quad \forall i \in \mathcal{N} \\
&\quad\ \text{C1.3:} \ \xi_{i,k} \in \{0,1\}, \quad \forall i \in \mathcal{N}, k \in \mathcal{K}
\end{aligned}
\tag{1-16}
$$

其中，约束条件 C1.1 要求服务器 k 存储的数据大小不能超过其最大存储容量；C1.2 要求服务请求时延不能超过时延上限，其中$\left|\tau_i^e - \tau_i^u\right|$表示任务执行总时延；C1.3 限制了每个用户的服务请求在每个时隙中只能分配给一个服务器进行处理。

理论上，每个时隙中服务部署策略$|\xi|$的可选空间大小为K^N。基于穷举法的搜索空间为$\left|\tau_i^e - \tau_i^u\right| \cdot K^N$，其难以在多项式的时间复杂度内求解。由于 MU 的计算卸载任务通常对时延敏感，因此传统的求解此类问题的方法的效率不高；且前一时隙的服务部署策略会对后一时隙的决策产生影响。考虑到服务请求的生成、处理和数据传输实际上都是异步的；集中式策略所需要的所有用户的全局移动信息很难获得，因此求解该优化问题，需要一种分布式动态算法以近似最优服务部署。

1.4　基于移动边缘计算的动态服务迁移算法

本节提出了一种基于移动边缘计算的动态服务迁移算法，该算法包括三个过程：首先，通过李雅普诺夫优化方法对边缘服务器的存储队列进行优化；然后，利用采样平均近似（Sampling Average Approximation，SAA）算法近似未来效用；最后，利用马尔可夫近似算法最大化系统效用。

1.4.1　基于李雅普诺夫优化的队列稳态

在式（1-16）描述的优化问题中，所有服务器的存储约束限制 C1.1 使得不同时隙的服务部署决策互相耦合。此外，系统效用包括运营商效用以及服务处理开销两部分，它们的内在关联性使问题难以解耦。为了解决上述问题，本章利用李雅普诺夫优化方法来确保服务部署决策满足约束条件 C1.1。通过引入虚拟队列，李雅普诺夫优化能够在队列稳定性和系统效用最大化之间权衡。服务器 k 的动态服务队列可以表示如下：

$$Q_k(t+1)=\max\{Q_k(t)+\Delta D_k(t)-D_k,0\} \tag{1-17}$$

其中，队列长度$Q_k(t)$表示时隙 t 服务器 k 的过载数据量，变量$\Delta D_k(t)$表示时隙 t 服务器 k 的吞吐量。本章通过使队列$Q_k(t)$保持稳态来满足优化问题中的约束条件 C1.1，二次李雅普诺夫函数定义如下：

$$L_k(\xi(t))\triangleq\frac{1}{2}Q_k^2(t) \tag{1-18}$$

二次李雅普诺夫函数可以被视为队列偏差的标量度量。为了维持队列稳态，引入李雅普诺夫漂移函数：

$$\Delta_k(t)\triangleq\mathbb{E}\left[L_k(\xi(t+1))-L_k(\xi(t))\mid \xi(t)\right] \tag{1-19}$$

式（1-16）中的优化问题可以转化为李雅普诺夫在线优化问题，描述如下：

$$\begin{aligned}\text{P1.2: }&\max_{\xi}\sum_{k\in\mathcal{K}}h_k(\xi)-\sum_{i\in\mathcal{N}}U_i-\Delta_k(t)\\ \text{s.t. C1.4: }&|\tau_i^e-\tau_i^u|\leqslant T_i^{\max},\quad\forall i\in\mathcal{N}\\ \text{C1.5: }&\xi_{i,k}\in\{0,1\},\quad\forall i\in\mathcal{N},k\in\mathcal{K}\end{aligned} \tag{1-20}$$

1.4.2 基于采样平均近似的未来效用估计

SAA 算法基于蒙特卡洛采样，用于解决多时隙随机问题。在每个时隙里，SAA 算法基于当前的用户位置生成一定数量的随机游走场景，对于每个场景，服务器掌握用户的移动轨迹，在具备该先验知识的前提下，可以做出最优的服务部署决策，得到未来的服务处理开销。经过多次循环，取期望值作为近似得到的服务处理开销。基于采样平均近似的效用近似算法流程如算法 1.1 所示。

算法 1.1 基于采样平均近似的效用近似算法

输入 用户及服务器位置，服务请求信息

输出 未来服务处理开销的期望值

生成一定数量的用户随机移动场景；

for 每个场景 do

服务器获取用户的全局移动轨迹并将其作为先验知识；

服务器求解李雅普诺夫在线优化问题；

服务器根据最优服务部署决策获得未来服务处理开销；

end for

传统的 SAA 算法直接选择具有最佳近似性能的策略作为最终解决策略。但是，

随机样本的偶然性可能导致 SAA 算法的性能产生很大差异。因此，本章构建的模型仅利用 SAA 算法来近似预期的系统效用。

1.4.3　基于马尔可夫优化的动态服务部署

将算法 1.1 中估计的服务处理开销代入李雅普诺夫在线优化模型，利用马尔可夫近似模型动态部署服务请求数据。优化目标表示为如下函数：

$$\sum_{k\in K}\mathcal{P}_k(\xi(t))=\sum_{k\in K}h_k(\xi)-\sum_{i\in N}U_i-\Delta_k(t) \tag{1-21}$$

引入 log-sum-exp 凸函数将上述函数做如下等价定义：

$$J_\beta(\xi(t))\triangleq\frac{1}{\beta}\log\left(\sum_{\xi}\exp\left(\beta\sum_{k\in\mathcal{K}}\mathcal{P}_k(\xi(t))\right)\right) \tag{1-22}$$

其中，参数β为正常数。根据 log-sum-exp 凸函数的性质，$J_\beta(\xi(t))$ 可近似为李雅普诺夫在线优化问题的解，其误差表示如下：

$$\max_\xi\sum_{k\in\mathcal{K}}\mathcal{P}_k(\xi(t))\leqslant J_\beta(\xi(t))\leqslant\max_\xi\sum_{k\in\mathcal{K}}\mathcal{P}_k(\xi(t))+\frac{1}{\beta}\log|\xi| \tag{1-23}$$

由此可知当参数β趋近于无穷时，误差为 0。设服务部署决策被选择的概率为 p_ξ，式（1-20）中的优化问题可以被等价转化为如下马尔可夫模型：

$$\begin{aligned}
\text{P1.3}:&\max_{p\geqslant 0}\ \sum_{\xi}p_\xi\sum_{k\in K}\mathcal{P}_k(\xi(t))-\frac{1}{\beta}\sum_{\xi}p_\xi\log p_\xi\\
\text{s.t. C1.6}:&\ \sum_{\xi}p_\xi=1\\
\text{C1.7}:&\ \xi_{i,k}\in\{0,1\},\quad\forall i\in N,k\in K
\end{aligned} \tag{1-24}$$

上述问题的 Karush-Kuhn-Tucker（KKT）条件如下：

$$\begin{aligned}
&\sum_{k\in\mathcal{K}}\mathcal{P}_k(\xi(t))-\frac{1}{\beta}\log p_\xi^*-\frac{1}{\beta}+\lambda=0\\
&\sum_{\xi}p_\xi^*(t)=1\\
&\lambda\geqslant 0
\end{aligned} \tag{1-25}$$

最优服务部署决策概率分布可以通过式（1-26）计算。

$$p_{\xi}^{*}(t)=\frac{\exp\left(\beta\sum_{k\in\mathcal{K}}\mathcal{P}_k(\xi,t)\right)}{\sum_{\xi'}\exp\left(\beta\sum_{k\in\mathcal{K}}\mathcal{P}_k(\xi',t)(t)\right)} \tag{1-26}$$

1.5 实验评估

1.5.1 实验环境及参数设置

本章基于两种不同的场景模拟基于 MEC 的服务迁移架构。一种场景为 100×100 网格图，其中随机部署 20 台边缘服务器。在每个时隙中，用户随机向上、下、左、右移动一个单位网格。每台边缘服务器的无线网络覆盖半径设置为 30 个单位网格。另一种场景为城市边缘服务器部署，在杭州下城区收集 300 多辆汽车的轨迹，在每个路口部署边缘服务器，统计得到每分钟的平均车辆数量为 0～48。

MU 的传输功率 $p_i=0.1\,\text{W}, i\in\mathcal{N}$。服务请求的数据大小区间设定为 40～140 MB。通常，完成服务请求所需的 CPU 周期与数据大小成正相关，本实验设置 CPU 周期为 6 000～10 000 Megacycles。边缘服务器的 CPU 频率为 2.4 GHz，存储容量为 500 MB，每个时隙设定为 0.1 s。

系统性能指标如下。

① 平均系统效用。

② 在一定时间内完成的服务请求数。引入此性能指标来证明本章提出的 Dynamic storAge-Stable Service placement（DASS）算法在服务效率和服务普及性（在单位时间内服务的用户数量）方面的优势。

③ 服务迁移数。为了在迁移服务鲁棒性和高效性之间达到合理的权衡，DASS 算法旨在以最少的迁移次数为尽可能多的用户提供服务。

④ 算法执行时延。

实验对比策略如下。

① 短视最优响应（Myopic Best Response，MBR）算法[1]，MBR 算法基于瞬时环境（如用户与服务器之间的通信距离）做出服务部署决策，不考虑其他用户导致的资源竞争。

② EUAGame 算法[2]，EUAGame 算法旨在最大化服务用户的数量，同时最小化网络运营商的成本。

③ 距离最小原则（Distance Minimum Principle，DMP）算法，DMP 算法始终选择最近的边缘服务器来卸载服务数据。

1.5.2 系统性能分析

图 1.2 展示了不同 MU 数量和车辆数量对平均系统效用的影响。在边缘计算资源充足的情况下，随着用户数量的增加，平均系统效用保持相对稳定。在图 1.2（a）中，与 EUAGame、MBR 和 DMP 算法相比，DASS 算法分别可以提高 7%、27%和57%的平均系统效用。在图 1.2（b）中，与 EUAGame、MBR 和 DMP 算法相比，DASS 算法可以分别提高 5%、31%和 55%的性能。这是因为 DASS 算法相比于 EUAGame 策略，考虑了未来的近似效用，EUAGame 仅基于当前状态求解纳什均衡。而 MBR 和 DMP 算法则忽略了 MU 和车辆的移动性，得出局部最优服务部署决策。以上实验结果表明，网络运营商在提供计算卸载服务时，尤其是当服务请求无法由一台服务器完成并且需要进行服务迁移时，有必要考虑用户可能的移动轨迹。

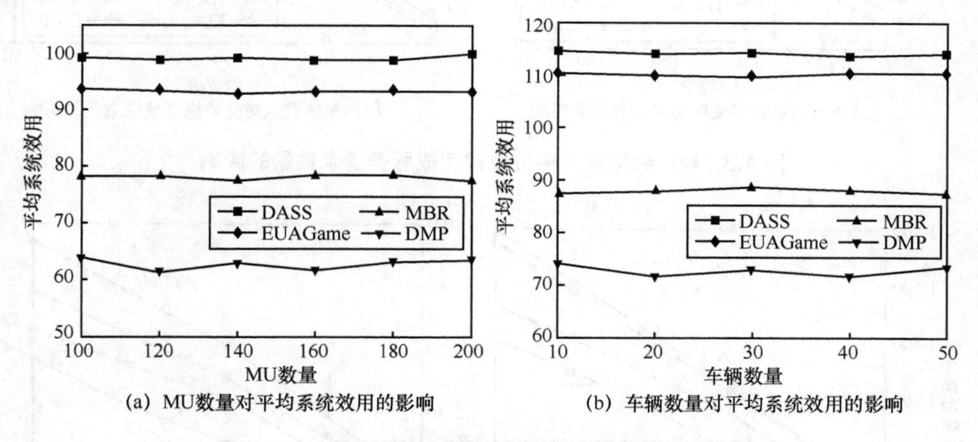

(a) MU数量对平均系统效用的影响　　(b) 车辆数量对平均系统效用的影响

图 1.2　MU 数量和车辆数量对平均系统效用的影响

图 1.3 展示了不同 MU 数量和车辆数量对完成服务请求数量的影响。可以看出，完成服务请求的数量随着用户数量的增加而增加。EUAGame 算法以最大化完成服务请求的数量为优化目标，其性能略高于本章提出的 DASS 算法，如图 1.3（a）所示，当 MU 数量为 160 时，二者性能差距为 5%。但是，EUAGame 算法牺牲了系统效用和算法执行时间，在这两方面的性能较差。综上所述，本章提出的 DASS 算法能够以相对较高的系统效用和较低的时间成本尽可能地使更多 MU 受益。

图 1.4 展示了不同 MU 数量和车辆数量对服务迁移次数的影响。由于 DMP 方法总是将服务请求卸载到最近的边缘服务器，因此服务迁移次数很少。然而，在

MU或车辆分布不均的情况下，一些边缘服务器会因此过载，而其他服务器则处于空闲状态。在实际场景中，EUAGame 和 DASS 算法之间的性能差距小于在模拟场景中的性能差距。这是因为实际场景中的道路比模拟场景中的道路受到更严格的限制（MU 在模拟场景的栅格地图中以不规则的方式移动，没有任何道路约束）。相比于随机移动的用户，车辆的机动性十分常规且易于捕获。因此，所有算法的服务迁移次数趋于相同。综上，DASS 算法不会引起频繁的数据传输，并且降低了通信成本。

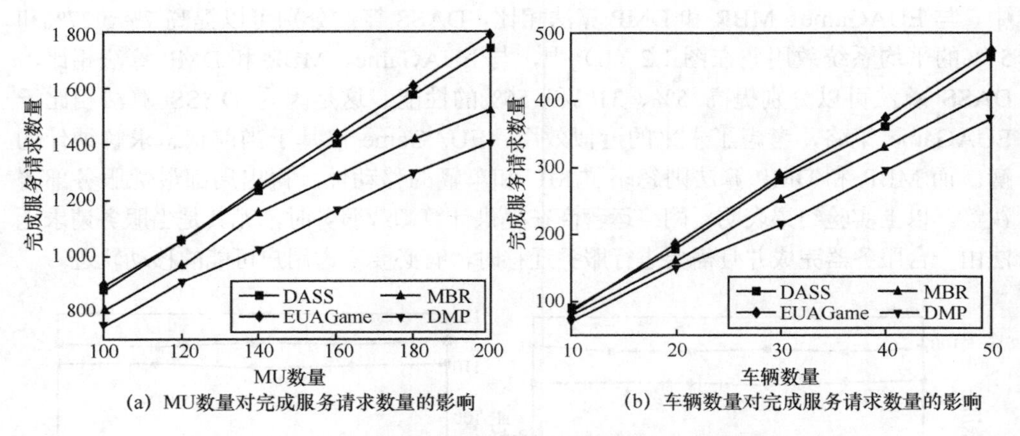

(a) MU数量对完成服务请求数量的影响　(b) 车辆数量对完成服务请求数量的影响

图 1.3　MU 数量和车辆数量对完成服务请求数量的影响

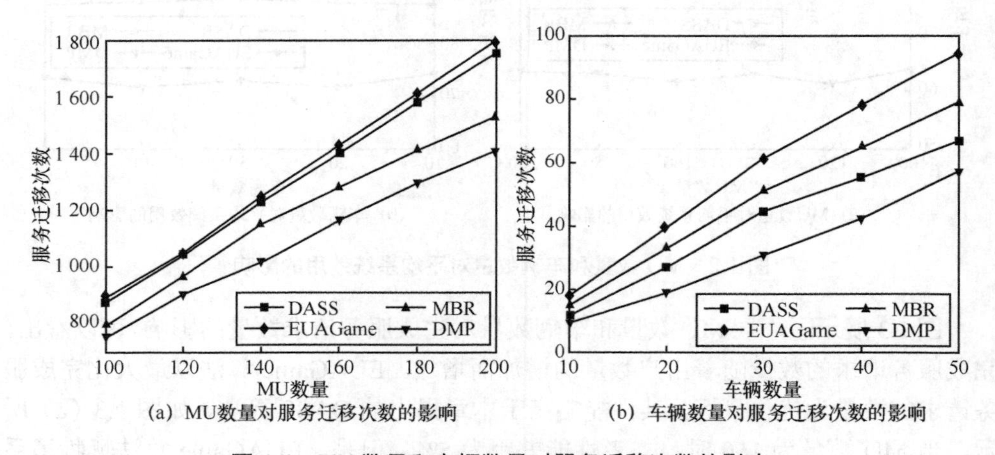

(a) MU数量对服务迁移次数的影响　(b) 车辆数量对服务迁移次数的影响

图 1.4　MU 数量和车辆数量对服务迁移次数的影响

图 1.5 比较了不同 MU 数量和车辆数量对算法执行时间的影响。可以观察到 DASS 和 MBR 算法的执行时间大致相同。在图 1.5（a）和图 1.5（b）中，DASS 的算法执行时间分别比 MBR 算不和 DMP 算法高 10%和 24%，DASS 算

法可以在相对较低的时间开销下获得更高的系统效用。而 EUAGame 算法由于通过多次迭代达到纳什均衡，因此需要花费较长的时间才能获得服务部署决策，并且其执行时间受 MU 数量的影响很大。

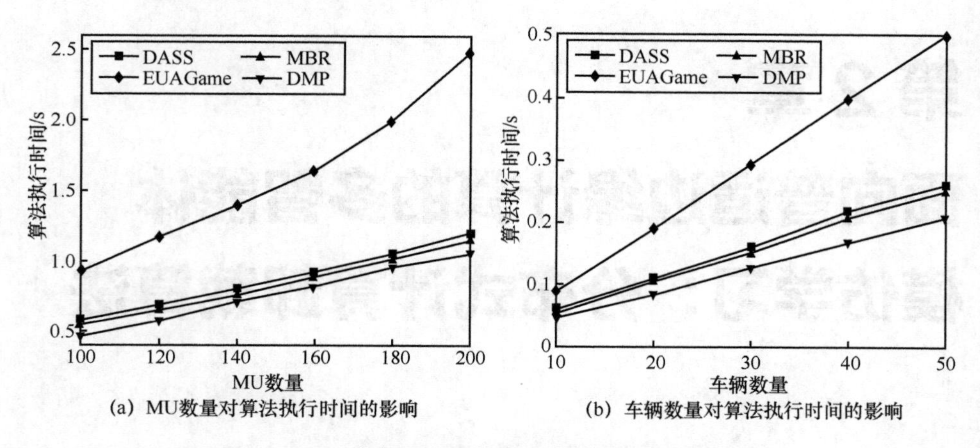

(a) MU数量对算法执行时间的影响　(b) 车辆数量对算法执行时间的影响

图 1.5　MU 数量和车辆数量对算法执行时间的影响

第2章 面向普适边缘计算的多智能体模仿学习：分布式计算卸载算法

2.1 引言

边缘计算通过利用边缘网络上的计算和存储资源扩展了传统的云计算架构。云可以部署边缘设备处理任务，而无须远程传输。随着 5G 通信和网络技术的发展，终端设备已经发展成为具有强大传感、计算和存储能力的设备，这为实现普适边缘计算铺平了道路。实际上，普适边缘计算仅利用边缘设备进行计算和存储，而没有集中管理，是一种新型的边缘计算。传统的边缘计算作为云计算的补充，计算和存储资源均由边缘服务器提供，在后端做出决策。相比之下，普适边缘计算允许数据存储、处理和调度决策全部在网络边缘执行。因此，传统的边缘计算策略不适合普适的边缘计算环境，需要以完全分布式的方法设计新的算法。

普适边缘计算相对于传统边缘计算的优势可以概括为 4 个方面：不需要基础设施部署和维护专用云后端；无须与云通信，因为数据可以在用户附近处理，大大降低了传输时延；它通过对等通信实现网络连接；普适边缘计算不需要中心化的系统控制，设备可以自由决定如何与他人协作，以何种方式实现多样化的网络应用。

普适边缘计算在许多领域均有广泛的应用。例如，在篮球比赛现场，坐在不同位置的观众可以通过点对点通信与他人分享他们从自己的角度录制的视频[3]。然后，通过聚集不同的片段，形成多角度观看的比赛视频，使不同地点的观众均可以看到现场比赛的全景。另一个例子是合作驾驶，其中道路状况和事故场景的实时视频流可以基于短距离通信技术在车辆之间直接共享[4]。

尽管普适边缘计算可以为用户带来各种便利，但考虑到普适边缘计算网络中多台设备效用的公平性，设计一种可行的计算卸载算法是一项具有挑战性的工作，研究挑战如下。

① 与传统的边缘计算相比，普适边缘计算允许设备在网络边缘做出决策，而无须集中管理。设备仅依靠点对点通信很难获得整个网络状态，很难根据部分观察结果选择合适的边缘服务器（由其他设备组成）来卸载任务。受此影响，没有合理的任务分配策略，难以保证任务完成时间。

② 在多设备环境中，每个设备都希望最大化自己的效用。但现有的研究大多采用博弈论模型计算纳什均衡。对于每台设备，博弈论模型都基于系统状态的全局知识与其他设备进行交易。然而，在普适边缘计算网络中，设备无法获得全局信息，因此如何在完全分布式的环境中保证设备的公平性值得研究。

③ 在全局信息部分观测的情况下，本章设计了基于模仿学习的方法，通过与环境的交互获得良好的策略。一方面，现有的无模型学习方法在初始阶段的性能总是很差，不适合在线调度；另一方面，它们的收敛速度很慢，特别是在多智能体的部分可观测环境中。因此，有必要设计一种能够快速收敛并且能够以分布式方式执行的学习方法。

针对上述问题，本章提出了一种基于多智能体模仿学习的普适边缘计算卸载算法（Multi-agent Imitation Learning based Computation Offloading Algorithm for Pervasive Edge Computing，MILP）。该算法以最小化设备的平均任务完成时延为目标，将任务卸载到其他设备进行计算或者在本地处理任务，决策完全取决于设备的观察。

模仿学习是一种机器学习方法，通过学习智能体模仿专家策略进而通过智能体有效地解决原始依赖专家策略的复杂问题，但由于专家策略时间复杂度高，不能以在线的方式进行决策，因此设计了一个训练过程，通过模仿专家来学习智能体策略。此外，多智能体模仿学习允许多个智能体模仿相应专家的行为，并能在智能体之间达到纳什均衡。具体来说，本章研究内容可以概括为以下 4 个方面。

① 考虑到边缘设备的通信和计算能力，本章将普适边缘计算环境中的任务调度问题表述为一个优化问题。为了解决这一问题，指定博弈元素，如进化玩家、状态和状态转移可能性，建立了原始优化问题与随机博弈之间的关系，并将优化问题转化为最大化奖励问题。

② 为了解决最大化奖励问题，本章放宽了普适边缘计算网络的限制，提出了一种基于多智能体模仿学习的计算卸载算法，允许多个学习智能体模仿相应专家的行为来制定好的调度策略，即将多智能体生成对抗模仿学习（Generalized Adversarial Imitation Learning，GAIL）与普适边缘计算相结合来解决流量调度问题。

③ 为了形成专家策略，本章采用（Actor-Critic with Kronecker-factored Trust

Region，ACKTR）算法，在充分观察系统状态的基础上寻找专家的最优策略。对于智能体策略，综合了卷积神经网络（Convolutional Neural Network，CNN）、生成对抗网络（Generative Adversarial Network，GAN）和 ACKTR 三种算法以逼近专家策略提出了一种可以在线执行的基于部分观察状态的神经网络模型。

④ 从理论和实验两个角度证明了 MILP 算法的优越性。理论结果表明，该算法能够保证设备的公平性，并在完全观测和部分观测的基础上达到纳什均衡。性能结果表明，该算法在平均任务完成时间、收敛时间和卸载率方面具有优势。

2.2 系统模型和问题表述

2.2.1 系统概述

如图 2.1 所示，本节考虑一个由多个设备组成的无线网络，设备集合表示为 $\mathcal{N}=\{1,\cdots,i,\cdots,N\}$。在时隙 t 中，设备 $i\in\mathcal{N}$ 生成一组任务 $X_i^t=\{x_{i,1},\cdots,x_{i,K(i,t)}\}$，其中 $K(i,t)$ 是时隙 t 时设备 i 能生成的任务总数。任务 $x_{i,k}$ 的大小由 $s_{i,k}$ 来表示，并且它计算所需的 CPU 周期为 $c_{i,k}$。每个设备的任务生成过程可以建模为具有生成强度为 Λ_i 的泊松过程[5-6]。对于任务 $x_{i,k}$，设备 i 既可以卸载给设备 $j\in\mathcal{N}\setminus\{i\}$，也可以在本地处理。用二进制值 $f_{i,k,j}$ 来表示将任务 $x_{i,k}$ 迁移给设备 j，并且 $\sum_{j=1}^{N}f_{i,k,j}=1$。表示分配任务的标志为 $f_{i,k}=\{f_{i,k,1},\cdots,f_{i,k,N}\}$。本节的主要符号及描述如表 2.1 所示。

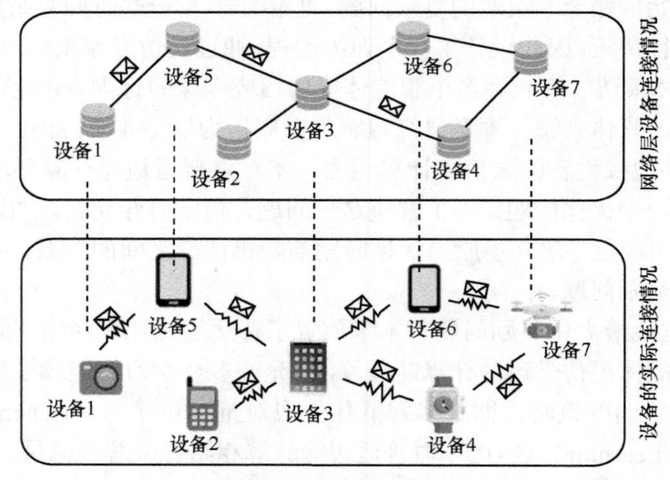

图 2.1　系统模型

表 2.1 主要的符号及描述

符号	描述
$\mathcal{N}$	网络中的设备集合
N	设备总数
X_i^t	每个设备在时隙 t 中生成的任务集合
$K(i,t)$	在时隙 t 设备 i 生成的任务总数
$s_{i,k}$	任务 $x_{i,k}$ 的大小
$c_{i,k}$	任务 $x_{i,k}$ 所需的 CPU 周期数
Λ_i^t	设备 i 在时隙 t 中的任务生成强度
ξ_{ij}^t	在时隙 t 设备 i 和设备 j 的连接状态
γ_{ij}	设备 i 到设备 j 的传输速率
$T(i)$	设备 i 的平均任务完成时间
s^t	在时隙 t 时的系统状态
o_i^t	设备 i 在时隙 t 的本地观测
a_i^t	设备 i 在时隙 t 中采取的动作
a_{ik}^t	设备 i 在时隙 t 中对任务 $x_{i,k}$ 采取的动作
$p(s^{t+1} \mid s^t, a^t)$	状态 s^t 在动作 a^t 下转移到状态 s^{t+1} 的概率
$r(s^t, a_i^t)$	设备 i 在时隙 t 中根据状态 s^t 和动作 a_i^t 获得的奖励
$\pi_i(a_{ik}^t \mid s^t)$	在 s^t 状态下采用策略 π_i 决定动作 a_{ik}^t 的可能性
$v_i(s^t)$	设备 i 在状态 o_i^t 的状态值
$q_i(s^t, a_i^t)$	设备 i 的价值–动作函数与状态 s^t 和动作 a_i^t 有关
λ_i^t	专家 i 的决策网络的梯度
$E(q_i(s^t, a_i^t) - v_i(s^t))$	专家 i 的价值网络的损失函数

本节考虑的系统中没有集中式的控制，每个设备都在本地维护一个状态列表。当设备首次加入网络时，列表中只包含设备自身的传输和处理队列状态、当前速度、位置和移动方向。每个时隙开始时，设备将其状态列表中的所有记录广播给相邻的设备。然后，设备根据接收到的记录更新本地状态列表。例如，网络中有 4 个相对静态节点，每个节点在图 2.2 所示的示例中本地维护一个状态列表。最初，每个节点只知道自己的状态。随着时间的推移，节点可以学习当前时隙中记录的直接连接节点的状态，也可以学习前一个时隙中记录的间接连接节点的状态。

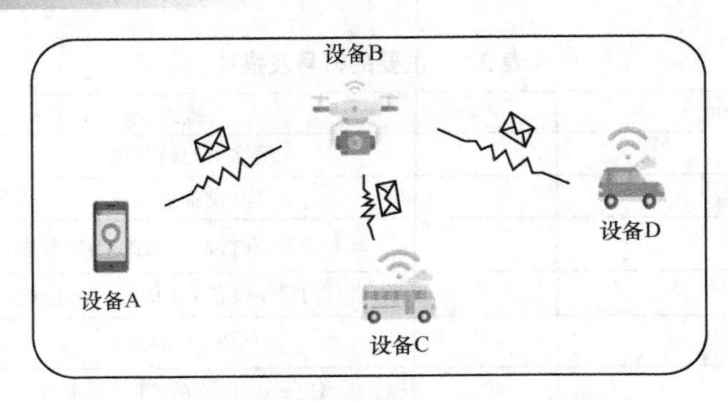

设备	状态列表		
	t=1	t=2	t=3
A	S_A^1	S_A^2, S_C^2	$S_A^3, S_C^3, S_B^2, S_D^2$
B	S_B^1	S_B^2, S_C^2	$S_B^3, S_C^2, S_A^2, S_D^2$
C	S_C^1	$S_C^2, S_A^2, S_B^2, S_D^2$	$S_C^3, S_A^3, S_B^3, S_D^3$
D	S_D^1	S_D^2, S_C^2	$S_D^3, S_A^2, S_B^2, S_C^3$

图 2.2 一个状态列表更新的示例

例如，时隙 1（t=1）中的节点 A 只有自己的状态，而在时隙 2（t=2）有直接连接的节点 C 接收状态记录。在时隙 3（t=3）中，节点 A 从时隙 2 更新的节点 C 的记录中获知其他间接连接的节点状态，并在时隙 3 中接收节点 C 的更新状态。ξ_{ij}^t 表示设备 i 和设备 j 在时隙 t 的连接状态，即：如果 $\xi_{ij}^t=1$，表示在时隙 t 时设备 i 和设备 j 可以直接或间接建立彼此的联系。也就是说，它们可以在邻近时相互连接，或者通过一组中继节点实现间接传输。此外，本节假设设备可以在现有安全和激励机制的保证下准确地为他人处理任务。同时，本节主要关注如何实现在线任务调度，因此不需要考虑任务处理过程中链路断开的情况。

2.2.2 通信和计算模型

设备之间可以通过 OFDMA 技术进行通信，使得每个设备的子载波可以相互正交。因此，N 个设备之间的通信需要 $(N-1)\cdot(N-1)$ 个子载波。每个设备在本地维护 $(N-1)$ 个传输队列，用于向其他设备传输任务。当设备 i 和设备 j 邻近时，任务 $x_{i,k}$ 的传输时延可以表示为 $T_d(i,k,j)=s_{i,k}/\gamma_{ij}$，其中 γ_{ij} 表示设备 i 到设备 j 的传输速率。任务按照先进先出顺序传输。然后，根据 $M/G/1$ 排队系统[7]，得到设备 i 到设备 j 传输队列中任务 $x_{i,k}$ 的等待时间，如式（2-1）所示。

$$T_w(i,k,j)=\frac{(\mu_{ij}^t\overline{d}_{i,j}+\mu_{ij}^t\delta^2)}{2(1-\mu_{ij}^t\overline{d}_{i,j})} \tag{2-1}$$

其中，$\overline{d}_{i,j}$ 表示任务从设备 i 到设备 j 的平均传输时延；δ^2 表示传输时延的方差；μ_{ij}^t 表示从设备 i 到设备 j 的任务传输强度。

对于任务卸载，本节认为设备 i 上的任务可以卸载到几跳之外的设备上。也就是说，设备 i 的任务可以通过多个中继节点传输到目标设备进行处理。因此，当通过多个中继节点在设备 i 和 j 之间建立连接路径时，任务 $x_{i,k}$ 从设备 i 到设备 j 的总传输时延可计算为

$$T_d(i,k,j)=\sum\nolimits_{l\in\mathcal{N}\setminus\{j\}}\left[T_d(i,k,l)+T_w(i,k,l)\right]\beta_{i,k,l} \tag{2-2}$$

其中，$\beta_{i,k,l}$ 是一个二进制值，表示设备 l 是否为一个中继节点，该中继节点可以帮助将任务 $x_{i,k}$ 传输到设备 j，且 $T_d(i,k,i)=0$。

当设备 j 接收到任务 $x_{i,k}$ 后，它首先在处理队列中等待，然后按照先进先出顺序进行服务。处理队列中的等待时延 $T_q(i,k,j)$ 与式(2-1)相似。设备 j 执行任务 $x_{i,k}$ 的处理时延为 $T_p(i,k,j)=c_{i,k}/b_j$，b_j 为设备 j 的计算能力，即每秒运行的 CPU 周期数。本节设定计算结果数据小到可以忽略传输时延[5-6]。

2.2.3　问题公式化

在时隙 t 中，当设备 i 有任务要计算时，它可以将这些任务卸载到其他设备上，也可以在本地处理。对于任务 $x_{i,k}$，平均任务执行时延可以通过式（2-3）计算

$$T(i,k)=\sum\nolimits_{j\in\mathcal{N}}f_{i,k,j}\left(T_d(i,k,j)+T_q(i,k,j)+T_p(i,k,j)\right) \tag{2-3}$$

则设备 i 的平均任务完成时间为

$$T(i)=\lim_{\mathbb{T}\to\infty}\frac{1}{\mathbb{T}}\sum_{t=1}^{\mathbb{T}}\frac{1}{K(i,t)}\sum_{k=1}^{K(i,t)}T(i,k) \tag{2-4}$$

其中，$\mathbb{T}$ 是算法已经运行的总时隙。每个设备的目的是最小化其平均任务完成时间，即：

$$\begin{aligned}&\text{P2.1}:\min_{j,\beta_{i,k,l}}T(i),\ j,l\in\mathcal{N}\\&\text{s.t.}\quad \text{C2.1}\sum_{j=1}^{N}f_{i,k,j}\xi_{ij}^t=1\end{aligned} \tag{2-5}$$

在这里，约束 C2.1 确保了任务 $x_{i,k}$ 可以直接分配设备或通过多个中继节点与设

备 i 建立连接。由于一个设备的任务调度决策可能受到其他设备的影响，因此需要进行一个交易过程，以实现不同设备之间的公平性。通常情况下，可以利用非合作博弈来解决上述问题[5]，即所有设备都应该知道系统状态，以便做出决策。然而，在去中心化的分布式环境中，设备无法获得瞬时的系统状态。因此，本章在系统中使用了多智能体模仿学习，每个智能体不需要知道整个系统的状态，而是根据其局部观测跟随专家的演示来训练策略。

2.3 基于多智能体模仿学习的计算卸载算法

2.3.1 算法概述

基于多智能体模仿学习的计算卸载算法分为以下几个步骤。

（1）问题转换

由于问题 P2.1 在分布式的环境下不能直接求解，本章首先建立了公式化的优化问题与随机博弈之间的关系。通过定义与所考虑的场景相关的状态、观测、行动和转移概率来指定博弈元素。然后，将 P2.1 中的时延最小化问题转化为奖励最大化问题。在本章所考虑的博弈中，不仅要考虑每个设备在每个时隙所采取的行动，还需要为每个任务选择应该的行动。因此，本节给出了所考虑系统的唯一值函数和纳什均衡条件。奖励最大化问题可以进一步转化为拉格朗日对偶问题，该问题可以在分布式环境下求解。

（2）专家策略获取

在模仿学习中，专家策略是影响智能体策略最终性能的重要因素。因此，本节设计了一个有效的算法来得出专家演示。假设专家可以观察到整个系统的状态，并且可以通过自然梯度策略（如 ACKTR[8]）以离线方式解决对偶问题，可以在设备之间达到纳什均衡，并通过收集它们的观察–动作对形成专家演示。

（3）智能体策略获取

在本章考虑的普适边缘计算网络中，每个设备仅可使用本地观察。为了评估基于完整系统状态的专家策略性能，本节通过集成 CNN、GAN[9]和 ACKTR 算法设计了一种新型的神经网络模型，该模型可以在线运行，以最大程度减小相应专家和智能体的观察–行动分布之间的差距。

（4）任务调度

通过智能体策略，每个设备都可以获得本地任务 x_{ik} 的动作 a_{ik}^{t}，即选择在哪个设备上执行计算任务 x_{ik}。而后任务 x_{ik} 可以从设备 i 发送到设备 k。对于传输过程，可以通过几个中继节点建立一条直接或间接的路径。由于分布式无线网络中的路由问题已经得到了深入的研究[10-11]，不在这里详细说明。

2.3.2　随机博弈公式

由于本章考虑的系统中有多个设备，因此它们可以在计算过载时将任务卸载到其他设备，或者在负载不足时帮助其他设备计算卸载的任务。为了在 N 个设备之间达到纳什均衡，可以将它们之间的相互作用建模为随机博弈过程，并用一个元组 $\langle \mathcal{N}, S, O, A, \mathcal{P}, R, \rho_0, \gamma \rangle$ 来表示，详细介绍如下。

① S 表示分布式系统的状态空间，其中包含与设备和任务有关的所有可能状态。s^t 表示系统在时隙 t 时的状态，其中 $s^t = \{s_g^t, s_a^t, s_p^t, s_b^t, s_i^t\}$。$s_g^t$ 为时隙 t 时的瞬时网络连通图；s_a^t, s_p^t 分别表示每个设备的传输队列和处理队列的状态；s_b^t 表示设备的处理能力，s_i^t 表示任务生成强度。

② O 表示系统中的设备观测空间。由于在本章的分布式系统中没有进行集中控制，因此对设备的观察与系统状态是不同的。o_i^t 表示设备 i 在时隙 t 的观测，并且 $o_i^t \neq s^t$。在这里，o_i^t 可以包含前一个时隙记录的部分系统状态，而当前时隙中记录其他的系统状态。

③ A 表示任务的行动空间，包括设备的选择动作和任务的决策动作，从设备的角度来看，向量 $\boldsymbol{a}^t$ 是时隙 t 中所有设备的动作集合，表示为 $\{a_1^t, a_2^t, \cdots, a_N^t\}$。动作 a_i^t 表示设备在时隙 t 中可以执行的操作，即是否卸载本地任务，以及应该选择哪个设备来处理卸载的任务。从任务的角度来看，a_{ik}^t 表示任务 $x_{i,k}$ 的动作，在设备 i 上可能有多个任务需要在时隙 t 被调度，即 $a_i^t = \{a_{i1}^t, a_{i2}^t, \cdots, a_{ik}^t, \cdots\}$。当任务在本地处理时，动作 $a_{ik}^t = 0$；否则 $a_{ik}^t = j$。因此，动作空间可以表示为 $A = \{1, 2, \cdots, j, \cdots, N\}$。此外，本章还假设每个设备在不知道其他设备的动作时独立决定自己的动作。

④ $\mathcal{P}$ 表示状态转移概率矩阵，其中 $p(s^{t+1} \mid s^t, a^t)$ 表示状态 s^t 根据动作 a^t 转移到状态 s^{t+1} 的概率。

⑤ R 表示奖励，其中 $r(s^t, a_i^t)$ 表示设备 i 在时隙 t 中根据系统状态 s^t 和动作 a_i^t 所获得的奖励。一个任务的奖励可以通过 $r(s^t, a_{ik}^t) = -T(i,k)$ 来计算。

⑥ 符号 ρ_0 是系统初始状态 s^t 的分布。

⑦ $\gamma \in (0,1)$ 是期望奖励的折扣因子。

基于上述公式化的随机博弈，可以建立平均任务完成时间与累积奖励之间的关系。

定理 2.1 累积奖励：每个设备的平均任务完成时延可以被重新描述为 $T(i) \doteq -E\left[\sum_{\tau=0}^{\infty}\gamma^{\tau} r(s^{t+\tau}, a_i^{t+\tau})\right]$，其中操作符“$\doteq$”表示接近。

根据定理 2.1，本章所提算法的目的是使期望的累积折扣奖励最大化，如式（2-6）所示。

$$\begin{aligned} \text{P2.2}: \max_{\boldsymbol{a}} E\left[\sum_{\tau=0}^{\infty}\gamma^{\tau} r(s^{t+\tau}, a_i^{t+\tau})\right] \\ \text{s.t. C2.1} \end{aligned} \tag{2-6}$$

系统中每个设备都试图最大化其累积的折扣奖励。对于多个设备，应该设计一个可以分布式执行的神经网络，并保证它们之间的纳什均衡。π_i 和 π_{-i} 分别表示设备 i 和其他设备采取的策略。同时，策略 π_{-i}^* 和 π_i^* 代表相应的最优策略。系统中达到纳什均衡的定义如下所示。

定义 2.1 纳什均衡：当设备训练马尔可夫策略 $\pi^* = \left\langle \pi_1^*, \pi_2^*, \cdots, \pi_N^* \right\rangle$ 以满足条件 $v_{\pi_i^*, \pi_{-i}^*}(s^t) \geqslant v_{\pi_i, \pi_{-i}^*}(s^t)$，其中 $i \in \mathcal{N}$ 并且 $s^t \in S$，已建立的随机博弈已经被证明可以达到纳什均衡，其中 $v_{\pi_i, \pi_{-i}}(s^t)$ 是设备 i 的状态值，可以通过 $v_{\pi_i, \pi_{-i}}(s^t) = E\left[\sum_{\tau=0}^{\infty}\gamma^{\tau} r(s^{t+\tau}, a_i^{t+\tau}) | \ s^t = s^0\right]$ 计算得到。之后，将变量 $v_{\pi_i, \pi_{-i}}(s^t)$ 和 $v_i(s^t)$ 互换。

2.3.3 优化问题转化

尽管本节已经将原始优化问题 P2.1 转换为等效问题 P2.2，但仍然很难解决 P2.2，原因如下：问题 P2.2 的约束使得神经网络在训练时难以满足；定义 2.1 中的纳什均衡需要其他设备生成的策略信息，而这些信息在完全分布式的环境中无法获得。因此，问题 P2.2 需要进一步转化为可解的形式。

根据所建立的随机博弈，通过计算每个动作的选择概率，可以得到将状态 s^t 映射到相应动作 a_{ik}^t 的策略 π_i，因此 $\sum_{a_{ik}^t \in A} \pi_i(a_{ik}^t | \ s^t) = 1$。从约束 C2.1 中，可以知道任务必须卸载到能够与其直接或间接建立连接的设备上。相应地，神经网络的输出应保证 $\sum_{a_{ik}^t \in A} \pi_i(a_{ik}^t | \ s^t)\xi_{ij}^t = 1$，$j \in A$。因此可以用 $\pi(a_{ik}^t | \ s^t)\xi_{ij}^t$ 替换 $v_i(s^t)$ 中的 $\pi_i(a_{ik}^t | \ s^t)$ 来松弛约束 C2.1。对于每个设备，智能体都试图找到最佳策略，通过达到纳什均衡来最大化其累积奖励。当没有任何设备可以通过单方面改变其策略来获得更高的奖励时，可以认为达到了纳什均衡。为了满足定义 2.1 的要求，需要找到

状态值 $v_i(s^t)$ 的最优值。由此可得定理 2.2。

定理 2.2　纳什均衡条件：为了使系统中的不同设备之间达到全局纳什均衡，各设备的状态值应满足如下等式：

$$v_i(s^t)=\prod_{k=1}^{K(i,t)} E_{\xi_{ij}^t\sim\xi,a_{ik}^t\sim\pi_i} q_i(s^t,a_i^t),\ \forall i\in\mathcal{N} \tag{2-7}$$

其中，设备 i 的状态–动作函数为

$$q_i(s^t,a_i^t)=E_{\pi_{-i}}\left[\frac{1}{K(i,t)}\sum_{k=1}^{K(i,t)} r(s^t,a_{ik}^t)+\gamma\sum\nolimits_{s^{t+1}\in S} p(s^{t+1}|\ s^t,\boldsymbol{a}^t)v_i(s^{t+1})\right] \tag{2-8}$$

尽管定理 2.2 给出了 $v_i(s^t)$ 的最优值，但在这样的分布式系统中，无法事先得到它。因此，需要通过求解优化问题来计算最优策略 π。与文献[12]类似，本章已建立的随机博弈达到纳什均衡的过程可以被建模为一个与价值函数 $v_i(s^t)$ 和价值–动作函数 $q_i(s^t,a_i^t)$ 有关的优化问题。然后，问题 P2.2 可以转化为

$$\begin{aligned}\text{P2.3}:&\min_{v,\pi} g(v,\pi)=\sum_{i=1}^{N}\sum_{t=0}^{\infty}\left[v_i(s^t)-\prod_{k=1}^{K(i,t)} E_{\xi_{ij}^t\sim\xi,a_{ik}^t\sim\pi_i} q_i(s^t,a_i^t)\right]\\ &\text{s.t. C2.2}: v_i(s^t)\geqslant q_i(s^t,a_i^t), i\in\mathcal{N}\end{aligned} \tag{2-9}$$

如果 $v_i(s^t)\geqslant q_i(s^t,a_i^t)\geqslant 0$，$\forall i\in\mathcal{N}$ 成立，那么约束 C2.2 保证了不同设备之间可以实现纳什均衡，因此 $g(v,\pi)\geqslant 0$ 成立。如果 $g(v,\pi)=0$，则可以达到纳什均衡[13]，且 π 是纳什均衡策略。

接下来，用拉格朗日松弛法来松弛问题 P2.3。然后，问题 P2.3 中的优化目标式（2-9）的拉格朗日对偶函数可以表示为

$$L^{t+1}=g(v,\pi)+\sum_{i=1}^{N}\sum_{\tau=0}^{t}\lambda_i^\tau\left(q_i(s^\tau,a_i^\tau)-v_i(s^\tau)\right) \tag{2-10}$$

对于任何策略 π，当 $v_i(s^\tau)$ 定义为定理 2.2 中的形式时，等式 $g(v,\pi)=0$ 成立。那么，问题 P2.3 可以转换为

$$\text{P2.4}:\max_{\lambda}\min_{\pi} L^{t+1}=\sum_{i=1}^{N}\sum_{\tau=0}^{t}\lambda_i^\tau\left(q_i(s^\tau,a_i^\tau)-v_i(s^\tau)\right) \tag{2-11}$$

因此，通过解决问题 P2.4 可以实现任务调度的目的。

2.3.4　专家策略

在设计基于多智能体模仿学习的计算卸载算法时，首先要设计能获得良好性能的专家策略。设定网络中有 N 位可交互的专家，他们可以获得系统状态的完整观测，

因为传统集中式调度策略具有良好性能，学习智能体可以模仿。另一种可能的方法是通过应用一种理论上能够达到最优性能的算法来离线获取专家策略。因此，只需要解决问题 P2.4，并形成包括状态–动作对的演示，供学习智能体模仿。对于每位专家而言，其优化问题变为

$$\text{P2.5}:\max_{\lambda_i^{\mathrm{T}}}\min_{\pi_i} L_i^{t+1}=\sum_{\tau=0}^{t}\lambda_i^{\tau}\left(q_i(s^{\tau},a_i^{\tau})-v_i(s^{\tau})\right) \tag{2-12}$$

为了解决问题 P2.5，可以利用自然梯度策略（如 ACKTR），传统的策略梯度算法通常基于随机梯度下降的简单变体，按照策略梯度的方向更新参数，而对权重空间的探索效率较低。与策略梯度不同，自然策略梯度遵循基于 Fisher 度量的最陡下降方向。因此，通过应用 K-FAC（Kronecker-Factored Approximated Curvature）逼近自然梯度，ACKTR 具有更快的收敛速度。

对于专家 i，需要训练两个学习网络，一个是参数为 θ_i 的策略网络，另一个是参数为 ϕ_i 的价值网络。从问题 P2.5 的优化目标式（2-12）可以看出，由于 λ_i^t 可以是任意常数，所以只需使 $q_i(s^t,a_i^t)-v_i(s^t)$ 最小化即可。对于 π_i^E 策略，$E(q_i(s^t,a_i^t)-v_i(s^t))$ 的值可以最小化。因此，将专家 i 的策略模型的损失函数定义为

$$L^E(\theta_i)=E\left(q_i(s^t,a_i^t)-v_i(s^t)\right) \tag{2-13}$$

此处，$v_i(s^t)$ 的梯度[14]可计算为

$$\nabla_{\theta_i} v_{\pi_i^E}(s^t)=E_{\pi_i}\left[\sum_{a_i^t} q_i(s^t,a_i^t)\nabla_{\theta_i}\log\pi_i(a_i^t\,|\,s^t)\right] \tag{2-14}$$

本章系统中 $q_i(s^t,a_i^t)$ 的梯度[15]可以通过式（2-15）获得。

$$\nabla_{\theta_i} q_{\pi_i^E}(s^t,a_i^t)=E_{\pi_{-i}}\left[\gamma\sum\nolimits_{s^{t+1}\in S} p(s^{t+1}\,|\,s^t,\boldsymbol{a}^t)\nabla_{\theta_i} v_{\pi_i^E}(s^{t+1})\right] \tag{2-15}$$

然后策略梯度定义为

$$\nabla_{\theta_i} L^E(\theta_i)=E\left[\nabla_{\theta_i} q_{\pi_i^E}(s^t,a_i^t)-\nabla_{\theta_i} v_{\pi_i^E}(s^t)\right] \tag{2-16}$$

对应地，Fisher 度量可由式（2-17）计算。

$$F_i=E_{p_i(B)}\left[\nabla_{\theta_i}\log\pi_i(a_{ik}^t\,|\,s^t)\left(\nabla_{\theta_i}\log\pi_i(a_{ik}^t\,|\,s^t)\right)^{\mathrm{T}}\right] \tag{2-17}$$

其中，$p_i(B)$ 为轨迹分布，满足 $p_i(B)=p(s^0)\prod_{t=0}^{T}\prod_{k=1}^{K(i,t)}\pi(a_{ik}^t\,|\,s^t)p(s^{t+1}\,|\,s^t,\boldsymbol{a}^t)$，其中 $\sum_{t=0}^{T}K(i,t)=B$，则策略网络的自然梯度为 $F^{-1}\nabla_{\theta_i}L^E(\theta_i)$。

对于参数为 ϕ_i 的价值网络，通过遵循策略 π_i^E 可以估计出给定状态下的期望

奖励之和，其对应的损失函数定义为

$$L^E(\phi_i) = E\left(\sum_{\tau=0}^{t} E_{K(i,\tau)} r(s^\tau, a_{ik}^\tau) - v_i^E(s^\tau;\phi_i)\right) \tag{2-18}$$

专家策略的训练过程可以总结如下。

（1）状态–动作批量收集

在时隙 t 中，设备 i 利用策略 π_i^t 来基于系统状态 s^t 生成任务调度动作 a_{ik}^t。然后，根据动作决策将任务调度到目的地，并且基于相应的实际传输和计算时延来计算任务的奖励。可以将每个任务的动作、奖励和系统状态记录在列表中，从而完整获得一批大小为 B 的记录。

（2）策略和价值网络训练

在获得状态–动作批量之后，对策略和价值网络进行训练，以最小化式（2-13）和式（2-18）中的损失函数。

（3）专家演示规划

由于设备没有系统的完整观测状态，因此通过将系统的瞬时状态映射到考虑的普适边缘计算网络中相应设备的部分观测状态来形成专家策略。然后，与每批收集到的状态–动作对对应形成观察–动作对。专家策略的形成如算法 2.1 所示。

算法 2.1　专家策略的形成

输入　批大小 B；带有策略参数 θ_0、鉴别参数 ω_0 和值参数 ϕ_0 的初始策略

输出　学习策略 π_θ^E 和专家轨迹 D

for 时隙 $\tau = 0,1,\cdots,t$　do

　　for 设备 $i = 1,2,\cdots,N$　do

　　　　for 任务 $j = 1,2,\cdots,K(i,\tau)$　do

　　　　　　基于策略 π_i^E 依照 $\chi_i^E \sim \pi_{\theta_i}^E$，得到专家 i 的大小为 B 的任务调度结果；

　　　　end

　　end

end

for 设备 $i = 1,2,\cdots,N$ do

　　通过最小化损失函数更新 ϕ_i：

$$E_{\chi_i^E}\left[\sum_{\tau=0}^{t} E_{K(i,\tau)} r\left(s^\tau, a_{ik}^\tau\right) - v_i^E\left(s^\tau;\phi_i\right)\right]$$

　　通过式（2-16）计算策略梯度；

　　通过式（2-17）计算 Fisher 度量；

利用 ACKTR 中的自然梯度 $F^{-1}\nabla_{\theta_i} L^E(\theta_i)$ 来更新 θ_i；

end

for 设备 $i=1,2,\cdots,N$ do

从 s^t 得到观测结果 $o_i^\tau, \tau=\{0,1,2,\cdots,t\}$；

for 任务 $k=1,2,\cdots,K(i,\tau)$ do

通过 $D_i=\{o_i^\tau, a_{ik}^\tau\}$ 获得专家轨迹，$\tau=\{0,1,2,\cdots,t\}$；

end

end

2.3.5 智能体策略

2.3.4 节介绍了基于全局状态的集中式网络环境获得的专家策略。但是，由于分布式设备无法获取整个系统状态，因此无法在本地在线应用专家策略。利用多智能体模仿学习，其中设备（本节称之为学习智能体）可以模仿 2.3.4 节中得出的专家策略，并根据其局部观测来做出决策。本节设计的算法框架如图 2.3 所示。

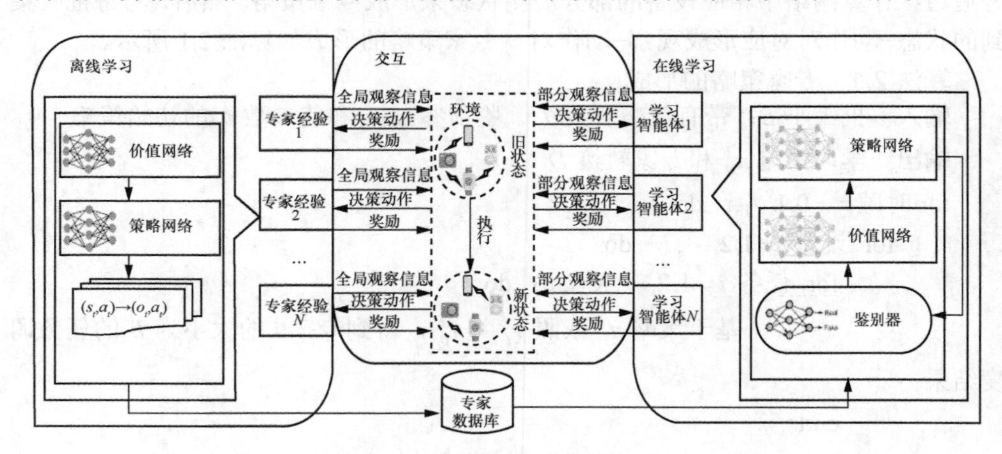

图 2.3 本节设计的算法框架

（1）模仿示范

在模仿学习中，有两种参与者，即专家和学习智能体。专家提供的数据集 D 包括 I 样本轨迹，形成专家策略 π_E。第 i_{th} 轨迹由策略 π_E 生成的状态–行为对组成，$\left\langle (s_i^0,a_i^0),(s_i^1,a_i^1),\cdots,(s_i^H,a_i^H)\right\rangle$。为了简单且不失一般性，将所有轨迹的长度均视为 H。智能体根据所提供的轨迹训练本地策略，然后通过与周围环境的交互逐步完善。传统的模仿学习可以看作一种监督学习。但是，只能为一些示例收集演示，并且可能不包含智能体在未来执行中遇到的状态。在这种情况下，智能体可能无法做出正确的决策，从而导致系统性能下降。

GAIL[6]克服了传统监督模仿学习的弊端，它对专家轨迹中所包含的状态和动作的分布进行建模，使智能体访问的状态–动作对的分布接近于专家的分布。为了对状态–动作对的分布进行建模，GAIL 利用 GAN 对学习模型进行训练。GAN 中涉及两个元素，即生成器 G 和鉴别器 D。生成器 G 生成数据，其分布类似于真实数据分布 Z，而鉴别器 D 学习区分样本是来自真实数据分布 Z 还是生成器 G 生成的样本。因此，GAN 的目标是 $\min_G \max_D V(G,D) = E_x[\log D(x)] + E_Z[\log(1-D(G(Z)))]$。

在 GAIL 中，生成器 G 可被视为通过模仿专家的状态来试图生成状态–动作分布的智能体。此处的 D 用来确定动作是由专家还是智能体生成的。在两个参与者之间进行竞争之后，GAIL 的性能可以大大提高。GAIL 的目标是通过专家演示的对抗性生成训练来学习好的智能体策略，即：

$$\pi = \arg\min_{\theta}\max_{\omega}\left[E_{\pi_\theta}[\log(D_\omega(s^t,\boldsymbol{a}^t))] + E_{\pi_E}[\log(1-D_\omega(s^t,\boldsymbol{a}^t))]\right] - \eta H(\pi) \quad (2\text{-}19)$$

其中，η 为控制参数，变量 $H(\pi)$ 是策略 π 的 γ－折扣因果熵，$H(\pi) = E_\pi[-\log\pi(\boldsymbol{a}^t \mid s^t)]$，并且它增强了学习过程[16]中的探索操作。

（2）分布式多智能体模仿学习

由于本章考虑的系统中存在多个设备且没有集中管理，应考虑分布式卸载调度策略，因此，每个设备需要根据当前获取的信息独立学习自己的策略。此外，应在这些设备之间达到纳什均衡，以最大化其自身的效用。为了实现多智能体模仿学习，本节首先提供以下定义。

定义 2.2 在所考虑的网络中有 N 位专家，有 N 个学习智能体（设备），每个学习智能体都能模仿其相应专家的行为。利用 GAN 来获取智能体策略，存在 N 个生成器和 N 个鉴别器。

然而，学习智能体 i 无法获得实时全局状态 s^t，只能获得部分观测状态 o_i^t。时隙 t 中其他间接连接设备的瞬时传输和处理排队状态无法按照 2.3.1 节的描述进行观察，并且有可能获得其先前时隙的状态。因此，对于专家策略，根据观测状态 o_i^t 和动作 a_i^t，$t \in \{0,\cdots,\infty\}$，收集专家数据集 $D = \{D_i\}_{i=1}^N$，因为它们处于分布式的环境中。与考虑单个专家–智能体对[17]类似，可以定义一个学习智能体在多智能体环境中的观察–行动对的分布。

定义 2.3 观察–动作对分布：在本章考虑的多智能体系统中，学习智能体 i 访问时的观察–动作对分布可以建模为 $\rho_{\pi_i,\pi_{-i}} = \prod_{i=1}^{N}\pi(a_i^t \mid o_i^t)\sum_{t=0}^{\infty}\gamma^t p(o_i^t = o \mid \pi^t)$，其中 $p(o_i^t = o \mid \pi^t)$ 是策略 π^t 访问的状态 s^t 分布可能性。

根据文献[18]中的研究，将问题 P2.4 转化为问题 P2.6，即：

$$\text{P2.6}: \pi_i = \arg\min_{\theta_i}\max_{\omega_i}\Big[E_{\pi_{\theta_i}}[\log(D_{\omega_i}(o_i^t, a_i^t))] + E_{\pi_i^E}[\log(1 - D_{\omega_i}(o_i^t, a_i^t))]\Big] - \eta_i H(\pi_{\theta_i}) \tag{2-20}$$

其中，$D_i = \{\rho_{\pi_i,\pi_{-i}} : \pi_i \in \Pi\}$ 可以看作所有观测–动作对的分布空间。从问题 P2.6 中可以发现每个学习智能体都维护着具有优化参数 θ_i 的策略网络 π_i，每个鉴别器 D_i 都旨在优化参数 ω_i，而价值网络 v_i 则具有优化参数 ϕ_i。与专家策略类似，本节使用 ACKTR 算法来解决问题 P2.6。训练过程可以概括为以下步骤。

① 观测–动作批量收集。本章基于构建的训练网络收集每个学习智能体的轨迹批次，而不是直接基于专家轨迹来训练模型。显然，本章模仿学习方法与传统的模仿学习不同，是无模型的。

② 鉴别器训练。根据收集到的长度为 B 的观测–动作对的专家和智能体轨迹来训练鉴别器 D_i，表示为 $\{o_i^t, a_{ik}^t, o_i^{E,t}, a_{ik}^E\}$，训练目标为最小化损失：

$$L(D_i) = E_{\pi_{\theta_i}}\Big[\log(D_{\omega_i}(o_i^t, a_i^t))\Big] + E_{\pi_i^E}\Big[\log(1 - D_{\omega_i}(o_i^t, a_i^t))\Big] \tag{2-21}$$

其中，$t \in \{0, \cdots, x\}$，$k \in \{1, \cdots, K(i,k)\}$，且 $\sum_{t=1}^{x} K(i,k) = B$ 是训练输入。对于预测，只需要输入观测–动作对 $\{o_i^t, a_i^t\}$，输出 $\log(D_{w_i}(o_i^t, a_i^t))$。输出可以看作是对专家策略的智能体动作的预测奖励。智能体策略可以使用预测的奖励，而不是实际的奖励，因为它可以通过最小化专家和智能体之间的观测–动作轨迹的分布，使智能体策略接近于专家策略。

③ 价值网络训练。在获得预期的奖励的基础上进行价值网络训练。损失函数是最小化 B 步预测奖励与状态值的平方差，即：

$$l(v_i) = E\left(\sum_{\tau=0}^{t}\sum_{k=1}^{K(i,\tau)} \log(D_{\omega_i}(o_i^\tau, a_{ik}^\tau)) - v_i(o_i^\tau; \phi_i)\right) \tag{2-22}$$

④ 策略网络训练。本章利用策略网络来确定设备的每个任务的任务调度结果。一般情况下，输入当前网络状态和任务特定属性，策略网络输出任务调度结果。本章利用策略梯度方法对其进行训练，梯度为 $\nabla_{\theta_i} J(\theta_i) = \nabla_{\theta_i} v_{\pi_i}(o_i^0)$。

通过以上训练过程，可以看到，训练智能体的策略仅依赖于局部的个人观测，而无须收集其他智能体的最新信息。每个智能体用相应的专家轨迹训练本地模型，并且在不考虑他人策略的情况下独立做出决策。智能体策略的训练过程如算法 2.2 所示。

算法 2.2 智能体策略的训练过程

输入 专家轨迹 D，量大小 B，策略参数 θ_0，分配器参数 ω_0，值参数 ϕ_0 的初始策略

输出 学习策略 π_θ

for 时隙 $\tau = 0, 1, \cdots, t$ do

for 设备 $i=1,2,\cdots,N$ do

for 任务 $j=1,2,\cdots,K(i,\tau)$ do

基于依照 $\chi_i \sim \pi_{\theta_i}$ 训练出的策略 π_i，得到设备 i 大小为 B 的任务调度轨迹；

从 D_i 中获得观测–动作对记为 χ_i^E

end

end

end

for 设备 $i=1,2,\cdots,N$ do

for 任务 $j=1,2,\cdots,K(i,\tau)$ do

通过以下步骤解决 P2.5 问题:

通过最小化式（2-21）中的损失来更新 ω_i；

通过最小化式（2-22）中的损失来更新 ϕ_i；

通过以下方法计算策略梯度:

$\nabla_{\theta_i} L(\theta_i)=E_{\chi_i}\left[q_i(o_i^t,a_i^t)\nabla_{\theta_i}\log\pi_i(a_i^t\mid o_i^t;\theta)\right]+\eta_i\nabla H(\pi_{\theta_i})$；

通过以下方法计算 Fisher 度量:

$F_i=E_{p_i(B)}\left[\nabla_{\theta_i}\log\pi_i(a_{ik}^t\mid o_i^t)(\nabla_{\theta_i}\log\pi_i(a_{ik}^t\mid o_i^t))^{\mathrm{T}}\right]$；

利用 ACKTR 中的自然梯度 $F^{-1}\nabla_{\theta_i}L(\theta_i)$ 来更新 θ_i；

end

end

2.3.6　算法分析

本节将对设计的分布式计算卸载算法进行分析，证明学习智能体获得的结果可以达到 ϵ -纳什平衡。ϵ -纳什均衡的定义如定义 2.4 所述。

定义 2.4　ϵ -纳什均衡：在本章考虑的系统中，存在变量 $\epsilon>0$ 来保证马尔可夫策略 $\pi^*=\left\langle\pi_1^*,\pi_2^*,\cdots,\pi_N^*\right\rangle$ 满足 $v_{\pi_i^*,\pi_{-i}^*}(s^t)\geqslant v_{\pi_i,\pi_{-i}^*}(s^t)-\epsilon$，其中 $i\in\mathcal{N},s^t\in S$。然后，公式化的随机博弈是一个 ϵ -纳什均衡。

从定义 2.4 中，可以观察到 ϵ -纳什均衡是一个次优纳什均衡，每个纳什均衡都可以看作一个具有 $\epsilon=0$ 的 ϵ -纳什均衡的特殊例子。

定理 2.3　γ-折扣因果熵：在分布式的计算卸载算法中，策略 π_i 的 γ-折扣因果熵的表达式是 $H(\pi_i)=E_{o_i^t,a_{ik}^t\sim\pi_i}\left[-\sum_{t=0}^{\infty}\gamma^t\log\prod_{k=1}^{K(i,t)}\pi(a_{ik}^t\mid o_i^t)\right]$。

定理 2.4 MILP 的 ϵ -纳什均衡：本章提出的分布式计算卸载算法可以在不同设备之间达到 ϵ -纳什均衡，其中 $\epsilon = \max\left\{\eta_i \left|H(\pi_i^E) - H(\pi_i)\right|\right\}, i \in \{1, \cdots, N\}$ 。

2.4 性能评价

2.4.1 仿真设置

本节随机用 1 000 m^2 的交叉和垂直线设置设备[5,19]。该网络拓扑由交叉线形成 10^4 个交叉点，其中由步行者或乘客持有的移动终端属于同一社区[20]。基于曼哈顿移动模式[21]，持有人沿着这些路线移动。由于个人活动的高重复性，本节考虑的模型是基于时隙的。在网格拓扑中，有 10～60 个设备在移动，速度在 0～20 km/h[5]。这些设备的通信距离设置在 50～100 m，每个设备产生的最大计算任务数为每时隙 5 个。任务大小为 100～10 000 kB。每个任务所需的 CPU 周期为[200, 1 000] Megacycles，每个设备提供的 CPU 周期在[8 000, 13 000] Megacycles[22]。可以通过香农公式确定设备的传输速率，带宽为 10 MHz，噪声为−172 dBm 时，传输功率为 10 dBm[23]。

多层感知被用于 ACKTR 算法，分别将 4 个完全连接的层用于策略和价值网络，将 KFAC 优化器[24]和异步优势演员评论家（Asynchronous Advantage Actor-critic，A3C）技术[25]用于训练学习模型。对于专家策略，本节收集了 100～400 个观测–动作对，每对有 50 个待处理任务。此外，将 4 种算法与 MILP 进行比较。

① 专家策略：专家尝试使用基于集中管理的 ACKTR 算法来解决问题 P2.4，每个专家都可以观测到整个瞬时系统状态。

② SM-NE[5]：一种分布式任务调度算法，具有部分需要的信息，这些信息由集中式服务器进行管理。通过博弈论解决，可以达到纳什均衡。

③ 基于 DQN 的调度算法[26]：考虑对等卸载模式。与 MILP 的主要区别在于它包括边缘服务器，并且该算法可以将任务卸载到相邻设备或边缘服务器。此外，它还是基于深度 Q 网络（Deep Q-Network，DQN）的集中式调度算法。

④ 随机调度算法：尝试通过寻找满足问题 P2.1 的设备来减轻任务负担。找到设备后，无须进一步搜索即可将该设备用于任务处理。

2.4.2 仿真结果

本节将介绍各种指标的性能结果。

（1）设备总数的影响

图 2.4 说明了不同数量设备的性能。平均任务完成时间的趋势如图 2.4（a）所示。可以看出，MILP 的平均任务完成时间比 SM-NE、基于 DQN 的调度算法和随机调度算法的平均任务完成时间要短得多，略长于专家策略的平均任务完成时间。例如，当设备数量为 30 时，专家策略、MILP、SM-NE、基于 DQN 的调度算法和随机调度算法的平均任务完成时间分别为 0.13 s，0.15 s，0.20 s，0.16 s 和 0.26 s。原因是 MILP 利用 GAIL 来训练其策略，并能够接近具有可接受的性能差距的专家的性能。专家策略试图通过基于整个系统状态在不同设备之间达到纳什均衡来解决优化问题，这类似于集中控制方法。SM-NE 根据平均任务到达强度、传输速率等来计算纳什均衡，但信息不能在普及的边缘计算网络中及时更新。因此，SM-NE 的性能低于 MILP 的性能。随机调度算法随机选择要卸载的设备，其性能无法得到保证。尽管基于 DQN 的调度算法是集中式的，但它旨在最大限度地降低系统成本，同时确保任务可以在其截止日期之前执行。因此，由于基于 DQN 的调度算法主要试图最小化系统成本，因此无法在很大限度上最小化任务完成时延。

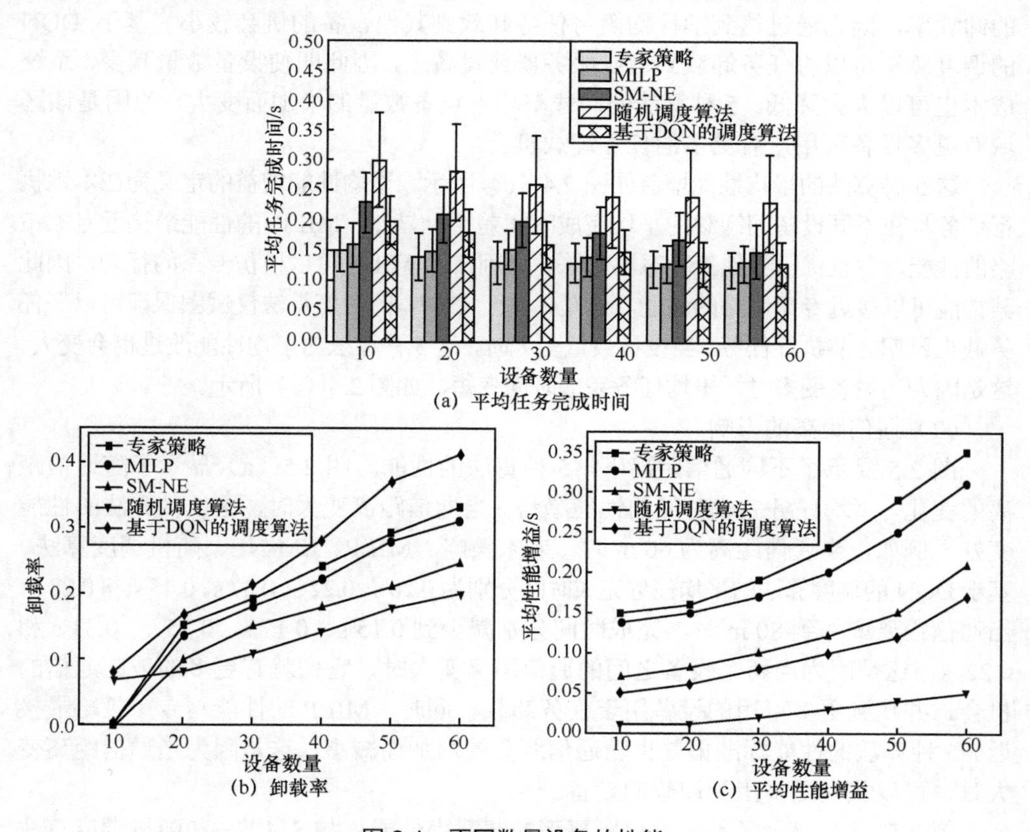

(a) 平均任务完成时间

(b) 卸载率

(c) 平均性能增益

图 2.4　不同数量设备的性能

图 2.4（a）还展示了 5 种算法的标准偏差，其中专家策略的偏差最小，而 MILP 次之。这是因为 MILP 通过模仿专家演示来全面考虑设备在完全分布式环境中的公平性，而 SM-NE 无法接收更新的信息，而是依靠过时的信息来计算纳什均衡。基于 DQN 的调度算法着重于选择可以将其系统成本降至最低的设备或边缘服务器，而不是将任务完成时间降至最短。当设备数量变大时，这 5 种算法的性能会变得更好。这是因为网络中有更多设备可用，并且可以为卸载任务创造更多机会，以最大限度地减少其完成时间。

图 2.4（b）展示了基于不同数量设备的卸载率。在此，卸载率被定义为卸载任务的数量相对于网络中总生成任务的数量。显然，基于 DQN 的调度算法的卸载率最高，而专家策略和 MILP 的卸载率高于 SM-NE 和随机调度算法。例如，当设备数量为 20 时，专家策略、MILP、SM-NE、基于 DQN 的调度算法和随机调度算法的卸载率分别为 0.15、0.14、0.10、0.17 和 0.08。也就是说，基于专家演示，MILP 可以学习可行的策略以在不同设备之间安排更多任务。当设备数量小于 10 时，专家策略、MILP 和 SM-NE 的任务卸载率低于基于 DQN 的调度算法和随机调度算法的卸载率，因为通过达到纳什均衡将任务卸载到其他设备的机会较小。基于 DQN 的调度算法可以将任务卸载到边缘服务器或设备上，因此即使设备数量减少，系统成本也可以大大降低。5 种算法的卸载率随着设备数量的增加而变大。原因是该区域有更多设备可用，有更多的任务卸载机会。

这 5 种算法的平均性能增益如图 2.4（c）所示。平均性能增益的定义为在本地执行任务与在不同设备间卸载的平均完成时间差距。显然，MILP 的性能最接近专家策略的性能，并且优于其他三种对比算法。原因在于 MILP 可以模仿专家的行为，因此其性能可以接近专家策略的性能。但是，基于 DQN 的调度算法仅试图保证可以在任务截止日期之前执行任务。当设备数量变大时，这 5 种算法的平均性能改进也会变大。这是因为当设备变多时，平均任务完成时间变短，如图 2.4（a）所示。

（2）通信距离的影响

图 2.5 显示了不同通信距离下，5 种算法的性能。图 2.5（a）显示了随通信距离的变化，平均任务完成时间的性能趋势。当通信距离变大时，这 5 种算法的性能变好。例如，当通信距离为 60 m 时，专家策略、MILP、SM-NE、随机调度算法、基于 DQN 的调度算法的平均任务完成时间分别为 0.20 s、0.22 s、0.37 s、0.45 s 和 0.28 s。当通信距离增加到 80 m 时，完成时间分别减少到 0.15 s、0.17 s、0.25 s、0.31 s 和 0.22 s，这是因为当两个设备之间的通信距离变大时，它们就有更多的彼此通信的机会，并找到更多可用的设备用于任务卸载。同时，MILP 的性能与专家策略最接近。5 种算法的性能标准偏差也随通信距离的增加而减小，这是因为当通信距离变大时，可以找到更多用于卸载的设备。

图 2.5（b）显示了不同通信距离下的卸载率性能。与 SM-NE 和随机调度算法

相比，MILP 的卸载率更高，而与基于 DQN 的调度算法相比，MILP 的卸载率更低，因为 MILP 可以在不同设备之间调度更多任务以模仿相应的专家策略。随着通信距离的增加，MILP 的卸载率随之增加。当通信距离为 50 m 时，专家策略、MILP、SM-NE、基于 DQN 的调度算法和随机调度算法的卸载率分别为 0.21、0.19、0.15、0.22 和 0.10。当通信距离增加到 70 m 时，5 种算法的卸载率分别为 0.27、0.23、0.17、0.31 和 0.13。这是因为当通信距离较短时，设备之间进行通信的机会较少，只能在不同设备之间调度和处理较少数量的任务。但是，无论系统中有多少设备，基于 DQN 的调度算法都可以使设备将其任务卸载到边缘服务器。

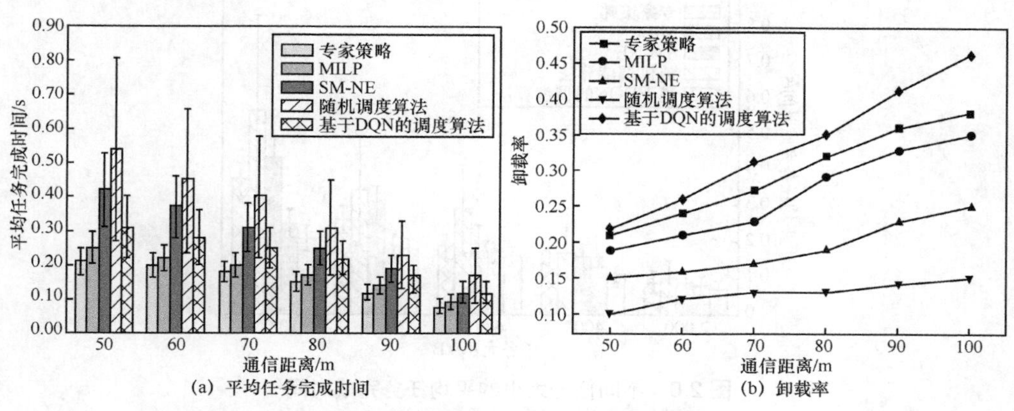

图 2.5　不同通信距离下，5 种算法的性能

（3）任务规模的影响

这 5 种算法基于任务大小的平均任务完成时间如图 2.6 所示。任务大小是指网络中生成的子任务中的最大数据。从图 2.6 可以看出，当任务变大时，这 5 种算法的平均任务完成时间都变长。原因是当任务规模变大时，不同设备之间的传输时延会变长，从而总完成时间增加。但 MILP 由于设计的调度机制，算法的完成时间并没有增加太多。但是，当任务规模较大时，SM-NE、基于 DQN 的调度算法和随机调度算法的性能会大大降低。在这种完全分布式的环境中，SM-NE 很难找到可用于卸载任务的设备，而随机调度算法随机选择要执行任务的设备，这在任务规模增加时会耗费大量时间。此外，基于 DQN 的调度算法将能源成本最小化，而忽略了使任务完成时延最小化。

（4）收敛时间

基于不同数量的设备评估了 MILP、SM-NE 和基于 DQN 的调度算法的收敛时间如图 2.7 所示。当网络中的设备数量较少时，MILP 和 SM-NE-的收敛时间没有什么区别。当网络中有更多设备时，MILP 的优势就会显露出来。此外，MILP 的收敛时间始终是最短的。这是因为在 MILP 中，尽管每个设备都无法观察到完整的即时网络状态，但学习智能体可以通过在分布式的环境中训练自己的策略来模仿集中的策略。MILP 可以将收集到的专家数据输入 GAN 中，并通过最小化观测–动作对的分布来输出预测的奖励，但 SM-NE 算法无法获得系统状态的实时信息（设备的连接和更新的平均任务到达速度），可能根据过时的信息做出决策。当设备数量增加时，由于信息同步的时延，用于计算纳什均衡的时间变得更长。基于 DQN 的调度算法是集中式的，它基于完整的系统状态来训练学习模型，同时输出每个时隙中所有任务的动作。状态和动作空间非常大，模型训练会花费相对较长的时间，尤其是在设备数量较大时。

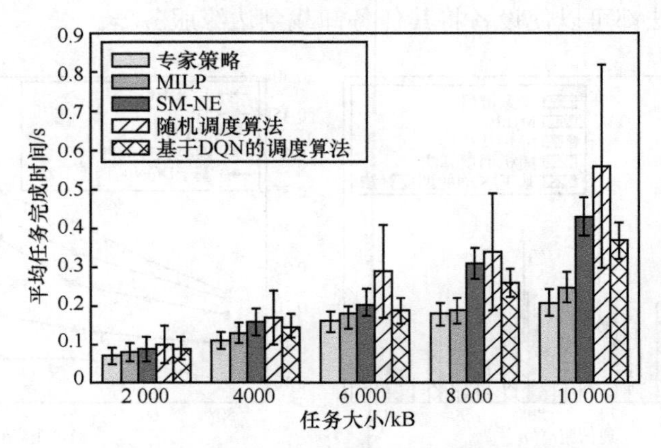

图 2.6　不同任务大小的平均任务完成时间

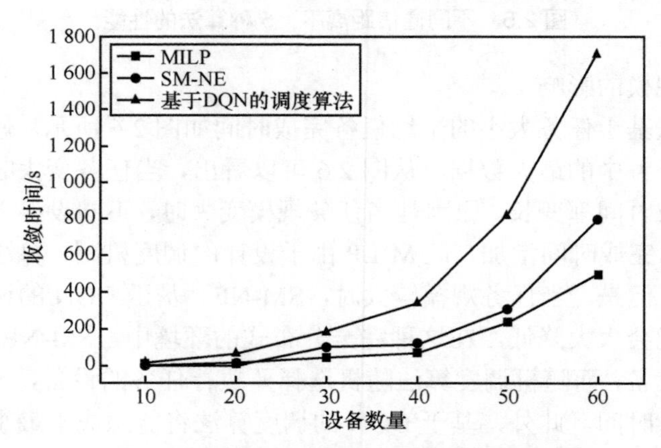

图 2.7　基于不同数量的设备的收敛时间

（5）任务生成速度的影响

基于任务生成速度变化的 5 种算法的平均任务完成时间如图 2.8 所示。任务生成速度是指每个时隙中每个设备生成的最大任务数。可以发现，当任务生成速度变大时，这 5 种算法的平均任务完成时间会增加，这是因为与生成速度较小的情况相比，在生成速度较大的情况下，每个设备的本地队列中的任务更多。而当每个时隙的任务生成速度大于 4 个时，由于额外的计算和传输时延，任务完成时间会迅速增加。

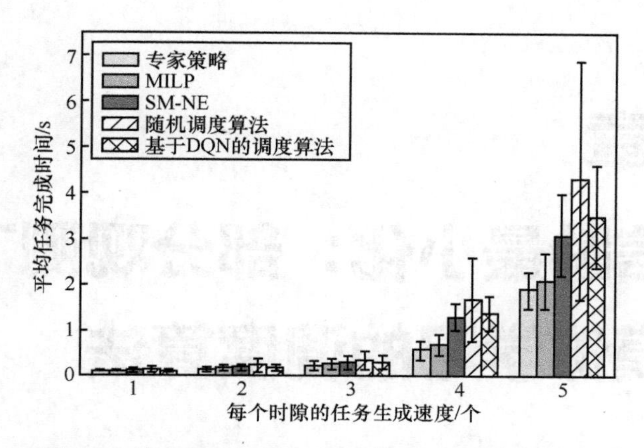

图 2.8　基于不同任务生成速度的平均任务完成时间

（6）CPU 周期的影响

5 种算法基于不同 CPU 周期的平均任务完成时间的性能趋势如图 2.9 所示。此处的 CPU 周期是指一个设备可以提供的最大 CPU 周期。当 CPU 周期变大时，平均任务完成比率将下降。当 CPU 周期为 9×10^3 Megacycles 时，专家策略、MILP、SM-NE、基于 DQN 的调度算法和随机调度算法的平均任务完成时间分别为 0.13 s、0.15 s、0.20 s、0.17 s 和 0.32 s。当 CPU 周期增加到 12×10^3 Megacycles 时，相应的性能分别为 0.09 s、0.1 s、0.12 s、0.12 s 和 0.14 s，这是因为当 CPU 周期变大时，每个设备的计算能力都会变强。因此，用于处理每个任务的计算时延减少，平均任务完成时间减少。此外，由于其具有模仿能力，MILP 的性能与专家策略的性能差距很小。

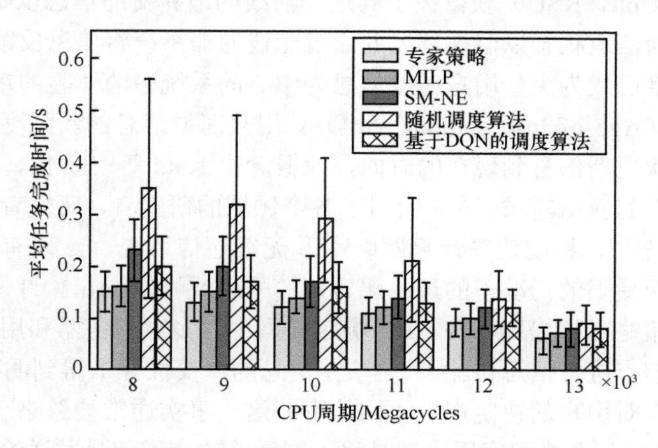

图 2.9　不同 CPU 周期的平均任务完成时间

第3章
关键信龄最小化：部分观测下基于模仿学习的调度算法

3.1 引言

随着新技术的兴起和各种应用的出现，人们越来越依赖移动终端以获取信息，包括新闻、广告、天气预报和通知等。例如，在道路上行驶的车辆可以通过路侧单元（Road Side Unit，RSU）获得关于其路径沿线的最新交通信息以制定驾驶计划；传感器实时更新信道状态以监视环境并通过无线通信系统将信息反馈给服务器。因此，信息新鲜度已成为衡量用户在以信息为中心的系统中的体验的重要指标。

信息年龄（Age of Information，AoI）被用来衡量信息的新鲜度，通常，它被定义为从上一次更新信息到现在的时间，此概念由 Kaul 等[27]提出，用以捕获定期广播信息且不断的应用需求。AoI 吸引了各个领域的研究者，研究者展开了多方研究，如排队系统[28]、移动边缘计算网络[29]和无线通信系统[30]。现有研究主要集中于无线通信资源受限的情况下的最小化客户的平均或峰值 AoI。许多基于请求-响应模型的调度策略已被提出，在请求-响应模型中，多对服务器和用户共存，并且可以利用中继节点进行信息传输[31]。但是，信息的重要性并未得到明确表达，此外，不同的信息通常对用户的决定产生不同的影响这一事实通常被忽略[32]。

AoI 最小化的一个典型应用示例是将不同道路的交通信息发送给车辆网络中的

驾驶员和乘客。为了保持本地信息的新鲜度，终端用户始终需要实时信息。由于信道数量有限，不是所有用户都能及时更新信息。管理服务器可以基于用户终端信息的 AoI 值为有需求的终端设计一个信息更新的偏好。但是，一方面，不同的用户可能对不同的信息感兴趣，并且不同的信息可能对用户的决定产生不同的影响；另一方面，出于对个人隐私的保护，用户可能不打算将其个人信息公开给服务器。因此，对于管理服务器，只可以观测部分用户状态。而现有研究一直忽略了这些重要因素。

与 AoI 相关的道路网络示例如图 3.1 所示。假设图 3.1 中的 6 个路段具有多种交通信息，1 至 6 号路段的交通状态是不同的。若车辆准备从位置 A 到位置 C，这将涉及路段 1、2、4、5 和 6 的交通信息。假设路段 4 的交通信息具有两个关键等级：交通拥堵和交通畅通。通常，如果信息的关键等级保持不变，则等级对车辆的决策影响很小。也就是说，如果路段 4 的关键等级在时隙 t 为交通畅通，则车辆将选择路段 1、2 和 4 作为到达目的地的路径。但是，若关键等级在时隙 $t+1$ 变更为交通拥堵，则车辆将选择路段 1、2、5 和 6 作为决策路径。因此，当关键等级变更时，需要优先更新信息。相比于路段 5 和 6，车辆可能更加关注路段 4 的交通状况，因为路段 1、2 和 4 构成的路径比路段 1、2、5 和 6 构成的路径短。

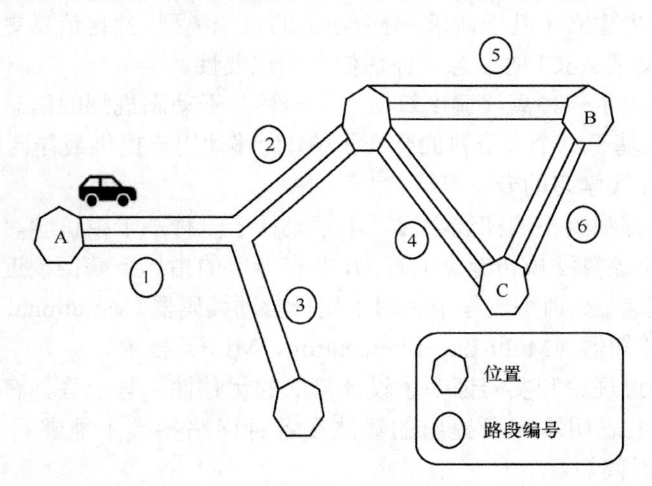

图 3.1　与 AoI 相关的道路网络示例

基于以上考虑，本章设计一种可行的信息更新调度策略。策略设计存在以下挑战。

① 如何根据信息的不同类别和关键等级来对信息进行处理至关重要，因为这会严重影响用户的决策。但是，目前尚无研究同时关注不同信息的影响、用户兴趣和动态网络。

② 由于隐私问题，用户可能不会将其所有个人信息透露给服务器，而只会透露他们需要更新的内容[33]。例如，他们不会透露对不同信息的关心程度。因此，现有基于完全观测的调度策略不适用于系统状态部分观测的情况[34]。

③ 在实际网络场景中，移动终端无法始终停留在特定位置，因此必须考虑移动终端的动态性。同时，设计基于无线资源约束和信息多样性的调度算法具有挑战性，需要通过有限的无线频谱为用户捕获关键等级的变化，以满足用户信息更新需求并支持用户及时地做出决定。

综上所述，信息多样性、局部观测、用户动态以及有限的无线通信带宽使得在线调度算法的设计具有挑战性。

本章的目的是通过设计可行的调度算法来最大限度地降低移动用户的平均关键信息年龄（Age of Critical Information，AoCI）。本章将 AoCI 定义为与对用户决策有直接影响的因素相关的关键信息的效用，关键信息包括关键等级、用户兴趣、信息类别和 AoI。本章提出一种基于模仿学习的调度算法（Imitation LearnIng-based Scheduling Algorithm，LISA），该算法允许学习智能体模仿专家的行为。专家数据可以通过离线执行信息感知启发式算法来收集信息，而学习智能体可以通过模仿来找到具有进一步可能状态的有效策略。LISA 类似于监督学习，但比监督学习更加智能，因为它可以指导智能体解决从未遇到过的情况。本章在基于模仿学习的部分观测下最小化移动用户平均 AoCI，主要贡献如下。

① 本章首先建立了基于请求–响应通信的系统模型，并将信息更新调度表述为优化问题，定义了 AoCI 的概念来评估信息的重要性。

② 本章提出了一种离线调度算法，即一种基于动态规划的信息感知启发式算法，该算法可以基于对个人资料的全面了解，为移动用户提供最佳调度方案。同时，该算法适用于在线学习的专家策略。

③ 对于局部观测下的在线学习，本章设计了一种基于模仿学习的算法，学习智能体能够基于该算法模仿专家的行为，并在专家的指导下获得接近最优的调度解决方案。具体而言，在训练过程中利用了变分自动编码器（Variational Auto Encoder，VAE）和多层感知器（Multi-Layer Perceptron，MLP）技术。

④ 本章通过理论和实验证明了设计算法的优越性。与一些具有代表性的算法相比，实验结果表明本章所提出的算法在各种网络参数下能够得到更优的平均 AoCI，且收敛时间短。

3.2 系统模型与问题构建

3.2.1 系统模型

本章建立的请求–响应模型如图 3.2 所示，由于带宽限制，模型的服务器最多可以

为 K 个移动客户（Mobile Client，MC）提供服务，该模型能够在现实情况中通用，即可以普遍应用于许多场景。例如，服务器可以部署在车辆网络中的 RSU 以服务路过的车辆，也可以部署在蜂窝网络中为移动用户提供服务的基站。为简单起见，本章将服务器服务的不同终端称为 MC，MC 可以随机进入或离开服务器的无线覆盖范围。

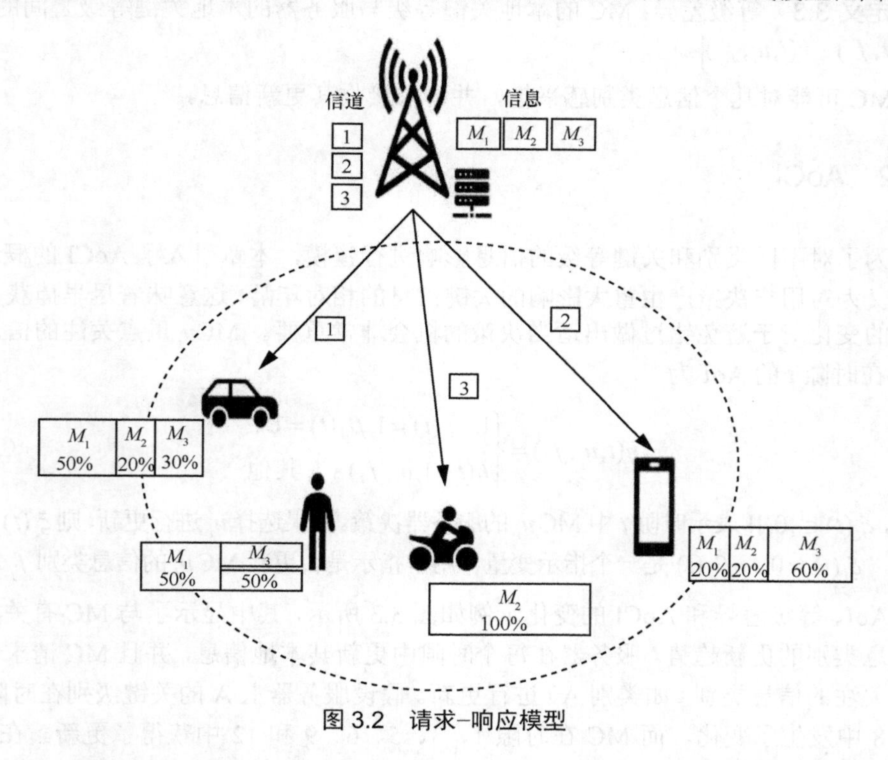

图 3.2　请求–响应模型

假设每个时隙的信息调度包含三个周期。在时隙 t 开始时，更新的信息（来自传感器的各种实时信息或来自远程中心的推送服务）随机到达本地服务器，并且 $N(t)$ 个 MC 向本地服务器发送信息更新请求。然后，服务器确定调度偏好以更新 MC 的信息。需要注意的是，在一个时隙中，不是所有用户都有更新的机会，而属于一个客户端的所有信息也并非同时更新。在时隙 t，$\min\{N(t),K\}$ 个 MC 可以初始化信息更新过程。在每个时隙结束时，客户端会收到所需信息。该过程主要关注 MC 的更新调度问题。相关定义如下。

定义 3.1　信息类别：本章系统模型中的信息可以分为 $|M|$ 个类别，用 $M=\{1,\cdots,|M|\}$ 表示。每个用户可能对某几个信息类别感兴趣。一个信息类别与 MC 所关注的特定事件有关。

定义 3.2　关键等级：反映一个特定事件随时间变化的不同状态。每个信息类别可以具有几个关键等级，每种信息都有 $|L|$ 个关键等级，用 $L=\{1,2,\cdots,|L|\}$ 表示。

对于MCu_i所关注的一个信息类别f_j，当u_i不更新时，其关键等级可能与服务器的关键等级不同。变量$v(t,f_j)$和$v(t,u_i,f_j)$分别表示时隙t中服务器和MCu_i的类别f_j的关键等级。基于此，等级差异定义如下。

定义 3.3 等级差异：MC 的本地关键等级与服务器的本地关键等级之间的差，即$\left|v(t,f_j)-v(t,u_i,f_j)\right|$。

MC 可能对几个信息类别感兴趣，并请求接收其更新信息。

3.2.2 AoCI

为了对不同类别和关键等级的信息影响进行建模，本章引入了 AoCI 的概念，其定义为对用户决策产生重大影响的关键信息的相对年龄，这意味着尽早捕获关键等级的变化对于避免错过做出适当决策的机会非常重要。MCu_i重点关注的信息类别f_j在时隙t的 AoI 为

$$h(t,u_i,f_j)=\begin{cases}1, & \xi_i(t)=1,\beta_{ij}(t)=1\\ h(t-1,u_i,f_j)+1, & \text{其他}\end{cases} \tag{3-1}$$

其中，$\xi_i(t)\in\{0,1\}$表示时隙t中MCu_i的服务器决策。如果选择u_i进行更新，则$\xi_i(t)=1$；否则，$\xi_i(t)=0$。$\beta_{ij}(t)$是一个指示变量，用于指示是否更新MCu_i的信息类别f_j。

AoI、等级差异和 AoCI 的变化示例如图 3.3 所示，其中显示了与 MC 有关的一个信息类别的更新趋势。服务器在每个时隙中更新其本地信息，并且 MC 请求针对其所关注的信息类别（如类别 A）进行更新。假设服务器上 A 的关键级别在时隙 2、4 和 8 中发生了变化，而 MC 在时隙 1、3、5、6、9 和 12 中获得了更新。在 MC 更新之后，其信息的 AoI 类别降为 1，等级差异变为 0。相关定义如下。

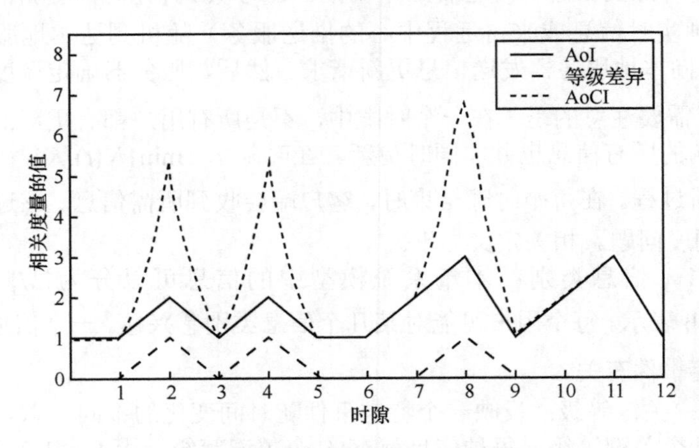

图 3.3 AoI、等级差异和 AoCI 的变化示例

定义 3.4 AoCI：反映与 AoI 和等级差异具有显著关系的关键信息的效用，即

$$I(t,u_i,f_j)=h(t,u_i,f_j)\mathrm{b}^{|v(t,f_j)-v(t,u_i,f_j)|} \tag{3-2}$$

其中，b 是一个大于 1 的常数。

如果 $\beta_{ij}(t)=1$，则时隙 t 中 AoCI 的最终值 $I(t,u_i,f_j)=1$。

基于 AoCI 的调度策略与基于 AoI 的调度策略完全不同，因此本章提供了一个示例来展示这两种调度策略之间的差异，以及 AoCI 相比于 AoI 的优势。基于 AoI 和 AoCI 的调度策略对比如图 3.4 所示，数字 1～5 表示不同的信息年龄年级。系统由三个 MC 和一个服务器组成，该服务器可以在每个时隙中更新一个信息。简单地说，每个 MC 仅对一个信息类别感兴趣，如 MC 1、MC 2 和 MC 3 分别对 A、B 和 C 信息类别 100%感兴趣。在此处针对示例场景使用贪婪调度，为较大的 AoI 或 AoCI 分配更高的优先级。基于 AoI 的调度是循环的，而基于 AoCI 的调度主要取决于服务器的等级更改，其结果优于基于 AoI 调度的结果。因为它可以尽早调度具有等级差异的信息，因此，MC 可以及时更新可能影响其决策的信息。

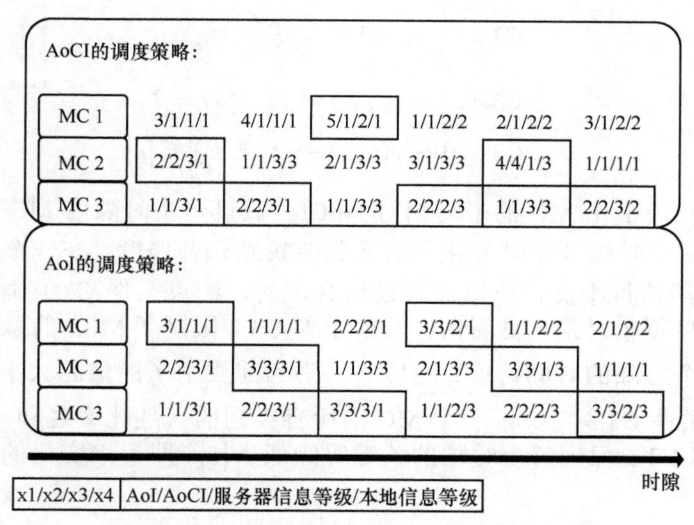

图 3.4 基于 AoI 和 AoCI 的调度策略对比

3.2.3 问题构建

本章的目的是及时捕捉 AoCI 对 MC 的影响，即最小化 MC 的平均相对 AoCI。显然，AoCI 越大、等级差异越大的信息，更新的优先级就越高。因此，MC u_i 的相

对 AoCI 的计算如下：

$$I(t,u_i)=\sum_{j=1}^{|M|}\alpha_{ij}I(t,u_i,f_j) \tag{3-3}$$

假设每个 MC 对不同的信息类别有不同的兴趣。α_{ij} 表示 MCu_i 对信息类别 f_j 的兴趣比率，且 $\sum_{j=1}^{|M|}\alpha_{ij}=1$。因此，最小化 MC 平均相对 AoCI 的问题构建如下：

$$\begin{aligned}
&\text{P3.1}: \min_{\xi_i(t),\beta_{i,j}(t)}\sum_{t=1}^{T}\sum_{i=1}^{N(t)}\frac{1}{TN(t)}I(t,u_i)=\\
&\sum_{t=1}^{T}\sum_{i=1}^{N(t)}\sum_{j=1}^{|M|}\frac{1}{TN(t)}I(t,u_i,f_j)\alpha_{ij}\\
&\text{s.t. C3.1}: N(t)\leqslant K\\
&\qquad \text{C3.2}: \sum_{j=1}^{|M|}\frac{s_j\beta_{ij}(t)}{r_n}\leqslant\hat{t}\\
&\qquad \text{C3.3}: \sum_{j=1}^{|M|}\alpha_{ij}=1\\
&\qquad \text{C3.4}: 0\leqslant v(t,f_j)\leqslant|L|, 0\leqslant t\leqslant T\\
&\qquad \text{C3.5}: 0\leqslant|v(t,f_j)-v(t-1,f_j)|\leqslant|L|
\end{aligned} \tag{3-4}$$

本章旨在最小化 MC 的平均相对 AoCI。假设一个时隙内 MC 的数量保持不变，且在每个时隙开始时变化。由于总能找到一种调度，在一个足够短的时隙保持 MC 的数量不变，所以该假设是合理的。约束条件 C3.1 确保服务器选择的 MC 数量不超过最大数量 K；约束条件 C3.2 限制了 MCu_i 的总信息传输时延不超过一个时隙的时间跨度 $\hat{t}$，其中 s_j 为当前类别 f_j 的信息大小，r_n 为传输速率；约束条件 C3.3 定义了一个 MC 的所有类别的兴趣比率之和应为 1；约束条件 C3.4 和 C3.5 保证每个时隙的关键等级低于 $|L|$，即等级变化的绝对值不应该超过 $|L|$。

解决所构建的优化问题需要考虑两种情况：服务器能够获取全局 MC 的信息；服务器只能感知部分信息。针对以上两种情况，本章设计了不同的调度策略，即信息感知启发式算法和基于模仿学习的调度算法。前者可以根据全局状态信息找到最优调度策略，后者在调度过程中利用模仿学习。基于启发式算法获得的状态-动作对，学习模型可以被离线训练，然后，学习智能体仅基于部分已知信息就可以做出适当的在线调度决策。本章使用的主要符号及描述如表 3.1 所示。

表 3.1 主要符号及描述

符号	描述
u_i	移动客户 i
f_j	信息类别 j
$v(t, f_j)$	时隙 t 时服务器上信息类别 f_j 的关键等级
$h(t, u_i, f_j)$	时隙 t 时 MCu_i 上信息类别 f_j 的 AoI
$\xi_i(t)$	选择 MCu_i 在时隙 t 进行更新的决策变量
$I(t, u_i, f_j)$	时隙 t 时 MCu_i 上信息类别 f_j 的 AoCI
$\beta_{ij}(t)$	选择 MCu_i 上的信息类别 f_j 在时隙 t 进行更新的决策变量
$N(t)$	时隙 t 内的 MC 总数
F_i^m	服务器选定更新的信息类别集合
s_m	信息 m 的大小
M	网络中信息类别总数
S	可通过一个信道传输的最大信息大小
$\hat{S}$	信息传输的剩余信道容量
s_τ	时隙 τ 的真实系统状态
o_τ	时隙 τ 的观测
$p(s_{\tau+1} \mid s_\tau, a_\tau)$	通过采取行动 a_τ 从状态 s_τ 到状态 $s_{\tau+1}$ 的状态转移概率
$r(s_\tau, a_\tau)$	通过在状态 s_τ 采取行动 a_τ 获得的奖励
$o_{\leqslant\tau}$	历史观测
$a_{\leqslant\tau}$	历史行动
$p(s_\tau \mid o_{\leqslant\tau}, a_{<\tau})$	置信状态
$b_\tau := \phi(\Psi_\tau)$	观测和动作的历史记录对
$l(s,\pi), l(b,\pi)$	模仿学习的损失函数
$\hat{\pi}, \pi^*(s)$	学习到的策略
$\pi^*(s)$	专家策略
$p_{\theta^*}(s)$	生成状态的优先级分布
$p_{\theta^*}(o \mid s)$	生成观测的似然值
$q_\varphi(s \mid o, a, r)$	准备训练的生成模型
$p_\theta(s \mid o, a, r)$	状态的真实分布
$L(o, a, r, q)$	置信表示的训练模型损失函数
$L(b, \varepsilon)$	策略模型的损失
$w_\sigma(b_{\tau-1}, a_{\tau-1}, o_{<\tau})$	更新模型的输出
$\pi_\varepsilon(b)$	策略模型的输出

3.3 信息感知启发式算法

3.3.1 子问题转换

问题 P3.1 的优化目标是最小化 MC 的平均相对 AoCI，并且可以在每个时隙捕获 AoCI 的变化，因此通过以下子问题来最小化每个时隙的相对 AoCI：

$$\begin{aligned}&\text{P3.2}: \min_{\xi_i(t),\beta_{ij}(t)} \sum_{i=1}^{N(t)} \frac{1}{N(t)} I(t,u_i)\\&\text{s.t. C3.1} \sim \text{C3.5}\end{aligned} \tag{3-5}$$

对于子问题 P3.2，最直观的解决方案是从所有 MC 中找出 K 个 MC，这样如果它们的相应信息可以更新，则平均相对 AoCI 可以最小化。因此，有两个步骤是必要的：首先，根据每个 MC 的大小和信道容量找到需要更新的信息类别以最小化个人 AoCI；其次，根据计算得出的最小相对 AoCI 以升序排列 MC，并选择前 K 个 MC。

子问题 P3.2 的关键是最小化个人 AoCI，即：

$$\begin{aligned}&\text{P3.3}: I(t,u_i) = \min_{\beta_{ij}(t)} \sum_{j=1}^{|M|} I(t,u_i,f_j)\alpha_{ij}\\&\text{s.t. C3.1} \sim \text{C3.5}\end{aligned} \tag{3-6}$$

问题 P3.3 的相关命题如下。

命题 3.1 P3.3 的最佳子结构：令 $\beta_i^*(t) = \{\beta_{i1}^*(t), \beta_{i2}^*(t), \cdots, \beta_{iM}^*(t)\}$ 为问题 P3.3 的最优解，$F_i = \{f_{i1}\beta_{i1}^*, f_{i2}\beta_{i2}^*, \cdots, f_{iM}\beta_{iM}^*\} \setminus \{0\}$ 为 MCu_i 被选中更新的信息类别。除去一个随机选择的信息类别 $f_{id}, 1 \leqslant d \leqslant M$，定义 $f_i' = F_i \setminus \{f_{id}\}$，且 f_i' 的最小化问题可以转变为问题 P3.4：

$$\begin{aligned}&\text{P3.4}: I'(t,u_i) = \min_{\beta_{ij}(t)} \sum_{j=1}^{|M|} I(t,u_i,f_j)\alpha_{ij}, j \neq d\\&\text{s.t. C3.1\textasciitilde C3.5}\end{aligned} \tag{3-7}$$

这样，$\beta_i'(t) = \beta_i^*(t) \setminus \{\beta_{id}^*(t)\}$ 是问题 P3.4 的最优解。

命题 3.2 P3.3 的重叠子问题：问题 P3.3 可以通过将 F_i 的大小从 $F_i^1 = \{f_{i1}\}$，$F_i^2 = \{f_{i1}, f_{i2}\} \cdots$ 增加到 $F_i^M = \{f_{i1}, \cdots, f_{iM}\}$ 来递归解决。在递归的每一步中，可以形成一个类似于问题 P3.4 的子问题，并且可以得到每个子问题的最优解。

定义一个通道可以传输的总信息最大为 S，并且 $I(t,u_i,F_i^m \mid \hat{S}),1\leqslant m\leqslant M$，$1\leqslant \hat{S}\leqslant S$，是基于所选信息类别 F^m 的相对 AoCI，当时隙 t 内可以通过一个信道传输的总更新信息为 $\hat{S}$，那么，问题 P3.3 的最优解如命题 3.3 所示。

命题 3.3 P3.3 的最优解：基于递归计算，可以推导出问题 P3.3 的最优解：

$$\min_{\varphi} I(t,u_i,F_i^m \mid \hat{S}) = \min\{I(t,u_i,F_i^{m-1} \mid \hat{S}), I(t,u_i,F_i^m \mid (\hat{S}-s_m))\} \tag{3-8}$$

其中，$1\leqslant m\leqslant M$ 。

对于信息类别 f_{im}，有两种选择：更新或不更新。对于前者，基于 F_i^m（信息类别 f_{im} 在本次更新）的相对 AoCI 为 $I(t,u_i,F_i^m \mid (\hat{S}-s_m))$，其中 s_m 为更新信息 m 的大小，且不能进一步细分。对于后者，基于 F_i^m 的相对 AoCI 是 $I(t,u_i,F_i^{m-1} \mid \hat{S})$。AoCI 的最小化决定了当前子问题中是否应该更新信息类别 f_{im}。

如何选择 K 个 MC 进行更新取决于最小化个人 AoCI 的结果。选择一个可以使 AoCI 在每次迭代中达到最小值的 MC 的过程总共有 K 次迭代，对于每次迭代，选择 MC $u_i(i\in N(t)\setminus C_{i-1})$ 以最小化总平均 AoCI，其中 C_{i-1} 是前 $i-1$ 次迭代所选的 MC 组。因此，如命题 3.4 所示，可以得到问题 P3.2 的最优解。

命题 3.4 P3.2 的最优解：对于时隙 t，信息感知启发式算法对每个 MC 的信息选择决策将得出问题 P3.2 的最优解。

3.3.2 总体步骤

算法 3.1 展示了信息感知启发式算法的过程。在每个时隙中，服务器更新自己的信息（信息大小、关键等级和内容）。根据 MC 的更新要求，服务器根据其感兴趣的信息类别属性计算每个 MC 的 AoCI，当 MC 发送更新请求时，这些属性会显示给服务器。接着，根据信道容量执行启发式算法获取个人 AoCI。获得所有 MC 的 AoCI 后，执行贪婪算法选择 K 个 MC 进行信息更新。

定理 3.1 信息感知启发式算法的时间复杂度为 $O(N(t)(MS+k))$。

算法 3.1 信息感知启发式算法

输入 客户、服务器、信息

输出 基于 a 和 v 的调度结果

for $i<$ 时隙大小 do
  更新服务器上的信息状态；
  初始化预更新信息；
  for $j<$ clients.size() do
    初始化 inter_v 和 $\text{inter}_{\text{flag}}$ 以记录每个子问题的结果；

```
                for  l < client[i].interestedInfo.size()  do
                    for  h < allowedInfoSize  do
                        if  h < client[i].interestedInfo[l]  then
                            inter_v[l][h] = inter_v[l-1][h] ;
                        else
                            u = client[i].Compute(inter_flag) ;
                            if  inter_v[l-1][h] > u  then
                                inter_v[l][h] = u ;
                            end if
                            inter_flag.update() ;
                        end if
                    end for
                end for
                preUpdateInfo[j] = inter_flag[l][h] ;
            end for
            if  clients.size() < K  then
                根据 preUpdateInfo 计算时隙 i 的平均 AoCI;
                v.update(preUpdateInfo) ;
            Else
                v = FindMinKValues(inter_v) ;
                根据 preUpdateInfo 计算时隙 i 的平均 AoCI;
        end if
    end for
    计算所有时隙的平均 AoCI
```

3.4 基于模仿学习的调度算法

信息感知启发式算法用于调度 MC 的更新需求，然而，该算法的实现是基于获取完整个人信息的假设的。实际上，个人可能不愿意向他人透露私人信息。当他们向服务器发送更新请求时，他们可能只对外公开感兴趣的信息类别，而不透露本地信息的关键等级和兴趣比率，如人们在店里购买水果时，并不会告诉卖家自己有多喜欢水果、家里还剩多少水果等信息。虽然服务器可以在更新后获知 MC 的更新结果，但 MC 具有移动性，下一个时隙的 MC 可能与当前时隙不同，导致服务器始终无法知道全局网络状态。在这种情况下，信息感知启发式算法将会无效。因此，需要基于用户配置部分观测的调度来满足 MC 的需求。

本节提出了基于模仿学习的调度算法——LISA，该算法在不确定环境状态的情况下能够很好地处理个人更新需求。首先，将原始调度问题映射为部分可观测马尔可夫决策过程（Partially Observable Markov Decision Process，POMDP）；然后，利用模仿学习的优势来解决基于 POMDP 的问题；最后，详细说明整个过程，并对设计的学习算法进行全面分析。

3.4.1　问题转换

（1）POMDP

$(\mathbb{S},\mathbb{A},\mathbb{R},\mathbb{O},P,Q,\mathbb{T})$ 表示离散时间有限范围的 POMDP，其中 $\mathbb{S}$ 是状态空间，$\mathbb{A}$ 是动作空间，$\mathbb{R}$ 是奖励函数，$\mathbb{O}$ 是观测值，P 是状态转移函数，Q 为条件观测概率，$\mathbb{T}$ 为时间范围。

由于不能在 POMDP 中直接观测到环境，全局状态 $s_\tau \in \mathbb{S}$ 在时隙 τ 是不可观测的，只能得到时隙 τ 的观测 $o_\tau \in \mathbb{O}$ 。当智能体采取动作 a_τ 时，环境将根据状态转移概率 $p(s_{\tau+1} \mid s_\tau, a_\tau)$ 从状态 s_τ 转移到状态 $s_{\tau+1}$ ，并根据概率 $q(o_{\tau+1} \mid s_{\tau+1}, a_\tau)$ 得到时隙 $\tau+1$ 的观测 $o_{\tau+1} \in \mathbb{O}$ 以及奖励 $r(s_\tau, a_\tau)$ 。

因为 o_τ 不能反映环境的真实状态，所以有必要根据历史观测 $o_{\leqslant\tau}$ 和动作 $a_{<\tau}$ 来推断真实状态的分布，推断出的状态被称为置信状态，由分布 $p(s_\tau \mid o_{\leqslant\tau}, a_{<\tau})$ 定义。令 $\varPsi_\tau := (o_{\leqslant\tau}, a_{<\tau})$ 表示观测和动作的历史记录对，$b_\tau := \phi(\varPsi_\tau)$ 是 $\varPsi_\tau$ 的函数。如果通过学习 b_τ，估计足够多真实状态后验分布的统计量，即 $p(s_\tau \mid o_{\leqslant\tau}, a_{<\tau}) \approx p(s_\tau \mid b_\tau)$ ，便将 b_τ 作为置信状态，并基于该置信状态训练学习算法。

（2）将原始调度问题映射到 POMDP

在每个时隙 τ ，状态 s_τ 应该包括与服务器和 MC 相关的所有信息，而动作 a_τ 包括 MC 的选择及其准备更新的信息类别，这使得状态和动作空间非常大并且消耗大量的训练时间，且对于在线调度问题是不可接受的。为了解决该问题，可以将原始问题 P3.1 转换为问题 P3.2 和 P3.3。在这个 POMDP 中，问题 P3.3 是获得有效解决方案的关键组成部分。首先，根据模糊观测的最佳更新信息类别找到每个 MC 的 AoCI；然后，根据问题 P3.3 的结果，基于 3.3.2 节所述推导出它的解。

对于问题 P3.3，令状态 s_τ 为局部信息的属性，即 $s_\tau = \{\boldsymbol{\alpha}_i, \boldsymbol{v}(\tau,u_i), \boldsymbol{v}(\tau), S, \hat{\tau}\}$ ，其中 $\boldsymbol{\alpha}_i = \{\alpha_{ij}\}$ ，$\boldsymbol{v}(\tau,u_i) = \{v(\tau,u_i,f_j)\}$ ，并且 $\boldsymbol{v}(\tau) = v(\tau,f_j)$ ，$j \in \{1,M\}$ 。动作 $a_\tau = \{\beta_{ij}^p(t)\}$，$j \in \{1,M\}$ ，表示选择感兴趣信息类别的概率。由于本章的目标是最小化 AoCI，因此定义奖励函数为 $r(s_\tau,a_\tau) = -I(\tau,u_i)$ 。之后，观测 o_τ 可以是状态 s_τ 的一部分，如

$o_\tau = \{v(\tau), S, \hat{\tau}\}$，其中兴趣比率和本地关键等级未显示。

3.4.2 通过模仿的信息更新调度

模仿学习通过模仿专家的演示动作来训练策略，这对过去的操作是有效的，但由于长期成本和复杂的实施过程，不能直接用于解决本章构建的问题P3.1。但即便如此，对于具有良好专家策略的问题，模仿学习仍是一种行之有效的方法。本节将介绍如何使智能体模仿专家策略。首先，根据专家演示将s、a、r映射到b，以找到它们的内在关系；然后，生成关于(b_t, a_t)的历史；最后，离线训练学习模型。

（1）Oracle 策略获得

为了给基于 POMDP 构建的调度问题提供解决方案，根据信息感知启发式算法收集数据。换言之，可以招募志愿者或测试人员，将他们的个人信息暴露给服务器，并让他们在特定时间段内参与数据收集的过程。这在现实中是可行的，并且易于实施。本章的专家策略定义如下。

定义 3.5 Oracle 策略：专家策略$\pi^*(s)$可以基于信息感知启发式算法解决第3.3.3节中定义的优化问题，从而将状态s映射到动作a，目的是最大化 MDP 设置中的累积奖励R，即$(\mathbb{S}, \mathbb{A}, \mathbb{R}, P, \mathbb{T})$。

基于专家策略，可以收集数据集$X = \{s_\tau, a_\tau, o_\tau, r_\tau\}_{\tau=1}^{G}$，其中$G$是数据收集迭代的次数。数据集$X$中的各项可用于训练置信表示模型和策略模型。然而，不能直接对基于 POMDP 的问题采用模仿学习，因为真实状态s不能被完全观测到。根据历史记录的分布，可以定义损失函数$L(b_\tau, \pi)$从而捕捉策略π的模仿能力。因此，本章在每次迭代中找到策略$\hat{\pi}$，并通过以下方式最小化期望损失：

$$\hat{\pi} = \arg\min_{\pi \in \Pi} E_{\substack{\Psi \sim p(\Psi|\pi), \\ b=\phi(\Psi)}} \left[l(b, \pi) \right] \tag{3-9}$$

很明显，智能体不能直接模仿专家演示动作，s和b可能不匹配，这将导致很大的可实现性误差。因此，应首先建立s和b之间的正确关系。

（2）置信表示

状态s_τ由优先级分布$p_{\theta^*}(s)$生成，观测值O_τ由似然$p_{\theta^*}(o|s)$生成，它们分别来自分布$p_\theta(s)$和$p_\theta(o|s)$的参数族。然而，参数θ^*是相对隐藏的。基于数据集X，训练生成模型$q_\varphi(s|o,a,r)$以接近真实后验密度$p_\theta(s|o,a,r)$。因此，训练模型的目的是最小化$q_\varphi(s|o,a,r)$和$p_\theta(s|o,a,r)$分布之间的差距，即：

$$\min_{\varphi} D_{KL}(q_\varphi(s|o,a,r) \| p_\theta(s|o,a,r)) \tag{3-10}$$

其中，

$$D_{KL}(q_\varphi(s|o,a,r)\|p_\theta(s|o,a,r))=$$
$$-\sum_{\tau=1}^{G}q_\varphi(s|o,a,r)\ln\frac{p_\theta(s|o,a,r)}{q_\varphi(s|o,a,r)}=\ln p_\theta(o,a,r)+\sum_{\tau=1}^{G}q_\varphi(s|o,a,r)\ln q_\varphi(s|o,a,r)- \quad (3\text{-}11)$$
$$\sum_{\tau=1}^{G}q_\varphi(s|o,a,r)\ln p_\theta(s,o,a,r)$$

$L(q)$的定义如下：

$$L(q)=-\sum_{\tau=1}^{G}q_\varphi(s|o,a,r)\ln q_\varphi(s|o,a,r)+\sum_{\tau=1}^{G}q_\varphi(s|o,a,r)\ln p_\theta(s,o,a,r) \quad (3\text{-}12)$$

从而得到：

$$\ln p_\theta(o,a,r)=D_{KL}(q_\varphi(s|o,a,r)\|p_\theta(s|o,a,r))+L(q) \quad (3\text{-}13)$$

由于 $D_{KL}(q_\varphi(s|o,a,r)\|p_\theta(s|o,a,r))$ 始终大于 0，因此 $\ln p_\theta(o,a,r)\geqslant L(q)$ 成立，其中 $L(q)$ 被视为证据下限[35]。最小化 $q_\varphi(s|o,a,r)$ 和 $p_\theta(s|o,a,r)$ 之间的差距等于最大化 $L(q)$，因此将置信状态表示训练模型的损失函数定义为：

$$L(o,a,r,q)=E_{q_\varphi(s|o,a,r)}\left(\ln\frac{q_\varphi(s|o,a,r)}{p_\theta(o,a,r|s)p_\theta(s)}\right) \quad (3\text{-}14)$$

本章基于 $\{o_\tau\}_{\tau=1}^{G}$、$\{a_\tau\}_{\tau=1}^{G}$、$\{r_\tau\}_{\tau=1}^{G}$ 和 $\{s_\tau\}_{\tau=1}^{G}$ 选择小批量样本来训练模型。蒙特卡洛估计用于获得训练结果[36]。

（3）表示更新

对于在线学习，需要输入 o_τ、a_τ 和 r_τ 来预测置信状态 b_τ。然而，无法事先获得 a_τ 和 r_τ，但通过策略模块可以获取 a_τ 和 r_τ。可用信息为 $b_{<\tau}$、$a_{<\tau}$ 和 $o_{<\tau}$。本章训练一个表示更新模型[37]，该模型可以基于 $b_{\tau-1}$、$a_{\tau-1}$ 和 $o_{\tau-1}$ 更新 b_τ。由于训练数据可以从专家演示中提取，因此可以基于 $b_\tau=w_\sigma(b_{\tau-1},a_{\tau-1},o_{<\tau})$ 预先离线训练表示更新模型。为了学习 σ，本章将损失函数设置为

$$L(b,a,o,w)=E\left(\|w_\sigma(b,a,o)-b\|^2\right) \quad (3\text{-}15)$$

其中，$E(\cdot)$ 表示输入的平均期望值。

（4）Oracle 策略模仿

在训练置信表示模型后，可以离线训练策略模型。基于置信表示模型 q_φ 和置信更新模型 w_σ，可以得到置信状态 b。每次将一对 o_τ 和 a_τ 输入模型中，输出为 $b_{\tau+1}$，对于专家策略，可以得到 $\{b_{\tau}.\}_{\tau=1}^{G}$。然后，基于 $\{b_\tau\}_{\tau=1}^{G}$ 和 $\{a_\tau\}_{\tau=1}^{G}$ 的小批量来训练策略模型。策略模型的损失为

$$L(b,\varepsilon)=E\left(\|\pi_\varepsilon(b)-a\|^2\right) \quad (3\text{-}16)$$

在时隙 t，每个 MC 的在线学习训练是独立的。对于每个 MC，本章给出以下定义。

定义 3.6 单个 POMDP：对于时隙 t 中的 MC u_i，其真实状态为 s_t^i，观测为 o_t^i。然后，基于元组 $(\mathbb{S}^i,\mathbb{A}^i,\mathbb{R}^i,\mathbb{O}^i,P^i,Q^i,\mathbb{T})$ 可以形成单个 POMDP 问题。

为了解决单个 POMDP 问题，本章将 o_{t-1}^i、a_{t-1}^i 和 r_{t-1}^i 输入置信模型，它的输出是 $b_{t-1}^i=q_\varphi(o_{t-1}^i,a_{t-1}^i,r_{t-1}^i)$。然后，通过表示更新模型 $b_t^i=w_\sigma(b_{t-1}^i,a_{t-1}^i,o_t^i)$ 预测 b_t^i。至此，POMDP 问题转化为 MDP 问题，可以利用训练好的策略模型得到动作 $a_t^i=\pi_\varepsilon(b_t^i)$，这里的动作是指 MC i 感兴趣的信息类别的更新概率。

3.4.3 基于模仿学习的调度

本章的学习算法主要有三个模型，即置信表示模型 q_φ、表示更新模型 w_σ 和策略模型 π_ε，如图 3.5 所示。由于可以通过信息感知启发式算法获得专家演示动作，因此可以通过最小化优化问题来处理这三个模型，即：

$$q=\arg\min_{\varphi} E_{\substack{s\sim p_\theta(s),\\ o\sim p_\theta(o|s,a,r)}}(\ln p_\theta(s\mid o,a,r))-D_{KL}(q_\varphi(o\mid s,a,r)\mid|p_\theta(s)) \tag{3-17}$$

$$w=\arg\min_{\sigma} E_{\substack{o\sim p_\theta(o|s,a,r),\\ b\sim d_{q_\varphi(b|o,a,r)}}}\left(\| w_\sigma(b,a,o)-b\|^2\right) \tag{3-18}$$

$$\pi=\arg\min_{\varepsilon} E_{b\sim d_{w_\sigma(q_\varphi(b|o,a,r))}}\left(\|\pi_\varepsilon(b)-a\|^2\right) \tag{3-19}$$

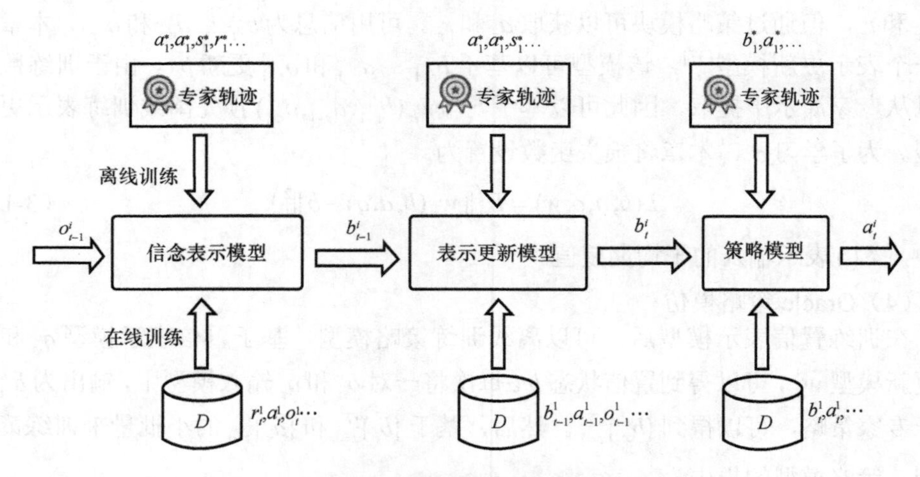

图 3.5 本章设计的学习架构

在每个时隙 t，总共有 $N(t)$ 个 POMDP 问题，每个问题都与一个 MC 相关，从而计算本地感兴趣信息类别的调度序列，获得本地最感兴趣的信息类别。为了解决 POMDP 问题，本章将 POMDP 转换为基于置信表示模型 q_φ 和表示更新模型 w_σ 的 MDP，以得到 $b_t = w_\sigma(q_\varphi(o_{t-1}, a_{t-1}, r_{t-1}), a_{t-1}, o_t)$，之后利用策略模型 π_ε 进行 a_t 的预测。

进行预测之后，得到 MCu_i 感兴趣的每个信息类别的更新概率，然后，贪婪地选择更新概率大的信息类别并将其作为候选更新信息类别，但选取的信息总大小不能超过信道容量。通过获得基于候选更新信息类别的具有最小 AoCI 的前 K 个 MC 可以得到更新列表。基于模仿学习的调度算法如算法 3.2 所示。

算法 3.2　基于模仿学习的调度算法

输入　客户、服务器、信息

输出　更新的调度结果

```
X ← GetExpertTrajectries();
离线训练模型;
for i < timeslots.size() do
    if i%Δ == 0 then
        在线训练模型
    end if
    在服务器上更新信息状态;
    初始化 preUpdateInfo;
    for j < clients.size() do
        与客户 j 交互获得 o_t^j;
        if client.idFirstEnter then
            执行动作 a_t^j
        else
            计算 b_{t-1}^j = GetEstimation(o_{t-1}, a_{t-1}, r_{t-1});
            计算 b_t^j = GetReEstimation(b_{t-1}, a_{t-1}, r_{t-1});
            计算 a_t^t = getPredicted(b_t^j);
            得到 preUpdateInfo.Add(a_t^j);
        end if
    end for
    if clients.size() < k then
            根据 preUpdateInfo 计算时隙 i 的平均 AoCI;
            执行 v.update(preUpdateInfo);
    else
```

执行 $v = \text{FindMinKValues}(\text{inter}_v)$；

根据 preUpdateInfo 计算时隙 i 的平均 AoCI；

end if

end for

计算所有时隙的平均 AoCI

3.4.4 理论分析

本节对基于模仿学习的调度算法进行全面的理论分析。基于模仿学习的调度算法的整体损失函数计算为

$$L = \lambda_1 L(o,a,r,q) + \lambda_2 L(b,a,o,w) + L(b,\pi) \tag{3-20}$$

其中，参数 λ_1 和 λ_2 为控制三个损失之间权重的因子。

模仿学习可以应用两种算法：一种是监督学习[38]，另一种是数据聚合（Data Aggregation，DAGGER）[20]。监督学习首先以离线方式收集专家轨迹，然后训练学习模型。由于无法获得专家在线的直接指导和专家轨迹，监督学习只能利用智能体轨迹继续训练在线学习模型。与监督方法不同，DAGGER 允许现有专家指导智能体的行为。对于在线学习，DAGGER 可以在训练开始时收集几轮专家行为轨迹，并基于这些数据，进一步训练模型，缩小专家和智能体行为之间的差距。这是现实可行的，因为智能体通过状态转换做出决策后，可以记录相应的状态，专家可以为智能体触发的每个收集的状态选择动作。

本章使用策略 η 来表示经过训练的策略 $\pi_\varepsilon(w_\sigma(q_\varphi(\cdot),\cdot),\cdot)$。形式上，可以认为式（3-17）中定义的总体损失是 0-1 损失。对于监督方法，本章在每个时隙训练置信表示模型、表示更新模型和策略模型。通过执行策略 η，期望平均 AoCI $J(\eta)$ 可以由以下定理限定。

定理 3.2 监督方法的上界：令 η 为学习智能体在 T 步中所执行的策略，且 $J(\eta) < J(\eta^*) + T^2 e / \Delta^2$，其中 $e < 1.2e_1 + 2e_2 + e_3$。变量 e_1、e_2 和 e_3 分别是模型 π_ε、w_σ 和 q_φ 在状态分布 d_η 下错误决策的概率。

DAGGER 使 $\eta_i = \gamma_i \eta^* + (1-\gamma_i)\hat{\eta}_i$ 在每个步骤 i 中采用具有概率 γ_i 的专家策略 η^*。设定损失上界 $l_\sigma^{\max}$ 和 $l_\varepsilon^{\max}$，分别得到 $L(b,\pi) \leqslant l_\varepsilon^{\max}$ 和 $L(b,a,o,w) \leqslant l_\sigma^{\max}$。然后，令 $\epsilon_\varepsilon = \min\limits_{\pi} \Delta / T \sum_{i=1}^{T/\Delta} E_{s\sim d_{\eta_i}, b\sim \mathfrak{d}_{\varphi_i,\sigma_i}} \left[L(b,\pi)\right]$ 和 $\epsilon_\sigma = \min\limits_{w} \Delta / T \sum_{i=1}^{T/\Delta} E_{\substack{s\sim d_{\eta_i}, \\ b\sim \mathfrak{d}_{\varphi_i,\sigma_i}, \\ o\sim \Pi_{\eta_i}}} \left[L(b,a,o,w)\right]$，从而得到最佳策略的训练损失。表示更新和策略模型的相关引理如下。

引理 3.1 表示更新模型的平均损失 $L(\hat{w})$ 应满足：

$$L(\hat{w})=E_{s\sim d_{\hat{\eta}_i},b\sim \mathfrak{d}_{\hat{\varphi}_i,\hat{\sigma}_i},o\sim \Pi_{\hat{\eta}_i}}\left[L(b,a,o,\hat{w})\right]\leqslant E_{s\sim d_{\eta_i},b\sim \mathfrak{d}_{\varphi_i,\sigma_i},o\sim \Pi_{\eta_i}}\left[L(b,a,o,\hat{w})\right]+2l_{\sigma}^{\max}\min(1,\Delta\gamma_i) \tag{3-21}$$

策略模型的平均损失 $L(\hat{\pi})$ 应该满足：

$$L(\hat{\pi})=E_{s\sim d_{\hat{\eta}_i},b\sim \mathfrak{d}_{\hat{\varphi}_i,\hat{\sigma}_i}}\left[L(b,\hat{\pi})\right]\leqslant E_{s\sim d_{\eta_i},b\sim \mathfrak{d}_{\varphi_i,\sigma_i},}\left[L(b,\hat{\pi})\right]+2l_{\varepsilon}^{\max}\min(1,\Delta\gamma_i) \tag{3-22}$$

证明参考 Hussein 等的研究[20]。置信表示模型的相关引理如下。

引理 3.2　置信表示模型的损失上界可以通过以下方式获得：

$$l_{\varphi}^{\max}<1-\ln p_{\theta}(o,a,r) \tag{3-23}$$

下界满足：

$$\epsilon_{\varphi}=\min_{q}\Delta/T\sum_{i=1}^{T/\Delta}E_{s\sim d_{\eta_i},o\sim \Pi_{\eta_i}}\left[L(o,a,r,q)\right]\geqslant l_{\varphi}^{\min} \tag{3-24}$$

其中，$l_{\varphi}^{\min}$ 可以参考 Kingma 等的研究[39]。平均损失 $L(\hat{q})$ 应满足：

$$L(\hat{q})=E_{\substack{s\sim d_{\hat{\eta}_i},\\ o\sim \Pi_{\hat{\eta}_i}}}\left[L(o,a,r,\hat{q})\right]\leqslant E_{\substack{s\sim d_{\eta_i},\\ o\sim \Pi_{\eta_i}}}\left[L(o,a,r,\hat{q})\right]+2l_{\varphi}^{\max}\min(1,\Delta\gamma_i) \tag{3-25}$$

基于上述引理，可以得到以下定理：

定理 3.3　DAGGER 的上界：对于 DAGGER，策略 $\hat{\pi}\in\hat{\pi}_{1:T/\Delta}$ 以至少为 $1-\delta$ 的概率存在，并且应该满足：

$$E_{\substack{s\sim d_{\eta_i},\\ o\sim \Pi_{\eta_i}}}[L]<\rho_{T/\Delta}+\epsilon_{\varepsilon}+\epsilon_{\sigma}+l_{\varphi}^{\min}+2(\lambda_1+\lambda_2 l_{\sigma}^{\max}+l_{\varepsilon}^{\max})\Delta\gamma_i+(\lambda_1+\lambda_2 l_{\sigma}^{\max}+l_{\varepsilon}^{\max})\sqrt{\frac{2\Delta\log(1/\delta)}{T\mathbb{K}}} \tag{3-26}$$

其中，$\rho_{T/\Delta}$ 是 $\eta_{1:T/\Delta}$ 的平均遗憾值。

3.5 性能评估

3.5.1 仿真设置

本章的仿真实验采用 2015 年 4 月 1 日至 4 月 30 日收集的上海出租车真实轨迹数据集，数据集包括 1 000 多辆出租车的记录信息。本实验选择虹口和静安两个地区作为示例，并在多个位置部署服务器。本章将服务器的无线通信范围设置为200 m，并安排经过的MC提出在服务器通信范围内计算它们AoCI平均值的需求。信息类别的数量为1～10，关键等级的总数为5。对于不同的MC，当它们在服务器覆盖范围内移动时，本实验随机设置它们的兴趣信息类别。在每个时隙开始时随机设置服务器管理的信息等级变化。信息更新大小随机分布在1～5 MB，MC和服务器之间的传输功率为10 dBm，噪声功率为172 dBm。对于专家策略，本实验在200个时隙中收集数据，利用多层感知器训练离线模型。本章定义置信表示模型有4个卷积层和2个具有ReLU非线性的全连接层。置信更新模型和策略模型都有4个全连接层。本章实验使用Adam优化器来训练表示更新模型、策略模型和置信表示模型。

本实验使用以下5种算法进行对比。

LISA-S：对LISA使用监督学习，即根据专家策略离线收集的数据训练模型。对于在线训练，数据只能由智能体策略收集。

LISA-D：利用DAGGER算法[20]在线训练模型。离线训练过程与LISA-S相同。对于在线训练，在每200个时隙的前50个时隙根据专家策略收集数据。然后，进一步基于专家轨迹的模型来指导智能体行为。

Oracle策略：指专家策略，即信息感知启发式算法。

随机算法：类似于专家策略，它选择K个具有最小AoCI的MC。然而，对于每个MC，它随机选择满足信道容量的更新信息类别。

AoI-M[31]：一种传统的信息更新调度算法，旨在通过考虑不同的样本大小、多个数据传输单元以及源节点之间通用和异构的采样行为来最小化基站上用户的平均AoI。

3.5.2 仿真结果

图3.6展示了不同时隙的平均AoCI的性能。从图3.7（a）可以观测到专家策略的性能最好，LISA-D的性能最接近它。专家策略可以根据对MC配置的感知来获得最佳解决方案。除了离线训练，LISA-D还在线收集专家轨迹来训练学习模型，可以从长远的角度修正潜在的错误。然而，LISA-S不能收集在线专家轨迹，而是将模仿学习退化为监督学习。如果智能体遇到了离线专家从未遇到过的新状态，则可能会发生决策错误并影响进一步的决策。随机和AoI-M算法无法找到最优解，而是随机选择更新的信息类别，目的是分别最小化AoCI和AoI。类似的结果如图3.7（b）所示。由于虹口区的MC较多，无法在一个时隙内同时更新它们的信息，因此，虹口区的平均AoCI大于静安区。

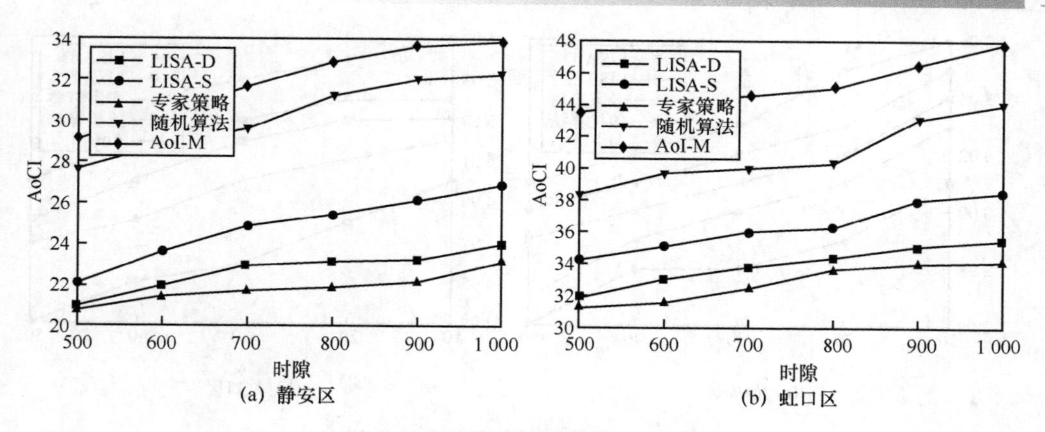

图 3.6 不同时隙的平均 AoCI 性能

不同 K 值的平均 AoCI 性能如图 3.7 所示，其中 K 是允许在一个时隙内同时更新信息类别的最大 MC 数。当 K 值变大时，与服务器通信的 MC 变多，从而更新的信息类别变多。当 K 值增加时，5 种算法的平均 AoCI 均变小。AoI-M 的性能最差，因为它只关注最小化平均 AoI 而忽略了平均 AoCI。

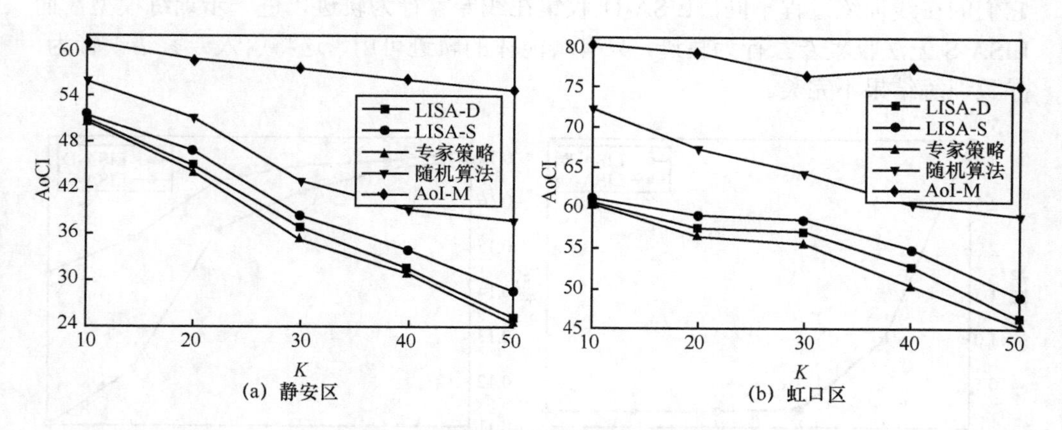

图 3.7 不同 K 值的平均 AoCI 性能

如图 3.8 所示，除了平均 AoCI 的性能外，本章还测量了 5 种算法的平均 AoI 性能。由图 3.8（a）可知，LISA-D 和 LISA-S 的平均 AoI 与 AoI-M 的平均 AoI 差不多。这是因为，虽然 LISA 算法并没有直接最小化平均 AoI，但可以通过最小化平均 AoCI 的信息更新调度来达到这个目的。此外，随着 K 的值变大，5 种算法的 AoI 性能趋于下降。由图 3.8（b）可知，5 种算法基于虹口区数据集学习模型的 AoI 值较大，这是因为更多的 MC 需要信息更新。

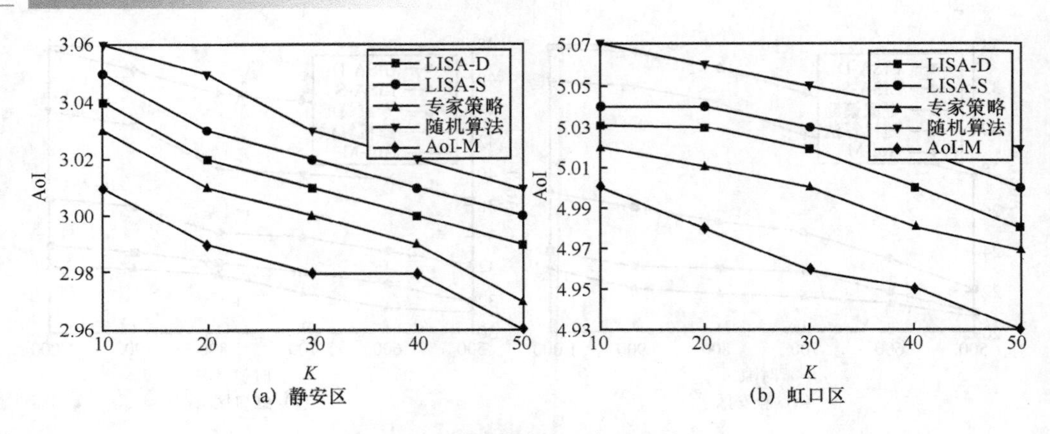

图 3.8 不同 K 值的平均 AoI 性能

基于静安区数据集学习模型的损失趋势如图 3.9 所示。LISA 算法中的三个模型都可以在线和离线一起训练，其总损失由式（3-17）定义。图 3.9（a）展示了离线训练损失，可以看出 LISA-D 的损失趋势与 LISA-S 的重叠，这是因为它们具有相同的离线训练过程，即由信息感知启发式算法收集的专家行为轨迹训练模型。但它们的在线训练过程不同，LISA-D 收集在线专家行为轨迹以进一步训练模型；而 LISA-S 无法收集专家行为轨迹，只有智能体的轨迹可用，这将引入专家错误行为，导致训练结果不完美。

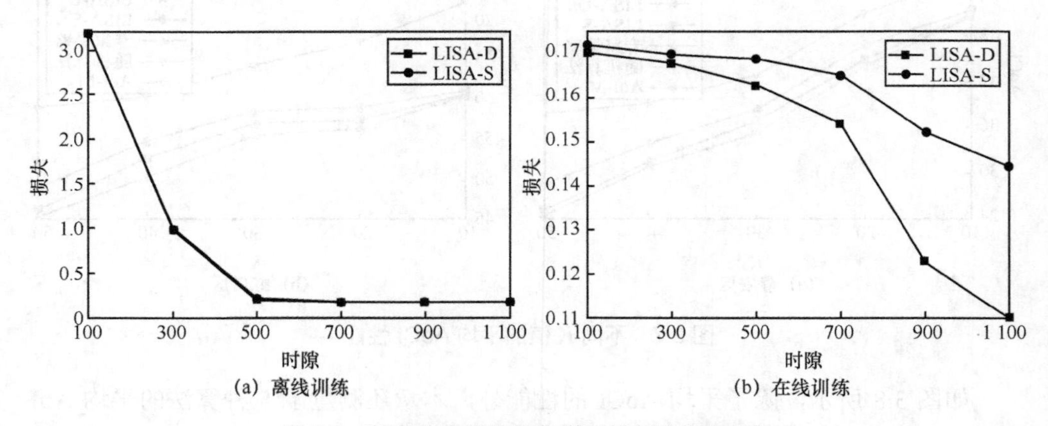

图 3.9 基于静安区数据集学习模型的损失趋势

不同信息类别数量的平均 AoCI 性能如图 3.10 所示。当有更多信息类别时，MC 可能有更多感兴趣的信息类别。即一个 MC 可以有更多的本地信息类别，需要更新的信息类别数量变大，导致平均 AoCI 变大。LISA-D 的性能最接近专家策略的性能，而 LISA-S 的性能优于随机算法和 AoI-M，因为 LISA-S 和 LISA-D 利用模仿学习来模仿专家行为。

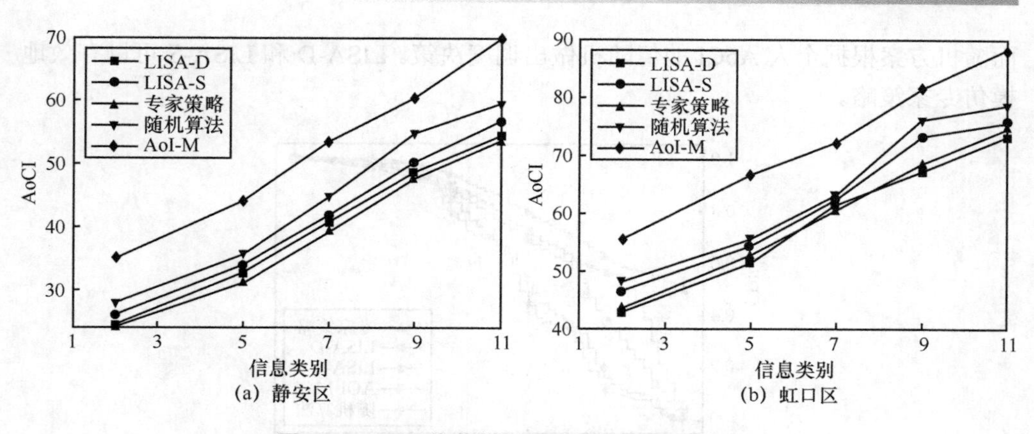

图 3.10 不同信息类别数量的平均 AoCI 性能

图 3.11 显示了不同 b 值对静安区数据集平均 AoCI 的影响，其中 b 反映了计算 AoCI 关键等级的重要性。随着 b 值的增加，平均 AoCI 变高，这是因为 b 影响个人 AoCI 的计算，并且随着其值的增长而变得更加重要。此外，随着 b 值的增加，LISA-D、LISA-S、专家策略、随机算法和 AoI-M 的 AoCI 差距变大，这是因为本地 MC 和服务器之间的等级差异对于 AoCI 的计算变得更加重要。LISA-D、LISA-S 和专家策略可以通过考虑等级变化来更新信息，因此，这三种算法的 AoCI 相比于其他两种算法较低。

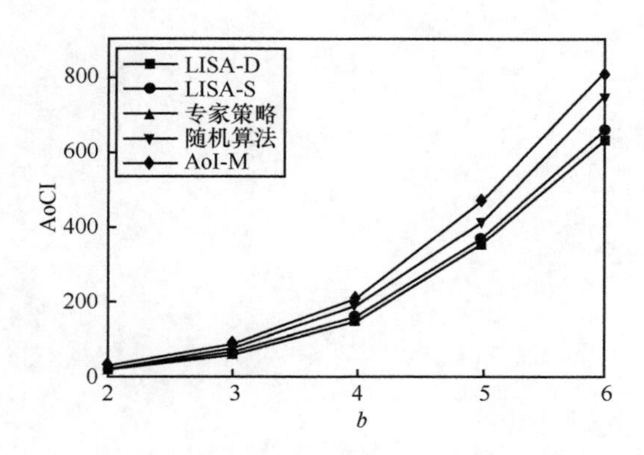

图 3.11 不同 b 值的平均 AoCI 性能

5 种算法的累积分布函数（Cumulative Distribution Function，CDF）曲线如图 3.12 所示。由图 3.12 可知，专家策略的 CDF 曲线最高，因为 MC 的 AoCI 主要在 0～0.6。但是，AoI-M 和随机算法的值主要集中在 0.4～0.8。LISA-D 和 LISA-S 的性能优于 AoI-M 和随机方案，但比专家策略差，这是因为专家策略总能找到最佳的调度方法，并首先调度可以使平均 AoCI 具有较小值的 MC。AoI-M 只考虑 AoI，而随机方案根据个人 AoCI 的值随机做出调度决策。LISA-D 和 LISA-S 可以有效地模仿专家策略。

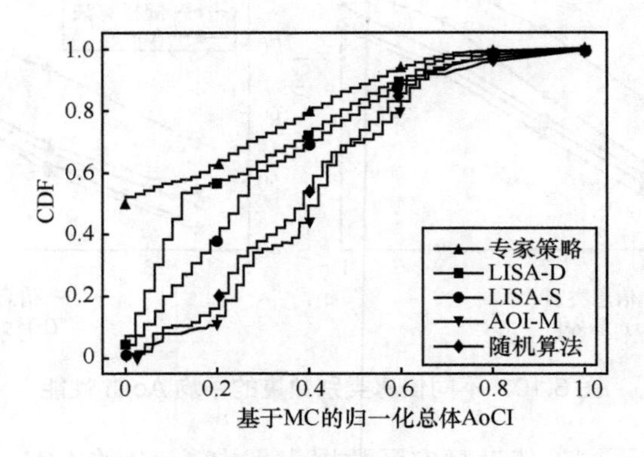

图 3.12 CDF 曲线

第4章 移动区块链中集中式资源管理

近年来，工业物联网（IIoT）的快速发展受到了广泛关注，并在零售、制造、工业监控、智能交通等领域中得到了广泛的应用。由于电子商务的成功，在 IIoT 中智能设备之间进行交易是不可避免的。为了解决传统的集中式市场存在的隐私和安全问题以及单点故障等，区块链被提出来。区块链具有可信、去中心化、透明、不易篡改等特点，从而使得两个不可信节点之间能够进行安全且隐私的交易且不需要第三方的参与，并在金融、医疗、物联网等领域中得到了广泛的应用。然而，在区块链中，每个节点通常需要解决一个复杂的难题，即工作量证明（Proof of Work，PoW）来竞争在区块链中追加块的特权从而获得奖励。但这在移动设备中是不现实的，因为移动设备的计算能力有限。进而，研究人员将目光转向移动边缘计算（Mobile Edge Computing，MEC）技术。

MEC 技术将计算能力从远端云拉到终端设备，这弥补了远端云在处理终端设备任务时的高时延缺点。基于区块链和 MEC 技术，移动区块链被提了出来，即将区块链应用部署在移动设备上，并将每个设备的高计算强度挖矿任务卸载到附近的 MEC 服务器上。随着深度强化学习（Deep Reinforcement Learning，DRL）的发展，它在物联网、无人机等领域得到了广泛的研究和应用，并且可以解决高维状态和动作空间的决策问题，如基站选择、信道选择以及缓存和卸载决策以最大化长期奖励。为了优化基于 MEC 系统的性能，如减少系统能量和计算时延、提高终端设备的社会福利以及服务质量，可以利用 DRL 技术来分配 MEC 服务器的资源，如计算能力和带宽。

一些研究利用 MEC 和 DRL 技术实现移动区块链。然而，这些研究通常考虑挖矿任务的卸载和计算能力的分配，忽略了 MEC 服务器有限的带宽资源和设备移动性。部分研究[40-41]中基于 DRL 的方法不能解决连续动作空间的问题，这是因为这些研究中问题的动作空间是离散的，所考虑的 DRL 算法是基于值的，所以在连续的工作空间中训练神经网络时，不能对所有的策略（行为）进行评价从而不能选择最佳的策略（行为）。尽管基于 DRGO（Deep Deterministic Policy Gradient-Based Optimization）和 A3C 算法都能解决连续动作空间的决策问题，但 A3C 算法中的异步机制可能降低其性能并收敛到局部最优解，因为智能体的副本使用过期版本的参数，并且与 A3C 算法相比，深度确定性策略梯度（Deep Deterministic Policy Gradient，DDPG）算法更适合于小规模任务。因此，本章选择 DRGO 算法作为基准方法。然而，DRGO 算法存在性能差、收敛速度慢、不稳定等缺点，这是因为 DRGO 中自适应遗传算法的搜索行为具有随机性，改进后的行为的性能不能得到很好的保证。本章将 DDPG 算法与粒子群优化（Particle Swarm Optimization，PSO）算法相结合，提出了一种深度强化学习与粒子群优化结合（Deep Reinforcement Learning Additional Particle Swarm Optimization，DRPO）算法来解决问题（如果 DDPG 的评论家网络不能很好地评价一个动作，即评论家网络的损失大于一个阈值，那么本章利用 DDPG 生成动作来扩充训练样本的数量；否则，利用 PSO 算法获得改进的动作从而使 DDPG 收敛到一个更好的解）。

本章提出了一个基于 MEC 的移动区块链框架，在交易过程中将该框架用于保护移动设备（如智能手机和平板电脑）的安全和隐私。其中，具有有限计算能力的设备充当矿工，并且每个矿工的挖掘任务被卸载到附近的 MEC 服务器。为了最大化所有设备的长期总效用，本章重点研究 MEC 服务器的计算能力和带宽资源联合分配问题，并考虑设备移动性以及区块链吞吐量。然后，提出了 DRPO 算法，将问题分解为两个子问题进行求解。本章的主要贡献如下。

① 考虑到小型基站（Small Base Station，SBS）有限的计算能力和带宽，本章提出了一个可行的基于 MEC 的移动区块链框架来保护移动设备的隐私和数据安全，其中不可信的移动设备可以在没有第三方的情况下直接进行交易。

② 考虑 MEC 服务器的计算能力和带宽分配问题，以最大化移动设备的长期总效用，同时考虑了设备移动性和区块链吞吐量，其中决策变量为连续值。

③ 通过将问题分解为两个子问题，本章提出了 DRPO 算法来获得每个移动设备最优的计算能力和带宽分配，该算法集成了粒子群优化算法，可以避免不必要的随机搜索，加快了收敛速度，提高了性能和稳定性。

④ 在对等边缘设备网络中进行了实验，以评估 DRPO 算法的有效性。实验结果表明，与其他算法相比，该算法收敛速度更快并能获得更高的所有移动设备的总效用。

4.1 系统模型

基于 MEC 的移动区块链框架包括移动区块链模块、任务卸载模块和决策制定模块，如图 4.1 所示。由于公有区块链吞吐量低，而私有区块链存在集中化的缺点，本章考虑一种联盟区块链，并在移动设备上实现，以保护移动设备在交易过程中的隐私和数据安全。在移动区块链模块中，所有的移动设备构成一个区块链网络，在这个网络中，它们可以直接进行交易，每个设备充当一个矿工。移动设备的计算能力和能量有限，在任务卸载模块中，移动设备将挖矿任务卸载到附近部署在 SBS 上的 MEC 服务器上来获得挖矿奖励。SBS 具有一定的计算能力和带宽资源，需要将这些资源分配给移动设备来解决挖矿任务。在决策制定模块中，专用控制器可以收集小基站及相应移动设备的全部信息，为每个 MEC 服务器的资源（计算能力和带宽资源）分配做出决策，以最大化所有设备的总效用。当 SBS 从专用控制器接收到资源分配决策时，它需要通知每个移动设备其分配的带宽和需要支付的计算能力。然后，MEC 服务器计算移动设备的任务并将挖矿结果返回给移动设备。MEC 服务器集表示为 $m \in \{1,\cdots,M\}$，从 MEC 服务器 m 请求服务的移动设备集表示为 $n \in \{1,\cdots,N_m\}$，其中 M 和 N_m 分别是 MEC 服务器和从 MEC 服务器 m 请求服务的移动设备的数目。设备 n 的挖掘任务由 $T_n=(D_n,Y_n,G_n,I_n)$ 表示，其中 D_n 是原始挖矿任务的数据大小，由于挖矿任务包含区块的全部信息，所以假设它等于被挖区块的数据大小；Y_n 是挖矿任务的计算强度，即所需的 CPU 周期数；I_n 表示任务计算结果的数据大小。

本章考虑了一个比以往研究更为实际的场景，即每个矿工都有自己的挖矿预算 G_n，这样 SBS 就可以根据预算个性化地为移动设备分配带宽和计算能力。MEC 服务器 m 具有有限的计算能力和带宽资源，$\mathbb{F}_m$ 和 $\mathbb{B}_m$ 分别表示 MEC 服务器 m 的总计算能力和带宽，并且 $f_{n,m}$ 和 $b_{n,m}$ 分别是移动设备 n 从 MEC 服务器 m 分配得到的计算能力和带宽。对于分配得到计算能力 $f_{n,m}$ 的设备 n，其需要支付给 MEC 服务器 m 的租赁费用根据分配的计算能力划分为不同的级别，即 $p_{n,m}=\tau\left(f_{\min}+\left\lfloor\frac{\varepsilon(f_{n,m}-f_{\min})}{f_{\max}-f_{\min}}\right\rfloor\frac{f_{\max}-f_{\min}}{\varepsilon}\right)$。其中，$p_{n,m}$ 是 MEC 服务器 m 对移动设备 n 的单位（每秒）运行价格，τ 是常数参数，ε 是价格级别，$f_{\max}$ 和 $f_{\min}$ 分别是为移动设备分配的计算能力的上界和下界。

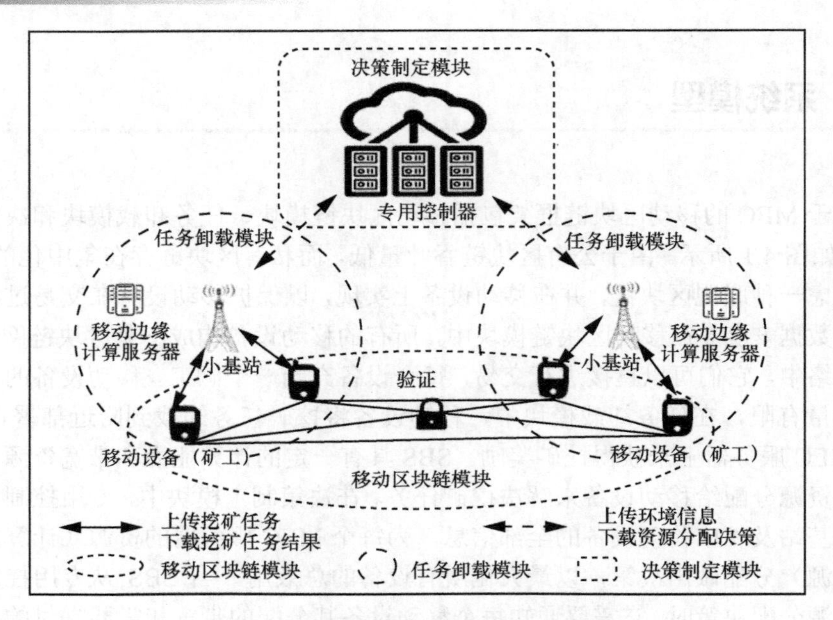

图 4.1　基于 MEC 的移动区块链框架

每个 SBS 利用 OFDMA 技术在其连接的设备请求服务时传输数据。为了将挖矿任务卸载到 MEC 服务器上，设备 n 需要将原始挖矿任务上传到 MEC 服务器 m 。假设无线信道的状态是时变的，并且可以建模为 MDP 模型，在决策时期 k 时，挖矿任务上传和挖矿结果下载时的信噪比分别为 $\mathrm{SNR}_{n,m}(k)$ 和 $\mathrm{SNR}_{m,n}(k)$ 。任务上传速率 $r_{n,m}^{\mathrm{up}}(k)$ 可以表示为

$$r_{n,m}^{\mathrm{up}}(k)=b_{n,m}(k)\mathrm{lb}\left(1+\mathrm{SNR}_{n,m}(k)\right) \tag{4-1}$$

其中，$b_{n,m}(k)$ 是设备 n 在决策时期 k 时分配到的带宽。由于每个设备只能将挖矿任务卸载到一个 MEC 服务器，因此每个设备可以利用全部带宽从 MEC 服务器下载挖矿任务的计算结果。因此，挖掘结果的下载速率为

$$r_{m,n}^{\mathrm{down}}(k)=b_n\mathrm{lb}\left(1+\mathrm{SNR}_{m,n}(k)\right) \tag{4-2}$$

其中，b_n 是设备 n 的带宽。任务上传时间 $t_{n,m}^{\mathrm{up}}(k)$ 和挖矿结果下载时间 $t_{n,m}^{\mathrm{down}}(k)$ 如下：

$$t_{n,m}^{\mathrm{up}}(k)=\frac{D_n}{r_{n,m}^{\mathrm{up}}(k)} \tag{4-3}$$

$$t_{m,n}^{\mathrm{down}}(k)=\frac{I_n}{r_{m,n}^{\mathrm{down}}(k)} \tag{4-4}$$

在决策时期 k 时，移动设备 n 在 MEC 服务器 m 中的挖矿任务计算时间为

$$t_{n,m}^{\text{comp}}(k)=\frac{Y_n}{f_{n,m}} \tag{4-5}$$

因此，设备 n 的挖矿时间，即任务上传时间、任务计算时间和任务结果下载时间之和可以表示为

$$t_{n,m}^{\text{mine}}(k)=t_{n,m}^{\text{up}}(k)+t_{n,m}^{\text{comp}}(k)+t_{m,n}^{\text{down}}(k) \tag{4-6}$$

设备 n 的挖矿成本包括任务上传成本和 MEC 服务器租用成本，即

$$C_{n,m}(k)=\epsilon E_n t_{n,m}^{\text{up}}(k)+p_{n,m}(t)t_{n,m}^{\text{comp}}(k) \tag{4-7}$$

其中，E_n 表示移动设备 n 的发射功率，ϵ是单位能量的成本（代币每焦耳）。

在 PoW 共识机制中，每个矿工需要解决一个难题，矿工获得的奖励包含两部分，分别是固定报酬和与区块内交易数量相关的所有交易小费的可变奖励。显然，可变奖励可以通过区块的数据大小来反映。因此，在共识机制的挖矿过程中，设备 n 获得的奖励可以表示为

$$R_{n,m}(k)=\Theta_{n,m}(k)\left(\mathbb{R}+\eta D_n\right) \tag{4-8}$$

其中，$\mathbb{R}$ 是固定奖励，ηD_n 是可变奖励，η是可变奖励的系数。变量 $\Theta_{n,m}(k)$ 是设备 n 在决策时期 k 成功挖区块的概率，它受两个过程的影响，即挖矿中难题解决过程和共识中的传播过程。在难题解决过程中，矿工成功解决难题的概率与其分配的计算能力和带宽有关，即：

$$\delta_{n,m}(k)=\alpha\frac{f_{n,m}(k)}{\sum_{i=1}^{M}\sum_{j=1}^{N_i}f_{j,i}(k)}+\beta\frac{b_{n,m}(k)}{\sum_{i=1}^{M}\sum_{j=1}^{N_i}b_{j,i}(k)} \tag{4-9}$$

其中，权重参数 α 和 β 分别表示分配的计算能力和带宽对成功解决难题概率的重要性，并且它们满足条件 $\alpha+\beta=1$。在传播过程中，如果挖出的区块数据量太大导致传播时间过长，则该区块极有可能被放弃，即挖出的区块成为孤儿块。成功挖矿这一事件的发生服从均值为 t_0 的泊松过程，挖出的区块在传播过程中成为孤儿块的概率与区块的传播时间有关，即：

$$\xi_{n,m}=1-\mathrm{e}^{-\frac{1}{t_0}t_{n,m}^{\text{prop}}} \tag{4-10}$$

$$t_{n,m}^{\text{prop}}=\phi D_n\sum_{i=1}^{M}N_i \tag{4-11}$$

其中，ϕ 是与传播时间相关的常数参数，$\sum_{i=1}^{M}N_i$ 是移动区块链网络中的设备总数，$t_{n,m}^{\text{prop}}$ 是区块的传播时间。因此，设备 n 成功挖块（即将区块添加到区块链）的可能

性可以表示为

$$\Theta_{n,m}(k)=\delta_{n,m}(k)\left(1-\xi_{n,m}\right) \tag{4-12}$$

移动设备 n 获得的效用，即其奖励 $R_{n,m}(k)$ 和成本 $C_{n,m}(k)$ 之间的差，可以表示为

$$U_{n,m}(k)=R_{n,m}(k)-C_{n,m}(k) \tag{4-13}$$

4.2 问题建模

本章目标是优化所有 MEC 服务器的计算能力和带宽的分配，以最大限度地提高所有移动设备的长期效用，即：

$$\begin{aligned}
\text{P4}:&\max_{\mathcal{B}_{N,M},\mathcal{F}_{N,M}}\lim_{K\to+\infty}\frac{1}{K}\sum_{k=1}^{K}\sum_{m=1}^{M}\sum_{n=1}^{N_m}U_{n,m}(k)\\
\text{s.t. }&\text{C4.1}:\sum_{n=1}^{N_m}\left(f_{n,m}t_{n,m}^{\text{comp}}(t)\right)\leqslant \mathbb{F}_m,\forall m\in\mathcal{M}\\
&\text{C4.2}:\sum_{n=1}^{N_m}b_{n,m}(k)\leqslant \mathbb{B}_m,\forall m\in\mathcal{M}\\
&\text{C4.3}:C_{n,m}(k)\leqslant G_n,\forall m\in\mathcal{M},n\in\mathcal{N}_m\\
&\text{C4.4}:\frac{D_n/\ell}{\min\limits_{\forall n}\left\{t_{n,m}^{\text{span}}+t_{n,m}^{\text{mine}}(k)+t_{n,m}^{\text{prop}}\right\}}\geqslant\Omega\\
&\text{C4.5}:d_{n,m}^2+\left(v_nt_{n,m}^{\text{mine}}(k)\right)^2-2d_{n,m}v_nt_{n,m}^{\text{mine}}(k)\cos\rho_{n,m}\leqslant\omega^2,\\
&\qquad\forall m\in\mathcal{M},n\in\mathcal{N}_m
\end{aligned} \tag{4-14}$$

其中，$\mathcal{B}_{N,M}=\left\{b_{n,m}(k)|\ b_{n,m}(k)\in\left[b_{\min},b_{\max}\right]\right\},k=\{1,\cdots,K\},m\in\{1,\cdots,M\},n\in\{1,\cdots,N_m\}$，$\mathcal{F}_{N,M}=\{f_{n,m}(k)|\ f_{n,m}(k)\in[f_{\min},f_{\max}]\}$。$\mathcal{B}_{N,M}$ 和 $\mathcal{F}_{N,M}$ 为决策变量，分别决策每个时期所有移动设备所分配的带宽资源和计算能力，其中 $b_{\min}$，$b_{\max}$，$f_{\min}$ 和 $f_{\max}$ 分别是为移动设备分配的带宽和算力的下限和上限。

约束条件 C4.1 限制连接同一个 MEC 服务器的所有设备在每个决策时期所分配的计算能力不能超过总计算能力；约束条件 C4.2 限制连接同一个 MEC 服务器的所有设备所分配的带宽不能超过总带宽；约束条件 C4.3 保证每个设备的挖矿成本不超过挖矿预算；约束条件 C4.4 保证区块链吞吐量，即每秒处理的交易数，其中 ℓ 是每个交易的平均数据大小，$t_{n,m}^{\text{span}}$ 表示从上一个成功挖出区块的时间到设备 n 开始挖矿的时间跨度，Ω 是区块链吞吐量的下限；约束条件 C4.5 考虑设备的移动性，即设备 n 以速度 v_n 向

一个方向移动，$d_{n,m}$ 表示设备 n 与 MEC 服务器 m 之间的距离，$\rho_{n,m}$ 是设备的移动方向与设备 n 和 MEC 服务器 m 连线之间的夹角，ω 是小基站的通信范围半径。约束条件 C4.5 保证当完成每个设备的挖矿任务时不存在 MEC 服务器的切换。假设移动设备的速度与人的移动速度相当，而矿工通常需要很短的时间来解决难题。因此，在挖矿过程中，矿工的位置可以保证在 SBS 的通信范围内，即约束条件 C4.5 是合理的。

4.3 解决方案

问题 P4 的目标是最大化所有移动设备的长期效用，其优化目标为

$$\min_{\mathcal{B}_{N,M},\mathcal{F}_{N,M}} \lim_{K\to+\infty} \frac{1}{K} \sum_{k=1}^{K} \sum_{m=1}^{M} \sum_{n=1}^{N_m} -U_{n,m}(k) \tag{4-15}$$

其中，

$$\begin{aligned} -U_{n,m}(k) = C_{n,m}(k) - R_{n,m}(k) = \frac{\epsilon E_n D_n}{b_{n,m}(k)\mathrm{lb}\left(1+\mathrm{SNR}_{n,m}(k)\right)} + \\ \tau\left(f_{\min} + \left\lfloor \frac{\varepsilon\left(f_{n,m}(k)-f_{\min}\right)}{f_{\max}-f_{\min}} \right\rfloor \frac{f_{\max}-f_{\min}}{\varepsilon}\right)\frac{Y_n}{f_{n,m}(k)} - \\ \left(\alpha \frac{f_{n,m}(k)}{\sum_{i=1}^{M}\sum_{j=1}^{N_i} f_{j,i}(k)} + \beta \frac{b_{n,m}(k)}{\sum_{i=1}^{M}\sum_{j=1}^{N_i} b_{j,i}(k)}\right) \mathrm{e}^{-\frac{1}{t_0}\Phi D_n \sum_{i=1}^{M} N_i} \left(\mathbb{R} + \eta D_n\right) \end{aligned} \tag{4-16}$$

假设

$$\varPhi_{n,m}(k) = \tau\left(f_{\min} + \left\lfloor \frac{\varepsilon\left(f_{n,m}(k)-f_{\min}\right)}{f_{\max}-f_{\min}} \right\rfloor \frac{f_{\max}-f_{\min}}{\varepsilon}\right)\frac{Y_n}{f_{n,m}(k)} \tag{4-17}$$

$$\varUpsilon_{n,m}(k) = -\alpha \frac{f_{n,m}(k)}{\sum_{i=1}^{M}\sum_{j=1}^{N_i} f_{j,i}(k)} \mathrm{e}^{-\frac{1}{t_0}\Phi D_n \sum_{i=1}^{M} N_i} \left(\mathbb{R} + \eta D_n\right) \tag{4-18}$$

$$\varPsi_{n,m}(k) = \frac{\epsilon E_n D_n}{b_{n,m}(k)\mathrm{lb}\left(1+\mathrm{SNR}_{n,m}(k)\right)} - \beta \frac{b_{n,m}(k)}{\sum_{i=1}^{M}\sum_{j=1}^{N_i} b_{j,i}(k)} \mathrm{e}^{-\frac{1}{t_0}\Phi D_n \sum_{i=1}^{M} N_i} \left(\mathbb{R} + \eta D_n\right) \tag{4-19}$$

通过计算 $\varPhi_{n,m}(k)$，$\varUpsilon_{n,m}(k)$ 和 $\varPsi_{n,m}(k)$ 的海森矩阵，可以发现它们不是半正定矩阵，所以这三个函数不是凸函数。因此，本章优化问题是一个非凸优化问题。问题

P4 的优化目标是最大化所有移动设备的长期效用，一旦建立了离线的深度强化学习模型，就可以根据不同的输入状态快速输出相应的解决方案，即快速响应，以适用于时延敏感的移动区块链。因此，本章选择 DDPG 算法来为移动设备分配连续的计算能力和带宽，该算法已经广泛用于许多具有连续动作空间的决策制定问题中。资源分配决策是在一个与所有小基站交互的专用控制器中进行的。DDPG 算法部署在专用控制器中以获取全局信息，并将每个 MEC 服务器的计算能力和带宽分配给请求服务的设备来使所有设备的总效用最大化。利用 DDPG 带来高维动作空间挑战。产生挑战的原因有以下两点：移动区块链系统中移动设备数量庞大；动作空间是连续的，即每个移动设备分配得到的带宽和计算能力都是连续值。为了应对上述挑战，设定区块链系统中数据块很小，通常不超过 1 MB，上传时间 $t_{n,m}^{\mathrm{up}}(k)$ 较短。根据式（4-8），可以发现较短的上传时间对设备 n 获得的奖励没有影响，并且在实际生活中，它与计算时间（$t_{n,m}^{\mathrm{comp}}(k)$）相比是微不足道的。因此，本章将问题 P4 近似分解为两个子问题 P4.1 和 P4.2。

$$\begin{aligned}&\mathrm{P4.1}:\min_{\mathcal{B}_{N,M}}\lim_{K\to+\infty}\frac{1}{K}\sum_{k=1}^{K}\sum_{m=1}^{M}\sum_{n=1}^{N_m}\epsilon E_n t_{n,m}^{\mathrm{up}}(k)\\&\text{s.t. C4.2}\end{aligned}\tag{4-20}$$

在问题 P4.1 中，通过分配每个 MEC 服务器的带宽来最小化所有设备的长期挖矿任务总上载成本，这与问题 P4 的目标一致，即最大化所有设备的总效用。问题 P4.2 只需要考虑每个 MEC 服务器的计算能力分配，以最大化所有设备的总长期效用，即：

$$\begin{aligned}&\mathrm{P4.2}:\max_{\mathcal{F}_{N,M}}\lim_{K\to+\infty}\frac{1}{K}\sum_{k=1}^{\hat{}}\sum_{m=1}^{M}\sum_{n=1}^{N_m}U_{n,m}(k)\\&\text{s.t. C4.1,C4.3,C4.4,C4.5}\end{aligned}\tag{4-21}$$

为了解决问题 P4.1，即最小化所有设备的长期挖矿任务总上传成本，可以将问题转化为在每个决策时期最小化所有设备的上传成本。由于每个 MEC 服务器在分配自己的带宽时不与其他服务器耦合，因此问题 P4.1 可以分解为与每个 MEC 服务器相关联的多个子问题。在 MEC 服务器 m 中需要求解的子问题可以表示为

$$\begin{aligned}&\mathrm{P4.3}:\min_{\{b_{n,m}(k),\,n\in\mathcal{N}_m\}}\Gamma_{n,m}(k)\\&\text{s.t. C4.6}\sum_{n=1}^{N_m}b_{n,m}(k)\leqslant\mathbb{B}_m\end{aligned}\tag{4-22}$$

其中，$\Gamma_{n,m}(k)=\sum_{n=1}^{N_m}E_n t_{n,m}^{\mathrm{up}}(k)=\sum_{n=1}^{N_m}\frac{E_n D_n}{b_{n,m}\,\mathrm{lb}\left(1+\mathrm{SNR}_{n,m}(k)\right)}$。显然，函数 $\Gamma_{n,m}(k)$ 是一个关于 $\{b_{n,m}(k),n\in\mathcal{N}_m\}$ 的可导多元函数并且它的导函数可以计算为

$$\nabla\Gamma_{n,m}(k)=\left(\frac{-E_1D_1}{b_{1,m}^2(k)\mathrm{lb}\left(1+\mathrm{SNR}_{1,m}(k)\right)},\cdots,\frac{-E_nD_n}{b_{n,m}^2(k)\mathrm{lb}\left(1+\mathrm{SNR}_{n,m}(k)\right)},\cdots,\frac{-E_{N_m}D_{N_m}}{b_{N_m,m}^2(k)\mathrm{lb}\left(1+\mathrm{SNR}_{N_m,m}(k)\right)}\right) \tag{4-23}$$

更进一步，$\nabla\Gamma_{n,m}(k)$ 是可导函数，因此可以获得 $\Gamma_{n,m}(k)$ 的海森矩阵，即：

$$\boldsymbol{H}_{\Gamma_{n,m}(k)}=\begin{bmatrix}\frac{2E_1D_1}{b_{1,m}^3(k)\mathrm{lb}\left(1+\mathrm{SNR}_{1,m}(k)\right)} & \cdots & 0\\ \vdots & \ddots & \vdots\\ 0 & \cdots & \frac{2E_{N_m}D_{N_m}}{b_{N_m,m}^3(k)\mathrm{lb}\left(1+\mathrm{SNR}_{N_m,m}(k)\right)}\end{bmatrix} \tag{4-24}$$

由于变量 $\epsilon,E_n,D_n,\mathrm{SNR}_{n,m}(k)$ 和 $b_{n,m}(k)$ 都是正数，所以对角矩阵 $\boldsymbol{H}_{\Gamma_{n,m}(k)}$ 是一个正定矩阵。因此，问题 P4.3 中的目标函数，即 $\Gamma_{n,m}(k)$ 是一个严格凸函数。另外，由于问题 P4.3 中的约束都是仿射函数，因此 P4.3 是一个凸优化问题，不难求解。

为了解决 P4.2 这一非凸优化问题，本章利用 DDPG 算法为设备分配最优的计算能力来优化总效用。DDPG 算法集成了确定性策略梯度和 DQN 算法，并且能够处理具有连续动作空间的决策问题。DDPG 主要由两个网络组成，即演员网络（Actor Net）和评论家网络（Critic Net）。演员网络负责动作的生成，而评论家网络可以指导演员网络，即估计状态–动作–价值对。评论家网络可以评价动作的质量，并指导演员网络调整网络参数，使其做出更好的动作。与 DQN 中的目标网络和在线网络类似，演员网络和评论家网络都有目标子网络和在线子网络，并且两个子网络的结构相同。

在 DDPG 的每个决策时期 t，将状态定义为 s_t，动作定义为 a_t，奖励函数定义为 $r(s_t,a_t)$。DDPG 的动作策略是确定性的，可以用 $\mu:\mathcal{S}\rightarrow\mathcal{A}$ 来表示，深度强化学习中的递归关系，即贝尔曼方程如下：

$$Q^{\mu}(s_t,a_t)=\mathbb{E}_{r_t,s_{t+1}\sim\phi}\left[r(s_t,a_t)+\hbar Q^{\mu}\left(s_{t+1},\mu(s_{t+1})\right)\right] \tag{4-25}$$

其中，$\hbar$ 是折扣因子，ψ 是 s_{t+1} 和 r_t 的期望分布[42]。

当函数逼近器用 θ^Q 参数化时，用于评估贝尔曼方程两边差异的评论家网络损失函数可以表示为

$$L(\theta^Q)=\mathbb{E}_{s_t\sim\varrho^{\varphi},a_t\sim\varphi,r_t\sim\psi}\left[\left(Q(s_t,a_t|\ \theta^Q)-y_t\right)^2\right] \tag{4-26}$$

其中，ϱ^{φ} 是确定性策略 φ 下状态 s_t 的分布，并且 y_t 的定义为

$$y_t=r(r_t,a_t)+\hbar Q\left(s_{t+1},u(s_{t+1})\,|\,\theta^Q\right) \tag{4-27}$$

演员网络的策略更新需要借助评论家网络，策略梯度可以通过式（4-28）计算。

$$\nabla_{\theta^\mu} J(\mu) \approx \mathbb{E}_{s_t \sim \varrho^\varphi}\left[\nabla_a Q(s,a|\theta^Q)\Big|_{s=s_t,a=\mu(s_t)} \nabla_{\theta^\mu}\mu(s|\theta^\mu)\Big|_{s=s_t}\right] \tag{4-28}$$

其中，$\mu(s|\theta^\mu)$ 是参数化的演员网络函数，它可以通过匹配到一个特定的动作来确定状态当前的动作，并且 θ^μ 是在线演员网络的参数。$J(\mu)$ 的目标是评估策略 μ 的性能，可以表示为

$$J(\mu) = \mathbb{E}_{s_t \sim \varrho^\varphi}\left[Q\left(s_t, \mu(s_t|\theta^\mu)\right)\right] \tag{4-29}$$

在 DDPG 的训练过程中，利用一个经验重放缓冲区来存储决策时刻 t 时的四元组 (s_t,a_t,r_t,s_{t+1})，其中 s_t 为当前状态，a_t 为当前动作，并且它通常等于演员网络的输出动作加上噪声 n_0，以增加探索的随机性，r_t 是在状态 s_t 时执行动作 a_t 获得的奖励，s_{t+1} 是采取动作后的下一个状态。在学习过程中，从经验重放缓冲区中随机抽取一个小批量样本，并输入演员网络和评论家网络中进行更新。例如，当存在 W 个样本时，可以将在决策时期 q 获得的下一状态 s_{q+1} 输入演员目标网络中得到动作，并将得到的动作输入评论家目标网络中。评论家目标网络可进一步计算式（4-27）中的 y_q 以输入评论家在线网络。通过将小批量状态 s_q 输入演员在线网络中可以获得小批量动作 $a=\mu(s_q)$。然后将小批量动作输入评论家在线网络得到动作 a 的梯度，即 $\nabla_a Q(s,a|\theta^Q)\big|_{s=s_q,a=\mu(s_q)}$。由于演员在线网络的参数 θ^μ 的梯度可以由自己的优化器导出，即 $\nabla_{\theta^\mu}\mu(s|\theta^\mu)\big|_{s=s_q}$，因此演员在线网络可以根据以下规则进行更新：

$$\nabla_{\theta^\mu} J(\mu) \approx \frac{1}{W}\sum_q\left[\nabla_a Q\left(s,a|\theta^Q\right)\Big|_{s=s_q,a=\mu(s_q)} \nabla_{\theta^\mu}\mu(s|\theta^\mu)\Big|_{s=s_q}\right] \tag{4-30}$$

评论家网络的在线更新可以由自己的优化器完成，如 Adam 优化器。不同于 DQN 中目标网络的更新（直接复制在线网络的权值），DDPG 采用了软目标更新。首先将演员目标网络和评论家目标网络定义为 $\mu'(s|\theta^{\mu'})$ 和 $Q'(s,a|\theta^{Q'})$，二者分别是演员在线网络和评论家在线网络的复制。然后，演员目标网络和评论家目标网络的权重可以通过以下方式进行更新：

$$\theta^{\mu'} \leftarrow \zeta\theta^\mu + (1-\zeta)\theta^{\mu'}, \theta^{Q'} \leftarrow \zeta\theta^Q + (1-\zeta)\theta^{Q'} \tag{4-31}$$

其中，ζ 是一个值很小的常数。通过这种方式，目标权重被约束为缓慢地变化，这大大提高了学习的稳定性[43]。

DDPG 的三个核心元素，即状态空间、动作空间和奖励函数的描述如下。

（1）状态空间

在 DDPG 中，决策时期 k 时的环境状态 S^k 是小基站状态 S_m^k 的联合，S_m^k 包括移

动设备的卸载任务 $T_n(D_n,Y_n,G_n,I_n)$，每个设备的位置和移动方向以及速度（分别为 $d_{n,m}$，$\rho_{n,m}$ 和 v_n），信道状态（$\mathrm{SNR}_{n,m}(k)$ 和 $\mathrm{SNR}_{m,n}(k)$）和 SBS 的总算力和带宽（$\mathbb{F}_m,\mathbb{B}_m$）。$S_m^k$ 可以表示为

$$S_m^k=\{(T_n,d_{n,m},\rho_{n,m},v_n,\mathrm{SNR}_{n,m}(k),\mathrm{SNR}_{m,n}(k),\mathbb{F}_m,\mathbb{B}_m)|\ n=1,\cdots,N_m\} \tag{4-32}$$

（2）动作空间

在每个移动设备生成挖矿任务后，DRL 智能体（专用控制器）需要对每个 MEC 服务器的计算能力进行分配。将 DRL 智能体的动作定义为 $A^k=\{A_m^k|\ m=1,\cdots,M\}$，其中 A_m^k 是 MEC 服务器 m 的资源分配决策，可以表示为

$$A_m^k=\left\{f_{n,m}(k)|\ n=1,\cdots,N_m,f_{n,m}(k)\in\left(f_{\min},f_{\max}\right]\right\} \tag{4-33}$$

（3）奖励函数

为了最佳地分配资源给移动设备，奖励函数需要体现最大化所有移动设备的总效用的目标，同时考虑有限资源、设备的移动性和区块链吞吐量等约束条件。$R^k(S^k,A^k)$ 表示决策时期 k 时在状态 S^k 下采取行动 A^k 的直接奖励，即：

$$R^k(S^k,A^k)=\begin{cases}\dfrac{1}{\lambda}\displaystyle\sum_{m=1}^{M}\sum_{n=1}^{N_m}U_{n,m}(k), & \text{满足约束条件C4.1,C4.3,C4.4,C4.5}\\ 0, & \text{其他}\end{cases} \tag{4-34}$$

其中，λ 是常数。

DDPG 在演员网络的输出动作中加入噪声，即从正态分布中选择一个随机动作，这个正态分布的均值为演员网络产生的动作，方差为给定值，且方差随着训练次数的增加而减小，从而增加了探索的随机性。然而，充分探索连续动作空间中的所有动作是不切实际的，问题 P4.2 中的严格约束使其很难找到满意的可行解，这导致 DDPG 中存在大量不必要的随机探索。探索随机性的增加降低了 DDPG 算法的数据学习效率，并消耗了大量的时间来实现收敛。为了提高搜索过程的效率，避免不必要的探索，本章在 DDPG 的随机性探索过程中结合 PSO 算法来生成一种改进的解输入评论家网络中，并最终提出了 DRPO 算法。

粒子群优化算法中存在 Z 个粒子，每个粒子 z 有两个属性，即速度 ι_z 和位置 x_z，分别代表粒子 z 的运动速度和方向。粒子群优化算法中的每个粒子位置表示问题 P4.2 的一个解（即 DDPG 中一个改进的随机动作），每个粒子的速度表示解的变化。在 $\mathcal{J}$ 迭代的过程中，每个粒子 z 搜索其当前的本地最优解 $\mathcal{g}_z$，然后将本地最优解共享给其他粒子从而使得每个粒子都能获得全局最优解 $\mathcal{G}$。基于本地最优解和全局最优解，每个粒子可以按照以下两个规则更新其速度 $\iota_z^{\mathcal{J}+1}$ 和位置 $x_z^{\mathcal{J}+1}$：

$$\iota_z^{\mathcal{J}+1}=\varpi^{\mathcal{J}}\iota_z^{\mathcal{J}}+c_1\kappa_1(\mathcal{g}_z-x_z^{\mathcal{J}})+c_2\kappa_2(\mathcal{G}-x_z^{\mathcal{J}}) \tag{4-35}$$

$$x_z^{\jmath+1} = x_z^{\jmath} + \iota_z^{\jmath+1} \tag{4-36}$$

其中，c_1和c_2是学习因子，κ_1和κ_2是（0,1）的随机数，$\varpi^{\jmath}$是满足条件$\varpi^{\jmath}>0$的惯性因子。通常情况下，一个较大的（较小的）$\varpi^{\jmath}$可以使PSO算法具有较强（较弱）的能力搜索全局最优解，但具有较弱（较强）的能力搜索本地最优解。$\varpi^{\jmath}$的值是通过利用线性递减权重策略[44]来确定的，即：

$$\varpi^{\jmath} = \left(\varpi_{\text{in}} - \varpi_{\text{out}}\right)(\vartheta - \jmath)/\vartheta + \varpi_{\text{out}} \tag{4-37}$$

其中，ϖ_{in}是初始惯性因子，ϖ_{out}是粒子群优化算法达到最大迭代次数ϑ时的终止惯性因子。粒子的速度和位置是有界的，因此需要考虑它们的边界来重新定义速度和位置的更新规则，即：

$$\iota^{\jmath+1} = \begin{cases} \iota_{\min}, \text{式(4-35)中的值小于}\iota \\ \iota_{\max}, \text{式(4-35)中的值大于}\iota \\ \varpi^{\jmath}\iota_z^{\jmath} + c_1\kappa_1(g_z - x_z^{\jmath}) + c_2\kappa_2(\mathcal{G} - x_z^{\jmath}), \text{其他} \end{cases} \tag{4-38}$$

$$x^{\jmath+1} = \begin{cases} x_{\min}, \text{式(4-36)中的值小于}x \\ x_{\max}, \text{式(4-36)中的值大于}x \\ x_Z^{\jmath} + \iota_Z^{\jmath+1}, \text{其他} \end{cases} \tag{4-39}$$

其中，$l_{\min}$、$l_{\max}$、$x_{\min}$和$x_{\max}$分别是粒子速度和位置的上限、下限。直到迭代结束，可以生成一个改进的随机动作（一个改进的计算能力分配方案）并输入DDPG的评论家网络中以估计状态–动作–价值对。值得注意的是，PSO算法需要演员网络生成的动作输入PSO算法中来对单个粒子的位置进行初始化，以保证PSO算法中生成的动作优于DDPG算法中生成的动作。改进后的动作可以存储在经验重放缓冲区中用于以后的训练，从而加速DDPG的收敛。DRPO算法的核心思想是：如果评论家网络不能很好地评价一个动作，即评论家网络的损失大于一个阈值，那么利用DDPG生成的动作来扩展训练样本的数目；如果评论家网络能够很好地评估一个动作，采用PSO算法得到的改进动作，从而使DDPG收敛到一个更好的解。

4.4 性能评估

4.4.1 仿真参数设置

本章实验在一台64位Windows10操作系统的计算机上进行了仿真，该计算机具有8 GB内存、2.90 GHz频率的Intel（R）Core（TM）i7-3520M CPU和NVIDIA

NVS 5400M GPU。实验考虑了一个场景，该区域有一些 SBS，每个 SBS 的通信半径为 500 m（$\omega = 500$）。此外，每个 SBS 有 10 个移动设备请求服务（在不损失一般性的情况下，移动设备的数目可以是任意的），这些移动设备随机分布在每个 SBS 的覆盖区域内（$d_n \in (0,500)$）。在保证通用性的前提下，一个区块的平均开采时间为 300 s（$t_0 = 300$），在区块链中，每个设备可以随时开始开采（$t_{n,m}^{\text{span}} \in [0,300]$）。每个设备的发射功率为 0.5 W（$E_n = 0.5$）[24]。每个设备的可用带宽为 0.5 MHz（$b_n = 0.5$），每个 SBS 的可用带宽为 20 MHz（$\mathbb{B}_m = 20$）[40]。每个 SBS 的总算力是10^{12} 个 CPU 周期（$\mathbb{F}_m = 10^{12}$）。移动设备以 0～1 m/s 的速度向一个方向移动（$v_n \in [0,1]$），并且每个设备与 SBS 之间的夹角在 0°到 180°之间（$\rho_{n,m} \in [0,180]$）。本章提出的 DRPO 算法如算法 4.1 所示。

算法 4.1　DRPO 算法

输入　$\{T_n\},\{\mathbb{F}_m,\mathbb{B}_m\}$

输出　$\{\mathcal{B}_{N,M},\mathcal{F}_{N,M}\}$

初始化 DDPG 中的参数;

　　演员在线网络和评论家在线网络参数，即 θ^{μ} 和 θ^{Q}；

　　演员目标网络和评论家目标网络参数，即 $\theta^{\mu'} \leftarrow \theta^{\mu}$，$\theta^{Q'} \leftarrow \theta^{Q}$；

　　大小为l的经验重放缓冲区 $\mathcal{L}$；

　　$\mathcal{L}$ 中样本数量指示器 $\wp$；

　　决策时期 k 和常参数 ζ

初始化 PSO 中的参数:

　　最大迭代次数 ϑ；

　　粒子数量 Z；

while 最大迭代次数没有达到 do

　　$\text{PSO}_{\text{flag}} \leftarrow$ False；

　　for $k = 1; k \leqslant K; k++$ do

　　　　在决策时期 k 求解问题 P4.1 获得最佳带宽分配策略 $\{b_{n,m}(k)\}$；

　　　　专用控制器将系统状态 S^k 输入 DDPG 的演员网络中得到动作 A^k；

　　　　动作 A^k 加入噪声，即 $A^k \leftarrow A^k + n_0$；

　　　　if PSO_{flag} = True do

　　　　　　利用 PSO 算法获得的改进动作替换 A^k，即 $A^k \leftarrow \text{PSO}(A^k)$；

　　　　end if

　　　　执行动作 A^k（即 $f_{n,m}(k)$）进而获得奖励 R^k 和下一个状态 S^{k+1}；

　　　　将四元组 (S^k, A^k, R^k, S^{k+1}) 存储在 $\mathcal{L}$ 中；

$\wp \leftarrow \wp+1$；
if $\wp > l$ do
从$\mathcal{L}$中选择W个样本并基于式（4-26）和式（4-30）更新演员在线网络和评论家在线网络的参数，即θ^{μ}和θ^{Q}；
if 评论家网络损失小于ζ do
$\text{PSO}_{\text{flag}} \leftarrow \text{True}$；
else
$\text{PSO}_{\text{flag}} \leftarrow \text{False}$；
end if
end if
根据式（4-31）定期更新演员目标网络和评论家目标网络参数；
end for
end while
返回$\mathcal{B}_{N,M}, \mathcal{F}_{N,M}$

为了成功地挖出一个区块，设备需要将挖矿任务卸载到相应的小基站上。对于挖矿任务，其数据大小为 5～10 kB（$D_n \in [5\times10^{-3}, 10^{-2}]$）[41]。每个挖矿任务的计算强度与数据量成正比，相应系数为5×10^{10}（$Y_n = 5\times10^{10}\times D_n$）。挖矿结果的数据大小为 1 kB（$I_n = 10^{-3}$）。与 MEC 服务器的租赁成本相比，任务的上传成本很低，考虑到挖矿任务的数据量D_n服从正态分布[9]，根据统计分析估计大多数矿工的挖矿成本上限，设备的挖矿预算可以确定为 30～50 个代币（$G_n \in [30,50]$）。本章将成功挖出区块的固定奖励设为 100 个代币（$\mathbb{R}=100$），可变奖励系数设为$10^{5.5}$（$\eta = 10^{5.5}$）。每焦耳能量花费10^{-4}个代币（$\epsilon = 10^{-4}$）[42]，常数参数τ等于10^{-7}，价格水平ε的个数为 10，广播系数为 0.5（$\phi = 0.5$）[7]。每个交易的平均数据大小为 0.2 byte（$\ell = 2\times10^{-7}$），区块链吞吐量下限为 100（$\Omega = 100$）。移动设备所分配到的带宽的最小值和最大值是 0.02、2，算力的最小值和最大值是$\frac{1}{3}\times10^{6}$和$\frac{2}{3}\times10^{12}$（$b_{\min}=0.02$，$b_{\max}=2$，$f_{\min}=\frac{1}{3}\times10^{6}$，$f_{\max}=\frac{2}{3}\times10^{12}$）。

DRPO 中的参数设定如下：在演员网络中有一个隐藏层，隐藏层神经元的数目与移动设备的数目以及输入数据的维数有关。隐藏层的激活函数为误差线性单元，输出层的激活函数为 Sigmoid 函数。演员网络的学习率为 0.001，评论家网络的学习率为 0.002。“软”目标更新中的常量为 0.01（$\zeta = 0.01$），经验回放缓冲区的大小为 1 000（即$l = 1000$），训练批量大小为 32（$W = 32$），奖励函数中的常数为 200（$\lambda = 200$）。

对于 DRPO 中粒子群优化中的参数，粒子数为 10（$Z = 10$），初始惯性因子为 0.9，终止惯性因子为 0.4（$\varpi_{\text{in}} = 0.9, \varpi_{\text{out}} = 0.4$）。分别设速度和位置的上、下限为 -3×10^{10}、3×10^{10}、$\frac{1}{3}\times10^{6}$、$\frac{2}{3}\times10^{12}$（即 $\iota_{\min} = -3\times10^{10}, \iota_{\max} = 3\times10^{10}$，$x_{\min} = \frac{1}{3}\times10^{6}$，$x_{\max} = \frac{2}{3}\times10^{12}$）。基准方法 PSO 的粒子数为 200，最大迭代次数为 500。

4.4.2　仿真设计

为了最大化所有移动设备的长期总效用，本章实验的评估指标是每个决策时期所有设备的平均总效用，即 $\frac{1}{K}\sum_{k=1}^{K}\sum_{m=1}^{M}\sum_{n=1}^{N_m}U_{n,m}(k)$。在仿真实验中，考虑到在基于 DDPG 的算法中一个较大的 K 值会导致训练时间过长，所以 K 值被设置为 5。

利用三种具有代表性的基准算法与 DRPO 算法进行比较。

① PSO 算法：一种启发式算法，通常用于在搜索空间较大的问题中搜索高质量的解。

② DDPG 算法：先进的深度强化学习算法，用于搜索具有连续动作空间的问题的最优解[43]。

③ DRGO 算法：一种改进的 DDPG 算法。它将 DDPG 与自适应遗传算法相结合，以加快 DDPG 在高维动作空间中的收敛速度[24]。

4.4.3　性能分析

本章对每组实验重复 20 次，取所有结果的平均值作为最终实验结果。

（1）收敛性能

本章评估了不同算法的收敛性能，因为收敛性能是影响深度强化学习算法有效性的重要因素之一。在参数设置如 4.4.1 节所述，移动设备数量为 10 台的情况下，各种算法在每个训练时期的演员网络和评论家网络的损失分别如图 4.2（a）和图 4.2（b）所示。从图 4.2（a）可以看出，DRPO 的演员网络损失低于 DRGO 和 DDPG，因为 DRPO、DRGO 和 DDPG 达到收敛所需要的训练迭代次数分别为 5 500、7 000 和 8 000。结果表明，DRPO 能产生比 DRGO 和 DDPG 更好的动作，并能更快地收敛到最优动作。在图 4.2（b）中，当算法收敛时，DRPO 中的批评家网络损失的波动程度小于 DRGO 和 DDPG，并且 DRPO 的批评家网络比 DRGO 和 DDPG 更快地达到收敛，这说明 DRPO 比 DRGO 和 DDPG 能更好地评价动作（即更稳定），更快地收敛到最大奖励。

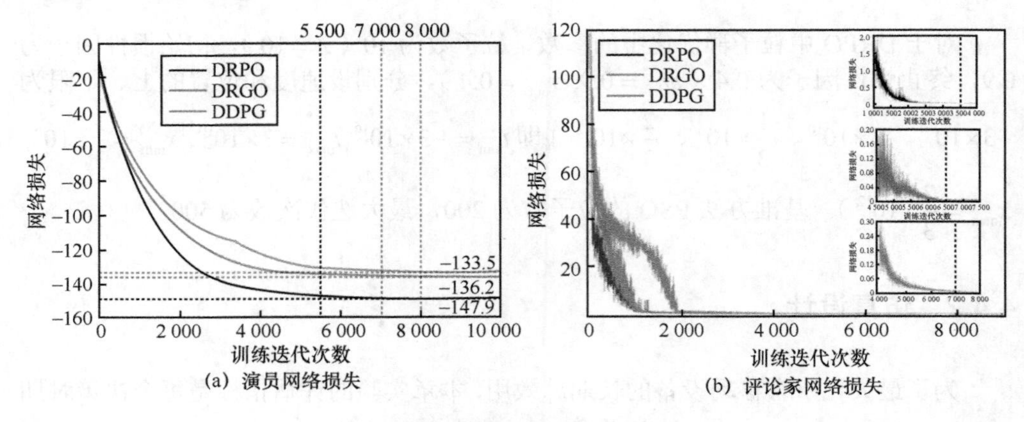

(a) 演员网络损失　　(b) 评论家网络损失

图 4.2　不同算法的收敛性能

（2）不同带宽下的性能

当设备数为 10 且每个小基站的总带宽为 8～20 时，不同带宽下所有移动设备的总效用如图 4.3（a）所示。可以看出，所有移动设备的总效用随着带宽的增加而增加，可以向每个移动设备分配更多的带宽，这将导致较短的任务上传时间和较低的任务上传成本。由于粒子群优化算法是一种启发式算法，易于收敛到局部最优解，因此基于深度强化学习的算法的性能优于 PSO。然而，总效用的增长幅度很小，因为带宽分配对优化目标的影响很小，这证明了问题分解的有效性。DRPO 能产生比 DDPG 更高的效用，这是因为当评论家网络能够很好地评估动作时，DRPO 可以利用 PSO 改进 DDPG 所生成的解。DRPO 的性能优于 DRGO，这是因为与自适应遗传算法相比，PSO 算法记忆和共享所有粒子的历史最优解，从而在每次迭代中从所有的解空间中搜索一个最优动作，而不是盲目搜索（如遗传算法中的交叉和变异）。

（3）不同计算能力下的性能

对于 SBS 不同的计算能力，所有设备的总效用如图 4.3（b）所示。可以看出，当 SBS 的总计算能力为 10^9～10^{13} 个 CPU 周期时，设备的总效用随着计算能力的增加而增加，这是因为 SBS 计算能力的不断提高为移动设备提供了强大的计算能力，虽然 MEC 服务器的单位运营价格可能会有所提高，但可以大大缩短计算时间和降低租赁成本。根据获得的总效用，4 种算法的性能比较结果为 DRPO>DRGO>DDPG>PSO。DDPG 算法的性能优于 PSO 算法，因为基于深度强化学习的算法具有良好的搜索能力，可以通过大量的训练找到满意的最优解，但 PSO 算法的性能依赖于初始解，且容易收敛到局部最优解。与 DDPG 相比，DRGO 具有更高的总效用，因为 DRGO 可以利用自适应遗传算法改进 DDPG 算法所生成的解。

（4）不同设备数下的性能

对于不同数量的移动设备，所有设备的总效用如图4.3（c）所示，从图中可以看出，所有移动设备获得的总效用随着移动设备数量的增加而减少。这是因为设备数量的增加降低了每个移动设备所分配到的带宽和计算能力，所以设备数量增加会极大地降低每个移动设备的效用。此外，当设备数量为10～50个时，DRPO得到的总效用大于其他基准算法，而PSO算法性能最差。随着移动设备数量的增加，DRPO、DRGO和DDPG之间的性能差距逐渐缩小，原因是在这三种基于深度强化学习的算法中，设备数量的增加扩大了状态空间和动作空间的维数，增加了求解问题的难度。虽然这三种算法都能找到满意的解，但随着移动设备数量的增加，设备总效用下降。

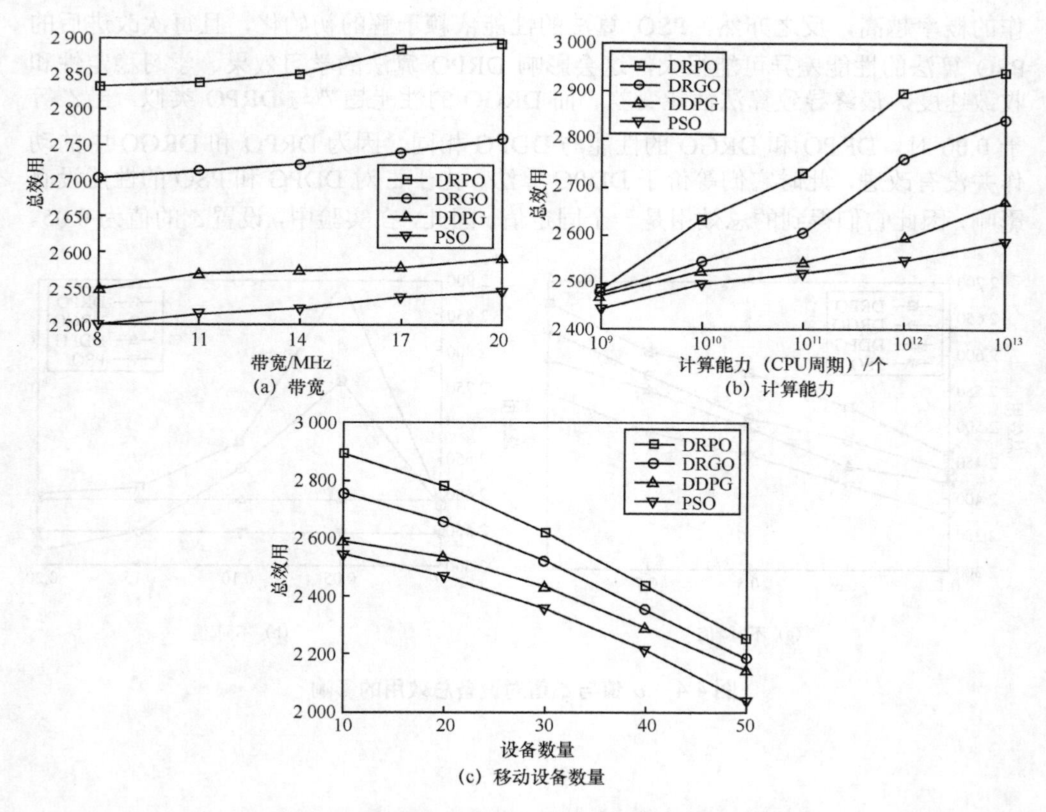

(a) 带宽　(b) 计算能力

(c) 移动设备数量

图4.3　带宽、计算能力和移动设备数量对设备的总效用的影响

（5）不同α值下的性能

参数α用于评估设备分配到的计算能力对其成功解决挖矿难题的概率的重要程度，并且它还影响所有移动设备的总效用。因此，根据获得的总效用为α选择一

个满意的值。对于不同的α值，4 种算法得到的总效用如图 4.4（a）所示。从图 4.4（a）中，可以看出 DRPO 的性能优于基准算法，这证明了它的有效性。此外，4 种算法的性能随着α的增加而提高。为了获得更大的优化目标值，需要更多地关注设备分配的计算能力，这证明了本章问题分解的有效性。因此，在实验中，设置α的值为 0.9。

（6）不同ζ值下的性能

在 DRPO 中，变量ζ与 PSO 的改进动作和 DDPG 的生成动作之间的权衡有直接关系。从图 4.4（b）可以明显看出，当ζ的值在 0.00 到 0.05 之间时，DRPO 和 DRGO 的性能随着ζ的增加而增加，因为 DRPO 和 DRGO 分别通过利用 PSO 和自适应遗传算法来改进动作的概率较大。当ζ值大于 0.05 时，DRPO 中所有设备的总效用随ζ值的增大而减小，这是因为ζ越大，DRPO 算法利用 PSO 算法改进动作的概率越高，反之亦然。PSO 算法的性能依赖于解的初始化，且每次改进后的 PSO 算法的性能差异可能很大，这会影响 DRPO 算法的学习效果、学习稳定性和收敛速度，最终导致算法性能变差。而 DRGO 的性能趋势与 DRPO 类似。当ζ等于 0.00 时，DRPO 和 DRGO 的性能与 DDPG 相同，因为 DRPO 和 DRGO 中的动作并没有改进，此时它们等价于 DDPG 算法。由于ζ对 DDPG 和 PSO 的性能没有影响，因此它们得到的总效用是一个固定值。因此，在实验中，设置ζ的值为 0.05。

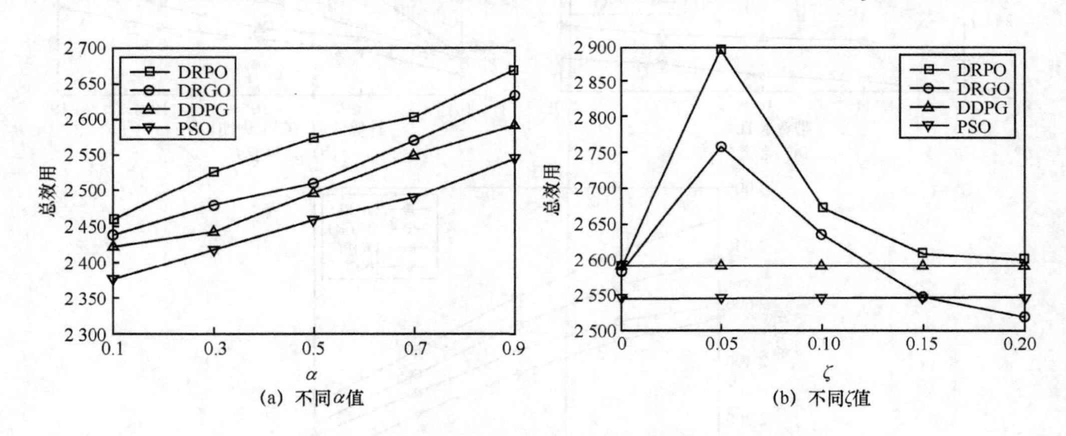

图 4.4　α值与ζ值对设备总效用的影响

第 5 章 基于移动边缘计算的医疗物联网健康监测

5.1 引言

物联网（Internet of Things，IoT）的快速发展将大量移动设备和用户连接在一起，医疗物联网（Internet of Medical Things，IoMT）便是其中的一个重要分支。在现代社会，日常生活中的人们压力大，且很难及时接受医疗检查并寻求医疗建议，这可能导致慢性疾病（如心脏病或肺部疾病）的恶化。然而，对于实时响应的需求，通信频谱资源的稀缺和过大的数据量制约了医疗物联网的进一步发展。为了减轻医疗基础设施的负担并避免疾病恶化，基于医疗物联网的随身健康检测引起了广泛关注。

医疗物联网将传统医疗设备与物联网相结合，并扩展了传感和处理能力。通过在患者身上部署各类人体传感器，医疗物联网可以实现远程健康监测。此外，泛在健康监测网络使患者可以不受限制地在室内自由移动。

尽管医疗物联网可以提供远程健康监测服务，但患者数量的激增仍然导致医疗中心超负荷运转，限制了医疗物联网的进一步发展。本地设备（如手机和笔记本电脑）无法在短时间内完成时延敏感的医疗信息分析任务。MEC 可以用于解决此类问题，通过将医疗分析任务卸载到附近的边缘服务器，可以减轻本地设备的负担。

对于患者多的城市健康监测场景，频谱资源十分稀缺，且传统通信技术（如OFDMA）的频谱利用效率很低。可以利用5G通信技术通过信道复用，如非正交多路访问（Non-Orthogonal Multiple Access，NOMA）技术来解决上述难题，NOMA技术使患者能够共享子信道来上传监测数据包。传统蜂窝通信的宏蜂窝基站功率大，信号频率相对较低。与之相反，5G采用毫米波通信，信号频率较高，RSU的功率相对较低。可以根据地理区域对过多的患者进行划分。每个MEC服务器为多个患者提供服务，这既减轻了宏蜂窝基站的负担，又解决了信道资源短缺的问题。

5.2 动机

医疗健康监测需要满足以下条件。

① 严重疾病（如心脏病）的优先级应高于一般疾病。

② 所有受监测的医疗信息都需要及时更新。即使是一般疾病，长期忽视也会造成很大的隐患。

③ 由于医疗物联网中的设备，包括身体传感器、本地设备和边缘服务器，可能没有稳定和持续的电源，因此需要考虑整个监控系统的能耗。

本章目标是通过调度传输和计算资源来最小化IoMT的系统范围成本。现有的传输和计算资源调度研究大多集中在时延和能耗最小化[45-46]。为了突出医疗物联网的特点，任务处理开销定义为医疗信息重要性、数据新鲜度[47]和能耗的函数。

本章基于边缘计算构建了医疗物联网下的健康监测模型，以最小化系统开销为目标，协同考虑医疗数据监测的重要性、新鲜度和能耗。本章将医疗物联网分为两个子网络，即无线人体医疗物联网内部（intra Wireless Body Area Network，intra-WBAN）和无线人体医疗物联网外部（beyond Wireless Body Area Network，beyond-WBAN）。对于无线人体医疗物联网内部，网关通过带宽分配来调节人体传感器的传输速率，以最小化数据传输开销。针对传感器传输调度，本章构建了一个合作博弈，并利用纳什讨价还价解来求博弈的帕累托最优解。对于无线人体医疗物联网外部，患者可以选择本地设备或边缘服务器处理医疗数据。尽管5G通信技术有助于提高信道效率，但患者仍然需要在信道复用引起的干扰与边缘服务器的有限计算资源之间做出权衡。本章主要贡献如下。

① 本章为IoMT构建一个基于MEC的5G健康监测系统，从而最小化系统范围的成本。突出IoMT的特点，患者的成本取决于医疗危急程度、AoI和能源消耗。

② 本章将IoMT分为两个子网络，即intra-WBAN和beyond-WBAN。对于intra-WBAN，构建合作博弈以最小化每个患者的成本。

③ 对于beyond-WBAN，考虑到个体理性，本章提出一种基于潜在博弈的去中

心化方法，从而获得能够达到纳什均衡的策略配置文件。

④ 本章从理论上推导出时间复杂度的上限和受益于 MEC 的患者数量。性能评估证明了所提算法在全系统成本和受益于 MEC 的患者数量方面的有效性。

5.3 医疗物联网模型

本节主要研究融合边缘计算的无线人体局域网 WBAN。人体传感器从生物组织的活动过程中收集各种类型的医疗数据包，并将它们传输到边缘服务器进行医学分析。基于 MEC 的医疗物联网健康监测模型如图 5.1 所示，该模型主要包含 5 部分：患者、本地设备、人体传感器、移动边缘计算服务器和医疗中心。医疗物联网分为 intra-WBAN 和 beyond-WBAN。对于 intra-WBAN，患者配备的异构人体传感器会监测并收集原始医疗数据，并将数据传输到相应的网关（本地设备）。然后，本地设备决定是通过本地计算执行医疗分析任务，还是将任务卸载到边缘服务器。最后，医疗报告被发送到医疗中心。

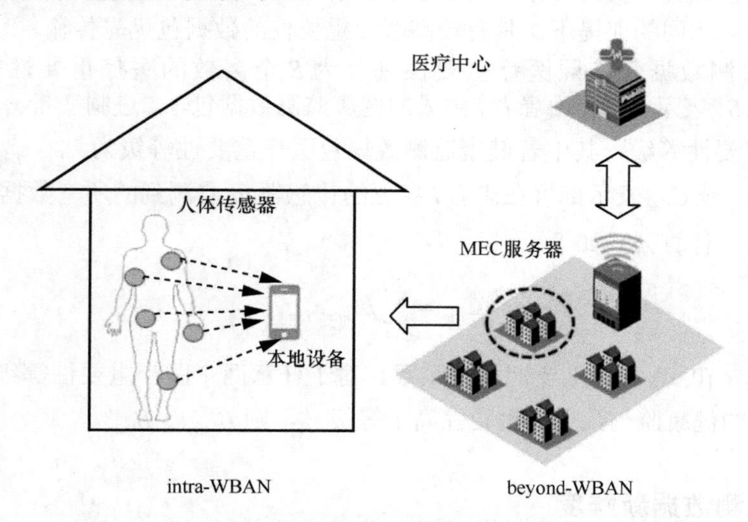

图 5.1　基于 MEC 的医疗物联网健康监测模型

本章构建的医疗物联网健康监测模型包含 N 位患者，每位患者全身部署 M 个传感器，部署 K 个边缘服务器以提供医疗分析计算服务。用 $\tau_{i,m}=\{d_{i,m},c_{i,m},s_{i,m}\}$ 表示部署在患者 i 身上的传感器 m 监测到的原始医疗信息，其中 $d_{i,m}$ 表示数据大小，$c_{i,m}$ 表示完成医疗分析任务需要的 CPU 周期数，$s_{i,m}$ 表示该数据的医疗重要性等级。

医疗物联网健康监测模型内的资源调度分为两个子阶段：intra-WBAN 调度

（Intra-WBAN Scheduling，IWS）和 beyond-WBAN 调度（Beyond-WBAN Scheduling，BWS）。对于 IWS，传感器以 OFDMA 的方式传输健康监测数据包。由于医疗物联网中的医疗信息高时延敏感，因此传输到医疗中心的数据包不能过于陈旧。IWS 的目标是保证所有受监测的医疗信息新鲜度。对于 BWS，所有健康监测数据包（原始数据）被传输到医疗中心之前都需要由本地设备（本地计算）或边缘服务器（边缘计算）处理。NOMA 和 OFDMA 技术被用于 beyond-WBAN 传输。BWS 利用边缘服务器的计算资源和本地计算资源来处理由传感器采集的健康监测数据包，旨在最小化医疗物联网的系统开销。

监测数据的医疗重要性、新鲜度和监测能耗三个因素共同决定系统开销。

5.3.1 医疗重要性

健康监测数据包的医疗重要性反映了监测数据的健康严重性指标。WBAN 可协助医疗系统远程实时监测患者。为了全面监测患者的健康状况，每位患者身上部署多个异构传感器，以收集各种数据进行健康状况评估。在其他参数（数据新鲜度和监测能耗）相同的前提下，具有较高医疗重要性的数据包优先传输。

健康监测数据包按照医疗重要性划分为 S 个离散的医疗重要性等级，用 $\mathcal{S}=\{1,2,\cdots,S\}$ 表示。对于由患者 i 生成的健康监测数据包，二进制变量 $x_{i,m,s}$ 表示数据包医疗重要性等级，其中若健康监测数据包医疗重要性等级为 s，$x_{i,m,s}=1$，否则 $x_{i,m,s}=0$。令 $C_{i,m}$ 表示部署在患者 i 身上的传感器 m 监测到的所有数据包的累计医疗重要性，计算公式如下：

$$C_{i,m}=\sum_{s=1}^{S}\beta_{i,m,s}x_{i,m,s} \tag{5-1}$$

其中，$\beta_{i,m,s}\in[0,\infty)$ 表示重要性相关系数。对于任意两个医疗重要性等级 s 和 s'，如果等级 s 的健康监测数据的重要性高于等级 s'，则 $\beta_{i,m,s}>\beta_{i,m,s'}$。

5.3.2 监测数据新鲜度

传感器监测的任何医疗信息都是时延敏感的，过时的数据会影响医疗中心对患者健康状况的评估。在理想情况下，传感器能够实时监测患者的各项指标，并将最新的数据实时传输到边缘服务器进行分析。然而，由于无线通信资源和服务器计算能力的限制，实时更新监测信息是难以实现的。因此，健康监测方法考虑了监测数据新鲜度，通信和计算资源将在数据新鲜度的约束下按需分配。传感器 m 最近一次传输监测数据的时间记为 $\mu_{i,m}^{-}$，在时隙 t 时，传感器 m 监测数据新鲜度表示为

$$\delta_{i,m}(t) = t - \mu_{i,m}^{-} \tag{5-2}$$

如果当前时隙没有给人体传感器 m 分配无线信道，则传感器 m 的新鲜度会随着时间线性增加，这表示传感器 m 监测的医疗信息正在过时。一旦传感器 m 发送最新的医疗监测数据包，相关的时间戳就会立即从 $\mu_{i,m}^{-}$ 更新为 $\mu_{i,m}$。监测数据新鲜度的变化可以用以下公式表示：

$$\delta_{i,m}(t+1) = \begin{cases} t+1-\mu_{i,m}, & \text{时间戳更新} \\ \delta_{i,m}(t)+1, & \text{其他} \end{cases} \tag{5-3}$$

5.3.3　监测能耗

由于可穿戴设备（如人体传感器和本地设备）没有稳定的电源，因此长时间工作带来的过多能耗缩短了这些设备的寿命，限制了 WBAN 的发展。Intra-WBAN 和 beyond-WBAN 的能耗是影响整个健康监测系统寿命的重要因素。

对于 intra-WBAN，传感器消耗电能来进行健康监测，并将监测数据传输到网关。信道带宽以 OFDMA 的方式分配给传感器，用 $\omega_{i,m}$ 表示分配给传感器 m 的带宽，其传输速率通过以下公式计算：

$$r_{i,m} = \omega_{i,m} \mathrm{lb}\left(1 + \frac{p_{i,m} h_{i,m}}{\sigma^2}\right) \tag{5-4}$$

其中，$p_{i,m}$ 表示传输功率，$h_{i,m}$ 表示信道增益，σ^2 表示噪声功率。相应地，健康监测数据的传输时延 $T_{i,m}^{\mathrm{int}}$ 和能耗 $E_{i,m}^{\mathrm{int}}$ 通过以下公式计算：

$$T_{i,m}^{\mathrm{int}} = \frac{d_{i,m}}{r_{i,m}},\ E_{i,m}^{\mathrm{int}} = p_{i,m} \frac{d_{i,m}}{r_{i,m}} \tag{5-5}$$

从传感器接收到健康监测数据后，网关选择通过本地设备或边缘服务器处理这些数据。所有患者的策略集用 $\boldsymbol{a} = \{a_1, a_2, \cdots, a_N\}$ 表示。由于每位患者的决策是相互关联的，因此定义 $I(k = a_i), k \in K, i \in N$ 表示患者 i 是否选择边缘服务器 k，如果患者 i 将健康监测数据上传到边缘服务器 k 进行处理，$I(k = a_i) = 1$，否则 $I(k = a_i) = 0$。类似地，$I(a_j = a_i), i, j \in N$ 表示患者 i 和 j 的策略是否相同（选择本地设备或同一边缘服务器处理数据），即两者策略相同，$I(a_j = a_i) = 1$，反之 $I(a_j = a_i) = 0$；给定策略集 $\boldsymbol{a}$，患者 i 的上传速率通过如下公式计算：

$$R_i(\boldsymbol{a}) = \sum_{k=1}^{K} I(k = a_i) B \mathrm{lb}\left(1 + \frac{p_i h_{i,k}}{\sum_{j \in \mathcal{N} \setminus \{i\}: a_j = a_i} p_j h_{j,k} + \sigma^2}\right) \tag{5-6}$$

其中，p_i 表示患者 i 的网关的传输功率，B 表示边缘服务器占用的信道带宽，$h_{j,k}$ 表示除患者 i 以外其他患者的信道增益。

由于边缘服务器和医疗中心通过高速光缆通信，与拥塞的无线通信相比，其能耗和时延可以忽略不计。Beyond-WBAN 内的能耗开销主要来源于患者上传数据的传输能耗以及数据处理能耗。基于传输速率 $R_i(\boldsymbol{a})$，患者 i 的传输能耗由以下公式计算：

$$E_i^{\text{bey}}(\boldsymbol{a})=\frac{p_i d_i}{R_i(\boldsymbol{a})} \tag{5-7}$$

本地设备和边缘服务器都可以处理健康监测数据。令 f_i^l 和 f_i^e 分别表示本地设备和边缘服务器的计算能力。边缘服务器的总计算能力表示为 F^e。占用同一边缘服务器的患者均等地共享计算资源，每个人获得的计算能力可以通过如下公式计算：

$$f_i^e(\boldsymbol{a})=\frac{F^e}{n^e(\boldsymbol{a})} \tag{5-8}$$

其中，$n^e(\boldsymbol{a})$ 表示与患者 i 占用同一边缘服务器的人数。本地设备和边缘服务器的数据处理能耗通过如下公式计算：

$$E_i^{c,l}=p_i\frac{c_i}{f_i^l},\ E_i^{c,e}(\boldsymbol{a})=p_e\frac{c_i}{f_i^e(\boldsymbol{a})} \tag{5-9}$$

其中，c_i 表示完成患者 i 的全部传感器监测的医疗分析任务需要的 CPU 周期数；p_i 和 p_e 分别表示本地设备和边缘服务器的任务处理功率。

基于传感器和网关的传输能耗，以及本地设备和边缘服务器的数据处理能耗，医疗物联网系统能耗可以通过式（5-10）计算。

$$E_i(\boldsymbol{\omega},\boldsymbol{a})=\sum_{m=1}^{M}E_{i,m}^{\text{int}}(\boldsymbol{\omega})+I(a_i=0)E_i^{c,l}+I(a_i\in\mathcal{K})(E_i^{\text{bey}}+E_i^{c,e}(\boldsymbol{a})) \tag{5-10}$$

由式（5-10）可以得出，在本地计算的情况下，数据包的能耗是其所需 CPU 周期的仿射函数。但是，将任务卸载到边缘服务器的能耗不仅取决于数据包的属性，还取决于其他患者的策略。

5.4 问题描述

根据医疗物联网的两个子网络，本章将优化问题分解为两个子问题。第一个子问题旨在求解 intra-WBAN 下的信道资源分配；第二个子问题旨在求解 beyond-

WBAN 下的传输决策。

5.4.1 系统开销最小化问题

定义 γ_i^M、γ_i^A 和 γ_i^E 三个[0,1]的变量分别为医疗重要性、信息新鲜度和能耗的相关系数；系统开销表示为三个因素的线性组合，可以通过如下公式计算：

$$\mathcal{C}_i(\boldsymbol{\omega},\boldsymbol{a}) = \gamma_i^M C_i + \gamma_i^A \sum_{m=1}^{M} \delta_{i,m} + \gamma_i^E E_i(\boldsymbol{\omega},\boldsymbol{a}) \tag{5-11}$$

优化问题描述如下：

$$\begin{aligned}
&\text{P5.1}: \min_{\boldsymbol{\omega},\boldsymbol{a}} \mathcal{C} = \sum_{i=1}^{N} \mathcal{C}_i(\boldsymbol{\omega},\boldsymbol{a}) \\
&\text{s.t.}\ \ \text{C5.1}: \delta_{i,m} \leqslant \mathcal{H}^{\max}, \forall i \in \mathcal{N}, m \in \mathcal{M} \\
&\qquad \text{C5.2}: \sum_{i=1}^{N} I(a_i \in \mathcal{N}) f_i^e = F^e \\
&\qquad \text{C5.3}: \sum_{m=1}^{M} \omega_{i,m} \leqslant \omega^{\max}, \forall i \in \mathcal{N} \\
&\qquad \text{C5.4}: a_i \in \{0\} \cup \mathcal{K}, \forall i \in \mathcal{N} \\
&\qquad \text{C5.5}: I(a_i = a_j) \in \{0,1\}, \forall i,j \in \mathcal{N} \\
&\qquad \text{C5.6}: x_{i,s} \in \{0,1\}, \forall i \in \mathcal{N}, s \in \mathcal{S}
\end{aligned} \tag{5-12}$$

其中，C5.1 约束所有传感器所监测数据的信息新鲜度都不能超过阈值 $\mathcal{H}^{\max}$，从而确保所有医疗信息都能及时更新；C5.2 约束患者共享的边缘服务器的计算能力不超过其总计算能力；C5.3 约束分配给传感器的带宽不能超过阈值 $\omega^{\max}$；C5.4、C5.5 和 C5.6 对变量的取值范围进行了约束。

上述优化问题中有两个决策变量，变量 $\omega_{i,m}$ 用于分配 intra-WBAN 的带宽，变量 $\boldsymbol{a}$ 用于调度 beyond-WBAN 的任务，约束和决策变量是相互耦合的。为了解耦决策变量，优化问题分为 IWS 和 BWS 两个子问题。对于 IWS 子问题，设定所有人体传感器都可以为患者提供服务，任何传感器上的过时（即超过时延阈值）数据都会导致性能下降。因此，需要传感器相互协作以保证全局效用，该问题可以描述为合作博弈。对于 BWS 子问题，患者争夺边缘计算资源。考虑其激励的相容性和个体理性，患者以最大化自己的效用（非负）为目标。在这种情况下患者不合作，该问题可以描述为非合作博弈。

5.4.2 IWS 子问题

通过观察 5.4.1 节定义的系统开销函数可以发现，将健康监测数据上传到边缘服务器时，每个患者的开销不仅取决于自己的决策，还取决于其他人的策略；如果过多的患者占用同一边缘服务器，相应的传输和计算速率会下降，导致数据的上传和处理开销增加。在这种情况下，本地计算更适合这些患者。

在 intra-WBAN 中，传感器将健康监测数据发送给网关，系统开销主要取决于监测数据的医疗重要性、信息新鲜度以及相应的传输能耗。IWS 问题表述为

$$\begin{aligned}
&\text{P5.2} \min_{\boldsymbol{\omega}} \mathcal{C}^{\text{int}} = \sum_{i=1}^{N}\sum_{m=1}^{M} \gamma_i^M C_i + \gamma_i^A \delta_{i,m} + \gamma_i^E E_{i,m}^{\text{int}}(\boldsymbol{\omega}) \\
&\text{s.t. C5.7: } \delta_{i,m} \leqslant \mathcal{H}^{\max}, \forall i \in \mathcal{N}, m \in \mathcal{M} \\
&\quad\quad \text{C5.8: } \sum_{m=1}^{M} \omega_{i,m} \leqslant \omega^{\max}, \forall i \in \mathcal{N} \\
&\quad\quad \text{C5.9: } x_{i,s} \in \{0,1\}, \forall i \in \mathcal{N}, s \in \mathcal{S}
\end{aligned} \tag{5-13}$$

5.4.3 BWS 子问题

在 beyond-WBAN 中，最小化系统开销等价于最小化网关到边缘服务器的传输能耗以及本地计算或边缘计算带来的数据处理能耗。BWS 问题表述为

$$\begin{aligned}
&\text{P5.3}: \min_{\boldsymbol{a}} \mathcal{C}^{\text{bey}} = \sum_{i=1}^{N} I(a_i = 0) E_i^{c,l} + I(a_i \in \mathcal{K})\left(E_i^{\text{bey}}(\boldsymbol{a}) + E_i^{c,e}(\boldsymbol{a})\right) \\
&\text{s.t. C5.10: } \sum_{i=1}^{N} I(a_i \in \mathcal{N}) f_i^e = F^e \\
&\quad\quad \text{C5.11: } a_i \in \{0\} \cup \mathcal{K}, \forall i \in \mathcal{N} \\
&\quad\quad \text{C5.12: } I(a_i = a_j) \in \{0,1\}, \forall i, j \in \mathcal{N}
\end{aligned} \tag{5-14}$$

通常，IWS 在 BWS 之前进行，并且决策变量 $\boldsymbol{a}$ 的决策与人体传感器的调度无关。本章提出了基于健康监测的分布式博弈论（Decentralized Game Theoretic Approach for Health Monitoring，DIGTAL）算法，以最大限度地降低系统范围内的成本。该方法主要包括两个步骤：IWS 问题被建模为合作博弈，然后利用纳什议价解和凸优化来进行调度；BWS 问题被建模为非合作博弈，通过资源分配最大限度地降低医疗监测的成本。

5.5　无线人体局域网内部合作博弈

由于多个人体传感器共同合作服务患者，因此 IWS 问题可以建模为协作讨价还价博弈，其中传感器协作传输以最小化 intra-WBAN 的开销为目标。人体传感器通过调整策略 $\omega_{i,m}$ 来竞争信道资源。通过讨价还价，传感器试图达到均衡。与非合作博弈的参与者旨在最大化自己利润的行为不同，合作博弈中的传感器试图在保证自己效用的同时最大化系统效用，即使患者的开销最小化。这种情形可以建模为纳什讨价还价博弈。该博弈表述如下：

$$\mathcal{G}^{\mathrm{IWS}} \triangleq \left\{\mathcal{M}, \{\omega_{i,m}\}_{m\in\mathcal{M}}, \left\{\mathcal{C}_{i,m}^{\mathrm{int}}(\omega_{i,m}, \omega_{i,-m})\right\}_{m\in\mathcal{M}}\right\} \tag{5-15}$$

其中，$\omega_{i,-m}$ 表示除传感器 m 之外其他传感器的决策。

尽管人体传感器的目的是最小化系统开销（即达到帕累托最优），但对于每个传感器仍然存在分歧点，超出这些分歧点的参与者将不同意在讨价还价博弈中进行合作。对于 intra-WBAN 的带宽分配问题，分歧点表示人体传感器可接受的最小分配带宽，超过该带宽，传输时延可能超过阈值。因此，分歧点也可以被视为可行带宽分配的下限，相应的患者效用可以被最小化。人体传感器收集健康监控数据包，并在分配无线信道时发送它们。传感器根据式（5-16）计算分歧点 $\tilde{\omega}_{i,m}$。

$$\tilde{\omega}_{i,m} = \frac{d_{i,m}}{\mathcal{H}^{\max}\mathrm{lb}\left(1+\frac{p_{i,m}h_{i,m}}{\sigma^2}\right)} \tag{5-16}$$

定义传感器的效用函数等于其开销的负值，即 $U_{i,m} = -\mathcal{C}_{i,m}^{\mathrm{int}}$。基于新鲜度阈值计算效用函数的下界，公式如下：

$$\tilde{U}_{i,m} = -\left(\gamma_i^M C_i + \gamma_i^A \mathcal{H}^{\max} + \gamma_i^E p_{i,m}\mathcal{H}^{\max}\right) \tag{5-17}$$

基于纳什讨价还价解求出帕累托最优解 $\boldsymbol{\omega}^* = (\omega_{i,m}^*, \omega_{i,-m}^*)$，公式如下：

$$(\omega_{i,m}^*, \omega_{i,-m}^*) \in \underset{(\omega_{i,m},\omega_{i,-m})}{\arg\max} \prod_{i=1}^{m} (U_{i,m} - \tilde{U}_{i,m}) \tag{5-18}$$

纳什讨价还价解要求合作博弈的可行集合是凸集，相应定理如下。

定理 5.1　式（5-15）中的纳什讨价还价博弈的可行集合是凸集。

纳什讨价还价解满足 4 个公理：帕累托效率、对称性、线性变换的不变性和无关选择独立性[48]。基于 IWS 的讨价还价博弈算法流程如算法 5.1 所示。

算法 5.1 基于 IWS 的讨价还价博弈算法

输入 医疗数据新鲜度上界 $\mathcal{H}^{\max}$；可分配带宽上界 $\omega^{\max}$

输出 带宽分配策略 $\boldsymbol{\omega}$

for $m \in \mathcal{M}$ do

计算传感器的分歧点 $\tilde{\omega}_{i,m}$；

定义效用函数 $U_{i,m} = -\mathcal{C}_{i,m}^{\text{int}}$；

计算可行集合内最低效用 $\tilde{U}_{i,m}$；

end for

计算可行效用集合 $\mathcal{U} = \{U_{i,m} \mid U_{i,m} \geqslant \tilde{U}_{i,m}, \forall m \in \mathcal{M}\}$；

根据式（5-18）计算纳什讨价还价解 $(\omega_{i,m}^*, \omega_{i,-m}^*)$

5.6 无线人体局域网外部非合作博弈

在 beyond-WBAN 中，患者竞争通信信道和边缘服务器计算资源以处理健康监测数据包。BWS 问题可以建模为非合作博弈：

$$\mathcal{G}_0^{\text{BWS}} \triangleq \left\{ \mathcal{N}, \{a_i\}_{i\in\mathcal{N}}, \left\{ \mathcal{C}_i^{\text{bey}}(a_i, a_{-i}) \right\}_{i\in\mathcal{N}} \right\} \tag{5-19}$$

其中，$a_i \in \{0\} \cup \mathcal{K}$，表示除传感器 m 之外其他传感器的决策。为了最小化 beyond-WBAN 中的能耗，患者 i 的最佳策略可以表示为

$$a_i^* \in \arg\min_{a_i\in\mathcal{K}} \mathcal{C}_i^{\text{bey}}(a_i, a_{-i}) \tag{5-20}$$

假设所有患者是理性的，给定其他患者的策略集合 a_{-i}，非合作博弈的纳什均衡满足以下条件：

$$\mathcal{C}_i^{\text{bey}}(a_i^*, a_{-i}^*) \geqslant \mathcal{C}_i^{\text{bey}}(a_i, a_{-i}^*), \forall a_i \in \{0\} \cup \mathcal{K}, i \in \mathcal{N} \tag{5-21}$$

由式（5-21）可以看出，患者所选择的策略主要取决于他们受到的通信干扰，即选择相同边缘服务器的患者数量。定义患者 i 受到的通信干扰如下：

$$\mathcal{I}_i(a_i, a_{-i}) = \sum\nolimits_{j\in\mathcal{N}\setminus\{i\}: a_j = a_i} p_j h_{j,k} \tag{5-22}$$

给定其他患者的策略集合 a_{-i}，患者 i 的最佳应对策略表示如下：

$$a_i \in \begin{cases} \mathcal{K}, & \mathcal{I}_i(a_i, a_{-i}) \leqslant \varPsi_i \\ \{0\}, & \text{其他} \end{cases} \tag{5-23}$$

其中，

$$\varPsi_i = \frac{p_i h_{i,k}}{2^{\frac{p_i d_i f_i^l f_i^e}{B(c_i(p_i f_i^e - p_e f_i^l))}} - 1} - \sigma^2 \tag{5-24}$$

基于式（5-22），博弈 $\mathcal{G}_0^{\text{BWS}}$ 可以被等价转化为以下博弈：

$$\mathcal{G}_1^{\text{BWS}} \triangleq \left\{\mathcal{N}, \{a_i\}_{i\in\mathcal{N}}, \{\mathcal{I}_i(a_i, a_{-i})\}_{i\in\mathcal{N}}\right\} \tag{5-25}$$

患者的开销取决于他们受到的干扰。若给定其他患者的策略集合 a_{-i}，患者 i 的等效费用定义为

$$\mathcal{C}_i^{\text{bey}'}(a_i, a_{-i}) = \begin{cases} \varPsi_i, & a_i = 0 \\ \mathcal{I}_i(a_i, a_{-i}), & a_i \in \mathcal{K} \end{cases} \tag{5-26}$$

给定患者 i 的改进策略 a'_i，潜博弈函数构造如下：

$$\varPhi(\boldsymbol{a}) = \frac{1}{2}\sum_{i=1}^{N}\sum\nolimits_{j\in\mathcal{N}\setminus\{i\}}\sum_{k=1}^{K} p_i h_{i,k} p_j h_{j,k} I(a_j = a_i) I(a_i = k) + \sum_{i=1}^{N} p_i h_{i,k} \varPsi_i I(a_i = 0) \tag{5-27}$$

定理 5.2　博弈 $\mathcal{G}_1^{\text{BWS}}$ 是加权潜博弈，至少存在一个纳什均衡。

本章因以下三个方面不考虑混合策略纳什均衡：首先，获得混合策略纳什均衡比纯策略纳什均衡要复杂得多，总体性能的提高无法弥补额外的时延和计算资源开销；其次，与一般的计算任务卸载应用（如人脸识别和自然语言处理）相比，健康监测对时间更敏感，计算量更少，因此，不适合部分卸载；最后，医疗信息对隐私敏感，为了便于数据分析和隐私保护，每个数据包都仅分配给一个服务器进行处理。

本章提出了一种基于 BWS 的潜博弈算法，流程如算法 5.2 所示。

算法 5.2　基于 BWS 的潜博弈算法

输入　医疗数据新鲜度上界 $\mathcal{H}^{\max}$；可分配带宽上界 $\omega^{\max}$

输出　带宽分配策略 $\boldsymbol{\omega}$

for　$m \in \mathcal{M}$　do

　　计算传感器的分歧点 $\tilde{\omega}_{i,m}$；

　　定义效用函数 $U_{i,m} = -\mathcal{C}_{i,m}^{\text{int}}$；

　　计算可行集合内最低效用 $\tilde{U}_{i,m}$；

end for

计算可行效用集合 $\mathcal{U} = \{U_{i,m} \mid U_{i,m} \geqslant \tilde{U}_{i,m}, \forall m \in \mathcal{M}\}$；

根据式（5-17）计算纳什讨价还价解 $(\omega_{i,m}^*, \omega_{i,-m}^*)$

对于每个时隙，主要的时间复杂度来自患者最佳应对策略的计算，排序操作的时间复杂度为 $O(K\log K)$。λ 表示收敛（即达到纳什均衡）的时隙数。本章提出的潜博弈算法的时间复杂度为 $O(\lambda K\log K)$。

5.7 实验评估

5.7.1 实验环境及参数设置

本章考虑室内医疗物联网场景，患者通过人体传感器采集健康监测数据包。本地设备和边缘服务器协同提供服务来分析医疗信息。每个受监视数据包的数据大小和所需的 CPU 周期分别为 1 000～3 000 kB 和 100～1 000 Megacycles[48]。无线信道的带宽为 5 MHz。发射功率和噪声分别为 100 mW 和−100 dBm。边缘服务器随机分布，其无线通信网络覆盖范围为 50 m。根据无线通信干扰模型[49]，患者 i 的信道增益 $h_{i,k}=l_{i,k}^{-\eta}$，其中 $l_{i,k}^{-\eta}$ 表示网关与其访问的边缘服务器之间的距离，路径损耗因子 $\eta=3$ 。边缘服务器和本地设备的计算能力分别为 30 GHz 和 2 GHz。系统的性能指标如下。

① 系统开销：依据本章提出的 DIGTAL 的优化目标是根据医疗重要性、新鲜度和能耗，最小化医疗物联网系统开销。

② 受益于边缘计算的患者人数。

本实验将 DIGTAL 算法与本地计算（Local Computing，LC）、MEC、源目的地匹配算法（Source Destination Pair Matching Algorithm，SMA）[50]进行比较。

5.7.2 系统性能分析

图 5.2 展示了患者策略的动态变化过程。所有患者的最初策略都是本地计算，可以观察到患者策略在约 40 个时隙后收敛到一个稳定点，表明到达纳什均衡。随着 DIGTAL 的收敛，受益于移动边缘计算的患者人数稳步增加，表明引入边缘计算可以有效降低医疗物联网的系统开销。此外，可以观察到一个通信信道最多可容纳 3 位患者，与实际情况相符。

图 5.3（a）展示了患者数量对系统开销的影响。患者的增多会增加系统的传输和计算开销，因此随着患者数量的增加，系统开销增加。与 LC 和 MEC 相比，DIGTAL 可以分别降低 36%和 38%的系统开销。此外，与 SMA 相比，DIGTAL 的性能损失最多为 13%，这是因为 SMA 在整个匹配过程中都需要完整的全局信息，产生了额外的传输开销。此外，需要仔细考虑隐私问题。患者倾向于避免隐私泄露，可能不遵循集中式解决方案。当患者数量较少时，MEC 的开销低于 LC，这是因为边缘服务器上的计算资源充足，可以提供低时延的服务来保证健康监测数据包的信息新鲜度。但是，MEC 的开销增长速度比 LC 更快，当患者数量大于 35 时，MEC 的增长

速度超过了 LC，过多的患者导致边缘服务器的严重干扰和超负荷。DIGTAL 的性能优于其他算法，并且接近集中式 SMA 的性能。

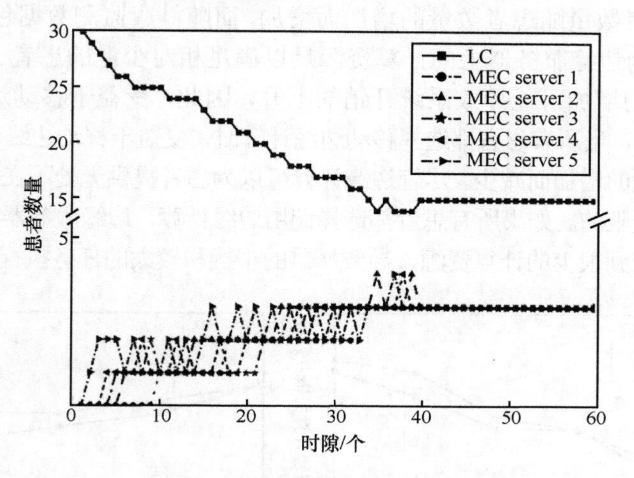

图 5.2　患者策略的动态变化过程

健康监测数据包大小对系统开销的影响如图 5.3（b）所示。传输数据量大的数据包需要花费很长时间，从而导致传输能耗和新鲜度增加。因此，随着监测数据量大小的增加，医疗物联网的系统开销增加。当数据包的数据为 1 MB 时，与 LC 相比，DIGTAL 和 MEC 可以分别降低 56%和 29%的成本。但是，当数据大小增加到 3 MB 时，这两个比率分别降低到 32%和 10%，这表明随着数据大小的增加，边缘计算带来的成本降低到很小。这是因为本地计算避免了原始数据传输，并节省了传输能耗。健康监测数据包的数据相对较小，这证明了 DIGTAL 在医疗物联网中表现良好。

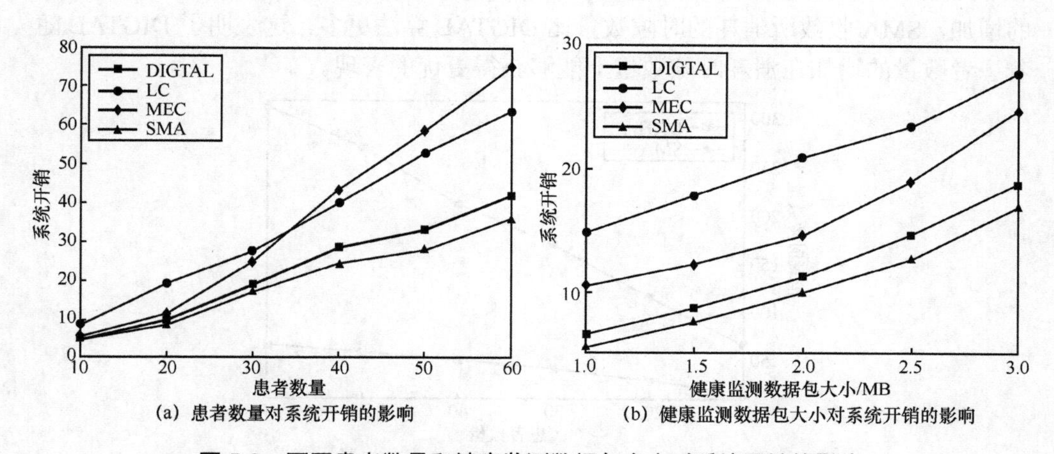

(a) 患者数量对系统开销的影响　　(b) 健康监测数据包大小对系统开销的影响

图 5.3　不同患者数量和健康监测数据包大小对系统开销的影响

图 5.4（a）和图 5.4（b）分别说明了受益于移动边缘计算的患者数量随患者数量和健康监测数据包大小的变化。对于 DIGTAL 和 SMA，可以观察到受益于移动边缘计算的患者数量随患者数量的增加而增加，而随健康监测数据包大小的减少而减少。这是因为边缘服务器上的计算资源足以满足相对少量的患者。另外，健康监测数据包大小的增加可能导致系统开销的上升，因此，受益于移动边缘计算的患者数量减少。但是，当所有患者都选择移动边缘计算时，受益于移动边缘计算的患者数量会随着患者数量的增加而减少。尽管边缘计算可以为患者提供无处不在的计算服务，但它仍然是资源受限的。如果所有患者都选择调用边缘计算，边缘服务器可能会过载，每个患者只能分配到很少的计算资源，导致严重的干扰和较大的任务执行时延。

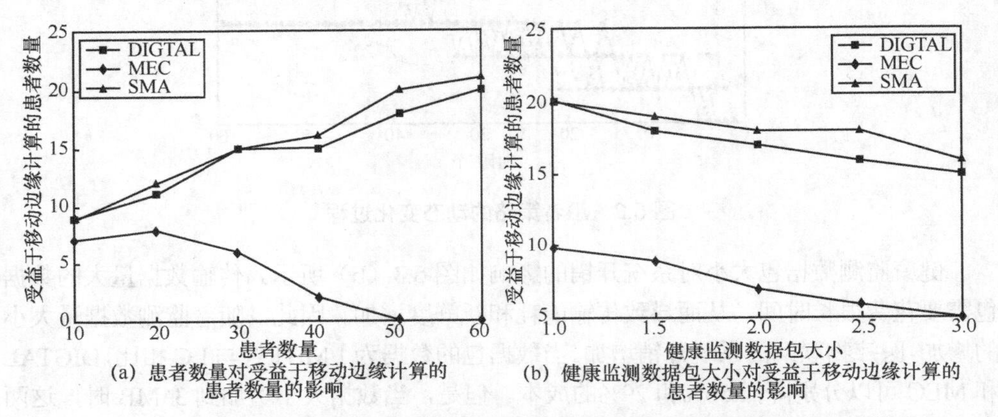

(a) 患者数量对受益于移动边缘计算的患者数量的影响

(b) 健康监测数据包大小对受益于移动边缘计算的患者数量的影响

图 5.4　不同患者数量和监测数据大小对受益于移动边缘计算的患者数量的影响

图 5.5 中比较了 DIGTAL 和 SMA 的时间复杂度。由于 DIGTAL 可以由所有患者并行实施，因此与 SMA 相比，它平均减少了 78%的时间。另外，随着患者数量的增加，SMA 收敛所消耗的时隙数量比 DIGTAL 算法更多，这表明了 DIGTAL 随着患者数量的增加在消耗时隙数量上能够获得更优的表现。

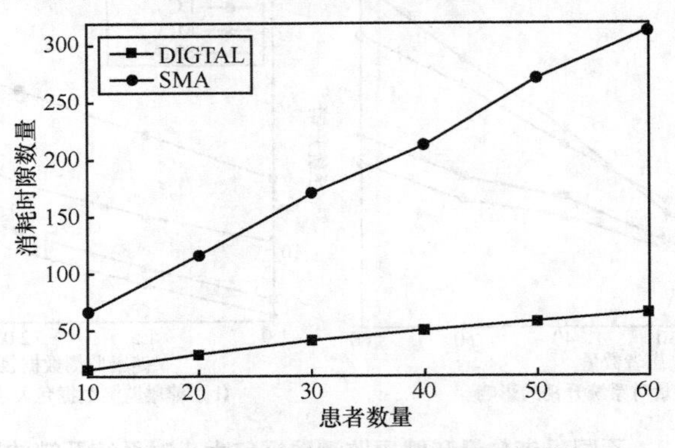

图 5.5　患者数量对消耗时隙数量的影响

第6章 基于5G无人机–社区的计算卸载：协同任务调度和路径规划

近年来，无人机（Unmanned Aerial Vehicle，UAV）迅速发展，应用于应急响应和实时监测等方面。相应地，为了满足应用低时延和高计算量的需求，移动云计算（Mobile Cloud Computing，MCC）和MEC技术相继问世。基于传统基站（Base Station，BS）部署的MEC服务将远程服务器的计算及缓存资源带到网络边缘，促进各领域中复杂应用程序的发展。然而，基于BS的MEC的服务面临着三个挑战：随着IoT设备数量的增加，无线通信信道资源紧缺；BS的位置相对固定，并且其有限的通信覆盖范围难以满足众多用户的需求；健康监测和在线视频服务等应用对时延十分敏感，当集中式BS面对过多用户的需求时，可能会过载，需要按需进行计算卸载以减轻BS的负担。

为了应对这些挑战，本章将无人机与MEC集成在一起，通过计算卸载为用户提供无处不在的边缘计算服务，如医疗信息分析和在线视频转换。作为传统BS的扩展，基于UAV的MEC在以下三方面具有优势。

① 视距无线传输：由于用户的移动性，用户与BS之间的通信可能会中断。尽管诸如动态服务迁移之类的新兴技术可以用来解决此类问题，但迁移成本给卸载系统带来了额外的负担。借助高移动性，无人机可以通过动态调整位置来实现可靠的长时间传输。

② 分布式部署：用户的分布难以预测，传统BS只能凭经验部署，从而导致负载不均衡。然而，无人机的灵活部署，能够不受道路和建筑物的限制，且UAV

可以分布式调度计算卸载任务。

③ 提供敏捷的 MEC 服务：凭借高移动性和自组织性的优势，无人机可以提供敏捷的 MEC 服务。例如，无人机的动态部署使政府能够灵活应对地震等灾难，这些灾难在短期内需要大量的边缘计算资源。特别是当传染病突然爆发时，可以将无人机准确地部署到患者隔离区并提供健康监测和在线治疗服务。

许多人群聚集区（如电影院、购物中心和火车站）都是任务密集型区域，需要 MEC 服务器的支持。由于任务过载、无线通信和频谱资源有限，传统 BS 难以服务大量用户。为了便于无人机的路径规划，本章根据用户的地理位置将用户分为离散的用户社区，每个社区内的用户位置足够接近，可以利用现有聚类方法进行社区划分。

无人驾驶的特点使无人机能够提供无处不在的 MEC 服务。为了保证用户的服务质量（Quality of Service，QoS），需要仔细规划无人机的路径，并调度用户的任务。尽管研究人员已经对无人机路径规划和计算卸载进行了广泛的研究，但很少有研究考虑协同路径规划和异步任务调度问题。此外，整个卸载过程不仅仅是上行链路传输和任务处理过程，因此，基于 UAV 的 MEC 服务需要考虑有效卸载。本章设计了基于 5G 无人机-社区的计算卸载系统。通过合理的路径规划和任务调度，无人机在各个分布式独立社区之间移动，并提供 MEC 服务以支持计算卸载。考虑到传输速率，在任务的原子性和无人机速度的约束下，本章提出了一种协同路径规划和任务调度（the Joint Trajectory Design and Task Scheduling，TDTS）算法来求解系统吞吐量最大化的问题，以选择目标用户社区，并向所选社区内的用户分配计算资源。本章的主要贡献如下。

① 本章综合考虑了 UAV 的移动性、用户任务的原子性和敏感性，提出了基于 UAV 的高效卸载模型，该模型通过协同无人机路径规划和用户任务调度来最大化系统吞吐量。考虑到社区内用户的相互依赖性以及不同社区的独立性，本章通过解耦路径规划和任务调度两个决策变量，将原问题转化为两个子问题。

② 通过松弛传输速率约束，本章提出一种基于社区的任务执行时延近似算法，用以计算各个分布式社区内用户的任务执行时延，基于该时延，本章设计了一种拍卖机制，用来优先向能够最大化系统吞吐量的社区提供服务。

③ 本章提出了一种动态任务调度算法，用以决策社区内用户的任务是否被允许上传到 UAV 执行，该算法的时间复杂度是用户数量的二次函数。通过适当地划分用户社区，所提算法在实践中是可行的。

④ 基于健康监测和在线 YouTube 视频服务的仿真实验结果，本章提出的 TDTS 算法可以在确保服务用户比例的同时最大化系统吞吐量，并且可以在 UAV 移动效率和系统吞吐量之间做出适当的权衡。

6.1 系统模型

UAV–用户社区的卸载场景示意如图 6.1 所示。用户社区表示为$\mathcal{K}=\{1,2,\cdots,K\}$，其中每个社区由$N$个独立用户组成。考虑到 BS 过载和可能遇见的紧急情况，如爆发传染病，用户社区需要 UAV 提供各类 MEC 服务，如海量数据处理和远程医疗监测。本章设计了基于 UAV 的计算卸载系统，其中系统时间段分为T个时隙。每个时隙的长度由一个微小的常数$\tilde{t}$表示。在此期间，可以近似地视 UAV 的位置不变。假设无人机部署在固定高度H，其高度等于建筑物的最小净空。令向量$\boldsymbol{p}_t \in R^{2\times1}$表示无人机在时隙$t$内的水平坐标。相应地，用户社区$k\in\mathcal{K}$的水平坐标由矢量$\boldsymbol{q}_k \in R^{2\times1}$表示。假设用户社区的位置在时间段$T$内不变，并且社区$k$内的用户$i\in 1,2,\cdots,N$的坐标可以近似表示为$q_k$。UAV 在时隙$t$内与社区$k$的通信距离$d_{k,t}=\sqrt{\|\boldsymbol{p}_t-\boldsymbol{q}_k\|^2+H^2}$。

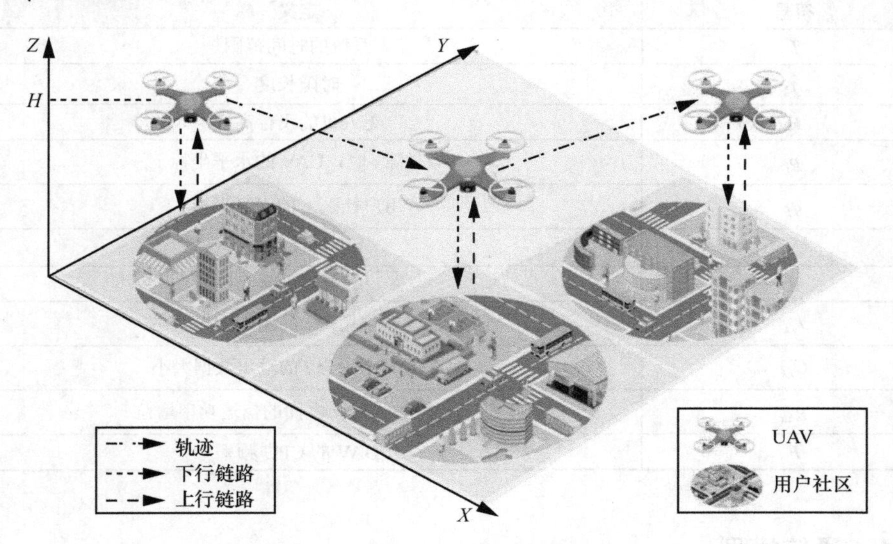

图 6.1　UAV-用户社区的卸载场景示意

为了调度计算资源并规划 UAV 的路径（即服务顺序），Liu 等[51]提出了准静态网络，其中所有用户社区在每个时间段的开始生成任务，在一个系统时间段内，社区的数量保持稳定，而在连续的时间段内，社区的数量可以变化。基于以上假设，本章以用户社区k为例研究 UAV 的资源分配。

社区k中用户i生成的时延敏感任务可以表示为四元组$\langle I_{i,k},O_{i,k},\gamma_{i,k},\tau_{i,k}\rangle$，其中

$I_{i,k}$ 和 $O_{i,k}$ 分别表示任务的输入和输出数据大小（比特数）。$I_{i,k}$ 和 $O_{i,k}$ 的比率取决于任务类型，文件压缩任务的比率很大，虚拟现实或增强现实等应用程序的比率相对较小。$\gamma_{i,k}$ 表示计算强度（每比特所需 CPU 周期数），$I_{i,k}\gamma_{i,k}$ 表示完成任务所需的 CPU 周期总数。$\tau_{i,k}$ 记录完成任务的时间期限，超过该期限后，该任务对于用户 i 无效。

此外，假设 UAV 以全双工方式工作，即任务上传和结果下载同时进行。为了高效利用通信信道并提高任务上传速率，上行链路传输采用 NOMA 技术。由于输入数据大小对于不同的任务是异构的，因此每个任务的完成时间不同。对于同一个社区中的不同用户，下行链路传输是异步的。此外，理论上输出数据的大小比输入数据小得多，因此设定任务结果回传链路采用 OFDMA 技术。

基于 UAV 的计算卸载过程包括三个步骤：多个用户通过基于 NOMA 的上行链路向 UAV 上传任务；UAV 处理收到的任务；UAV 将处理结果通过基于 OFDMA 的下行链路发送给用户。本章的主要符号及定义如表 6.1 所示。

表 6.1　主要符号及定义

符号	定义
T	系统的时间范围
$\tilde{\mathrm{t}}$	时隙长度
H	无人机的飞行高度
$\boldsymbol{p}_t$	时隙 t 时，UAV 的水平坐标
$\boldsymbol{q}_k$	用户社区 k 的水平坐标
N	一个社区的用户数量
K	社区数量
$I_{i,k}$	社区 k 中用户 i 的输入数据大小
$O_{i,k}$	社区 k 中用户 i 的输出数据大小
$g_{k,t}$	UAV 与社区 k 之间的信道功率增益
F	UAV 的 CPU 频率

6.1.1　通信模型

考虑到自由空间路径损耗和随机性影响，t 时隙 UAV 与用户社区 k 的通信信道增益如下：

$$g_{k,t}=\beta_0 d_{k,t}^{-2}=\frac{\beta_0}{\|\boldsymbol{p}_t-\boldsymbol{q}_k\|^2+H^2} \tag{6-1}$$

其中，β_0 表示每米信道增益变化系数。在时隙 t 时，社区 k 中用户 i 的任务上传决策变量表示为二元变量 $a_{i,k,t}$，如果用户 i 在 t 时隙上传任务，$a_{i,k,t}=1$，否则 $a_{i,k,t}=0$。

在时隙 t 时，社区 k 中用户 i 的任务上传速率可以通过如下香农公式计算：

$$R_{i,k,t}^{u}=a_{i,k,t}B\mathrm{lb}\left(1+\frac{P_{i,k}g_{k,t}}{\sum\limits_{j\in\mathcal{N}\setminus\{i\}:a_{j,k,t}=a_{i,k,t}}P_{j,k}g_{k,t}+\sigma^{2}}\right) \tag{6-2}$$

其中，B 表示无线信道带宽，$P_{i,k}$ 和 $P_{j,k}$ 分别表示社区 k 中用户 i 和用户 j 的任务上传功率，σ^2 表示噪声功率。通过式（6-2）可以得出，上传速率主要取决于信道带宽以及信号与干扰加噪声比（Signal to Interference plus Noise Ratio，SINR）。虽然信道复用可以提高频谱效率，但过多用户共享同一个信道可能遭受严重干扰，从而导致低传输速率，因此，在频谱效率和传输干扰之间需要权衡。

基于OFDMA技术，下行链路传输可以忽略用户之间的干扰。t 时隙社区 k 中用户 i 的任务下载速率可以通过如下公式计算：

$$R_{i,k,t}^{d}=B\mathrm{lb}\left(1+\frac{Pg_{k,t}}{\sigma^{2}}\right) \tag{6-3}$$

其中，P 表示无人机的传输功率。值得注意的是，下行链路传输速率不包含决策变量。本章考虑任务在一个连续的卸载过程中进行，任务完成后则立即开始结果回传，因此，主要关注任务上传的决策。

6.1.2　计算模型

尽管不同用户的任务可以是同时上传的，但由于数据大小和传输速率的差异，每个任务的接收时延不同。传统的顺序处理会导致额外的排队等待时间。为了获取每个任务的处理时间，UAV 可以通过处理器共享同时为多个用户提供并行边缘计算服务[52]。

F 表示配备了MEC服务器的UAV的最大CPU频率（每秒CPU周期）。一个时隙内UAV能够完成的任务量表示为 $F\tilde{t}$；t 时隙内UAV处理的任务数量表示为 n_t；相应地，t 时隙内UAV完成社区 k 中用户 i 的任务量可以通过式（6-4）计算。

$$D_{i,k,t}=\frac{F\tilde{t}}{n_t} \tag{6-4}$$

可以看出，$D_{i,k,t}$ 与UAV的位置和用户社区无关。UAV可以通过决策允许任务上传的数量来计算任务处理时间。

6.2 问题描述

6.2.1 问题概述

图 6.2 描绘了卸载过程的一个示例。4 个子图分别展示了一个用户社区中 4 个连续时隙的任务调度过程。第 1 个时隙，UAV 允许任务 1～3 上传，任务 4 由于执行时间过长被禁止上传；第 2 个时隙，UAV 通过上行链路接收任务 1，并开始处理它；第 3 个时隙，UAV 处理任务 2～3，并通过下行链路返回任务 1 的结果；第 4 个时隙，任务 1 的卸载过程完成，任务 2～3 的结果由相应的用户下载。

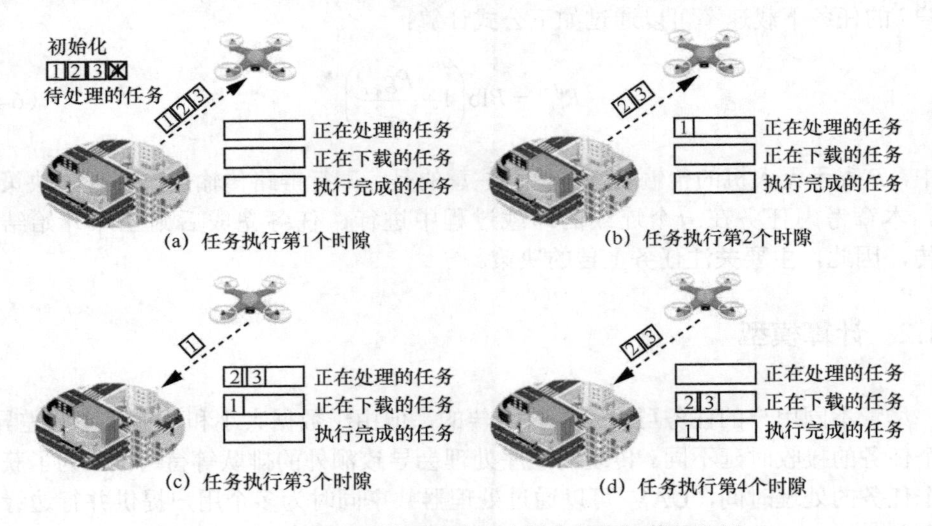

图 6.2　在 4 个连续时隙内无人机向社区卸载的示例

本章的优化目标是最大化系统吞吐量。传统吞吐量可以通过累加输入和输出数据大小来计算。但是，在计算卸载中，只有在期限内完成整个卸载流程的任务能被视作有效任务，超过期限的任务对用户无效。因此，可以通过已完成任务的输出数据大小（有效数据）来衡量本章构建的基于 UAV 的卸载框架中的系统吞吐量。

6.2.2 约束分析

根据有效任务的定义，UAV 不会处理或传输超过期限的任务。所有用户都在

$t=0$ 时生成任务，相应的系统周期时间设置为所有用户的最小截止日期，即 $\tau^{\min}=\min\{\tau_{i,k} \mid \forall i\in\mathcal{N},\forall k\in\mathcal{K}\}$。在系统周期时间内完成的任何任务都满足相应的期限。一个系统周期内的时隙数 T 可通过式（6-5）计算。

$$T=\frac{\tau^{\min}}{\tilde{\mathrm{t}}} \tag{6-5}$$

此外，由于信道条件的限制，上行链路和下行链路通信都不能超过最大可达到的传输速率，即

$$I_{i,k,t}\leqslant R_{i,k,t}^{u}\tilde{\mathrm{t}},\forall i\in\mathcal{N},\forall k\in\mathcal{K},\forall t\in[0,T] \tag{6-6}$$

$$O_{i,k,t}\leqslant R_{i,k,t}^{d}\tilde{\mathrm{t}},\forall i\in\mathcal{N},\forall k\in\mathcal{K},\forall t\in[0,T] \tag{6-7}$$

其中，变量 $I_{i,k,t}$ 和 $O_{i,k,t}$ 分别表示在时隙 t 内上传和下载数据的大小。UAV 可以对数据是否上传进行决策，如当决策变量 $a_{i,k,t}=0$ 时，时隙 t 内社区 k 中的用户 i 无法使用信道资源，即 $I_{i,k,t}=0$。利用凸优化中的“大 M”方法[53]，上行链路传输约束表述如下：

$$I_{i,k,t}\leqslant \mathrm{M}a_{i,k,t},\forall i\in\mathcal{N},\forall k\in\mathcal{K},\forall t\in\left[0,T\right] \tag{6-8}$$

其中 M 是足够大的常数。当 $a_{i,k,t}=1$ 时，UAV 允许用户 i 在时隙 t 上传任务，此时该约束冗余。反之，当 $a_{i,k,t}=0$ 时，$I_{i,k,t}$ 受该约束影响被强制为 0。

假设任务不能被进一步压缩或划分，即 UAV 要么完成整个任务，要么拒绝任务请求。任务的完整性和原子性约束表示为

$$\sum_{t=0}^{T}I_{i,k,t}\in 0,I_{i,k},\forall i\in\mathcal{N},\forall k\in\mathcal{K} \tag{6-9}$$

$$\sum_{t=0}^{T}D_{i,k,t}\in 0,D_{i,k},\forall i\in\mathcal{N},\forall k\in\mathcal{K} \tag{6-10}$$

$$\sum_{t=0}^{T}O_{i,k,t}\in 0,O_{i,k},\forall i\in\mathcal{N},\forall k\in\mathcal{K} \tag{6-11}$$

其中，式（6-9）、式（6-10）保证了任务的原子性。式（6-11）确保将任务结果发送给相应的用户，即卸载任务有效。

由于物理设备的限制，用 $v^{\max}$ 表示 UAV 的最大速度。为了简单起见，本章不考虑 UAV 的矢量速度和加速度。连续时隙内的 UAV 位置约束可以表示为

$$|\boldsymbol{p}_{t+1}-\boldsymbol{p}_{t}|\leqslant v^{\max}\tilde{\mathrm{t}},\forall t\in\left[0,T-1\right] \tag{6-12}$$

6.2.3　问题描述

基于 6.2.2 节的约束，系统吞吐量最大化问题可表述为：

$$\text{P6.1}: \max_{p_t, a_{i,j,k}} \sum_{t=0}^{T} \sum_{k=1}^{K} \sum_{i=1}^{N} O_{i,k,t} \qquad (6\text{-}13)$$
$$\text{s.t. 式(6-6)} \sim \text{式(6-12)}$$

解决问题 P6.1 的主要挑战是式（6-6）和式（6-7）中，UAV 的机动性导致的非线性传输速率。此外，式（6-12）为二次约束。决策变量 $a_{i,k,t}$ 和式（6-9）～式（6-11）都是二进制的。综上，优化问题 P6.1 是一个混合整数非线性规划（Mixed Integer NonLinear Programming，MINLP）问题，比经典的 0-1 背包问题[54]更复杂。在多项式时间复杂度内求解问题 P6.1 难以实现，因此，本章将 P6.1 松弛为混合整数线性规划（Mixed Integer Linear Programming，MILP）问题。

6.2.4 问题转化

决策变量 $\boldsymbol{p}_t$ 和 $a_{i,k,t}$ 在式（6-6）中的耦合增加了获得最佳调度的难度。为了解耦决策变量并求解问题 P6.1，允许一个社区中的所有用户同时上传任务，以此松弛约束（式（6-6）、式（6-9）～式（6-11）），即去除式（6-2）中的决策变量 $a_{i,k,t}$。分段函数 $L_{i,k}()$ 近似表示社区 k 中用户 i 的任务执行时延（上传、处理和下载时延），其中 $L_{i,k}()$ 表示链路速率函数。由于所有任务都对时延敏感，并且不能超过其截止期限，因此可以将时延约束重新表示为

$$L_{i,k}\left(R_{i,k,t}^{u}, R_{i,k,t}^{d}\right) \leqslant \tau_{i,k}, \forall i \in \mathcal{N}, \forall k \in \mathcal{K} \qquad (6\text{-}14)$$

相应地，优化问题 P6.1 被转化为

$$\text{P6.2}: \max_{p_t} \sum_{t=0}^{T} \sum_{k=1}^{K} \sum_{i=1}^{N} O_{i,k,t} \qquad (6\text{-}15)$$
$$\text{s.t. 式(6-6)} \sim \text{式(6-7)}, \text{式(6-11)} \sim \text{式(6-12)}$$

通过解耦两个决策变量，问题 P6.1 可以分两步解决。首先，通过解决问题 P6.2 规划 UAV 的路径。本章提出了一种基于社区的时间近似算法来拟合分段函数 $L_{i,k}()$，进而设计一种拍卖算法来确定所有社区的服务顺序。然后，通过解决问题 P6.3 最大化一个社区内的吞吐量，如式（6-16）所示。

$$\text{P6.3}: \max_{a_{i,j,k}} \sum_{t=0}^{T} \sum_{i=1}^{N} O_{i,k,t}, \forall k \in \mathcal{K} \qquad (6\text{-}16)$$
$$\text{s.t. 式(6-6)} \sim \text{式(6-11)}$$

在给定 UAV 路径的情况下，问题 P6.3 比 P6.1 易于求解。本章提出了一种动态任务接收算法来调度社区内的用户任务。

6.3　协同路径规划和任务调度

本节提出了协同路径规划和任务调度算法来解决问题 P6.1。该算法由三个子算法组成，其中基于社区的时间近似算法和基于平均吞吐量最大化的拍卖算法解决问题 P6.2，动态任务接纳算法来解决问题 P6.3。

6.3.1　基于社区的时间近似

时间近似算法包括采样平均近似（Sampling Average Approximation，SAA）[55]和基于 2D 网格的线性近似算法[51]等。SAA 算法通过 UAV 在社区之间随机移动来进行蒙特卡洛采样。由于不能保证 UAV 与用户之间稳定通信，因此 SAA 是一种低效率的近似算法。基于 2D 网格的线性近似算法适用于用户高度离散分布的情况。考虑到用户社区的特征，本节提出了一种基于社区的时间近似算法。

给定 UAV 的初始位置 $\boldsymbol{p}_0$，可以通过假设 UAV 以最快的速度 $v^{\max}$ 直线飞往社区 k 来估算社区 k 中所有用户的总任务执行时间，即：

$$\|\boldsymbol{p}_{t+1}-\boldsymbol{p}_t\|=\begin{cases} v^{\max}\tilde{\mathrm{t}}, \boldsymbol{p}_t \neq \boldsymbol{q}_k \\ 0, \boldsymbol{p}_t=\boldsymbol{q}_k \end{cases} \tag{6-17}$$

其中，UAV 的移动方向可以用矢量 $\overrightarrow{p_t q_k}$ 表示。给定路径规划，可以准确地计算出 UAV 与社区 k 之间的通信距离。由于允许社区 k 中的所有用户同时上传任务，因此可以通过式（6-18）计算时隙 t 内用户 i 的上传速率。

$$r_{i,k,t}^{u}=B\mathrm{lb}\left(1+\frac{P_{i,k}g_{k,t}}{\sum\limits_{j\in\mathcal{N}\setminus\{i\}}P_{j,k}g_{k,t}+\sigma^2}\right) \tag{6-18}$$

在去掉任务上传许可变量的情况下，任务执行时延仅取决于无人机的位置。基于社区的时间近似算法如算法 6.1 所示。UAV 可以从初始位置以最快的速度直线移动到每个社区，基于松弛约束计算上行链路传输速率。令 t^u 、t^p 和 t^d 分别表示完成任务上传、处理和下载的时隙。相应地，可以估计每个用户的任务执行时间。

算法 6.1　基于社区的时间近似算法

输入　$\boldsymbol{p}_0,\boldsymbol{q}_k,v^{\max},F,\tilde{\mathrm{t}},\langle I_{i,k},O_{i,k},\gamma_{i,k},\tau_{i,k}\rangle$

输出　$\{L_{i,k}\}$

初始化参数　$t=0,k=1,\{L_{i,k}\}=0$

while　$k\leqslant K$　do

$\boldsymbol{p}^{\text{ini}} = \boldsymbol{p}_0$；

while $t \leqslant T$ do

允许无人机从初始位置 $\boldsymbol{p}^{\text{ini}}$ 以 $v^{\max}$ 的速度直接移动到社区 k；

根据式（6-18）计算 $r^u_{(i,k,t)}$；

if $\sum_{t'=0}^{t} r^u_{i,k,t'}\tilde{t} \geqslant I_{i,k}$ then

$t^u = t$；

$L_{i,k} = L_{i,k} + t^u$；

根据式（6-4）计算任务进程率；

end if

if $\sum_{t'=t^u}^{t} D_{i,k,t'} \geqslant I_{i,k}$ then

$t^p = t - t^u$；

$L_{i,k} = L_{i,k} + t^p$；

根据式（6-3）计算 $r^d_{i,k,t}$；

end if

if $\sum_{t'=t^p}^{t} r^d_{i,k,t'}\tilde{t} \geqslant O_{i,k}$ then

$t^d = t - t^u$；

$L_{i,k} = L_{i,k} + t^d$；

end if

利用式（6-17）更新 $\boldsymbol{p}_{t+1}$；

end while

$t = 0$;

end while

6.3.2 基于吞吐量最大化的拍卖

通过考虑用户社区竞争 UAV 的边缘计算资源，本节提出了一种基于平均吞吐量最大化的拍卖算法来求解问题 P6.2。

问题 P6.2 可以通过转化长期优化目标来设计每个社区的竞标价格。具体来说，最大化整个系统时间段内的系统吞吐量等价于最大化每时隙的平均吞吐量，即：

$$\max \sum_{t=0}^{T}\sum_{k=1}^{K}\sum_{i=1}^{N} O_{i,k,t} \Leftrightarrow \max \sum_{k=1}^{K}\sum_{i=1}^{N} \frac{O_{i,k}}{T} \tag{6-19}$$

其中，系统时间段 T 可以替换为社区 k 中用户 i 的有效时间（任务执行时间）。通过执行算法 6.1，每个用户的平均吞吐量可以表示为 $O_{i,k} / L_{i,k}$。每个任务的输入和输出数据大小都有一个“压缩”比，即：

$$\eta_{i,k} = \frac{O_{i,k}}{I_{i,k}}, \forall i \in \mathcal{N}, \forall k \in \mathcal{K} \tag{6-20}$$

通常，一种应用程序的“压缩”比是相对固定的。现有的工具可以轻松地测量各种应用的“压缩”比，假设无人机可以提前掌握这些“压缩”比。根据“压缩”比，社区 k 中的用户 i 的拍卖竞标价格如下所示：

$$b_{i,k} = \frac{I_{i,k}\eta_{i,k}}{L_{i,k}}, \forall i \in \mathcal{N}, \forall k \in \mathcal{K} \tag{6-21}$$

定理 6.1　给定式（6-21）中设计的竞标价格，所有用户都可以诚实地竞标，而没有恶意或虚假陈述。

本节采用式（6-21）设计的拍卖竞价，基于平均吞吐量最大化的拍卖算法如算法 6.2 所示，该算法旨在最大化单个社区的平均吞吐量。考虑到时间和空间的连续性，UAV 的位置和相应的参数在连续的时隙中会发生变化，如 $t = 0$ 时，UAV 通过算法 6.2 选择社区 k^* 并向其提供边缘计算服务，其中用户的任务执行时间基于初始位置 $\boldsymbol{p}_0$ 近似计算。完成社区 k^* 的任务后，UAV 通过算法 6.2 选择下一个服务目标。此时，下一个社区中的用户的任务执行时间基于 UAV 的当前位置 $\boldsymbol{p}_{k^*}$ 近似计算。

算法 6.2　基于平均吞吐量最大化的拍卖算法

输入　$\boldsymbol{p}_0, \boldsymbol{q}_k, v^{\max}, F, \tilde{\mathrm{t}}, \langle I_{i,k}, O_{i,k}, \gamma_{i,k}, \tau_{i,k} \rangle$

输出　k^*

初始化参数　$i = 1, k = 1, \{b_{i,k}\} = 0$;

根据算法 6.1 计算近似任务执行时间;

while $k \leqslant K$ do

　　while $i \leqslant N$ do

　　　　根据式（6-21）计算 $b_{i,k}$;

　　end while

end while

for 社区 k do

　　以 $\sum_{i=1}^{N} b_{i,k}$ 提交累计投标;

end for

确定中标方 $k^* = \arg\max_k \sum_{i=1}^{N} b_{i,k}$；

6.3.3 动态任务调度

解决问题 P6.2 之后，可以得到 UAV 的移动轨迹，此时式（6-6）中的上行链路传输速率仅取决于任务调度变量 $a_{i,k,t}$。P6.3 类似于 0-1 背包问题，UAV 被视为背包，问题 P6.3 的优化目标是在任务的执行时间不超过时限的前提下，将尽可能多的任务放入背包。但是，问题 P6.3 比传统 0-1 背包问题更为复杂，原因如下：传统的 0-1 背包问题的阈值是背包的体积，且所有“填充物”同构，但问题 P6.3 的阈值是任务期限，不同任务的期限异构；在这种情况下，传统的动态规划不适用于问题 P6.3；在传统的 0-1 背包问题中，所有“填充物”都是独立的，即它们的权重是固有属性，但 NOMA 技术的采用使得用户的上行链路传输速率互相关联，UAV 计算资源的共享使得任务的处理时延也互相关联，进而导致任务的权重（即贡献的吞吐量）互相关联。

为了解决上述挑战，本节提出了一种动态任务调度算法来确定一个社区内的任务上传顺序，如算法 6.3 所示。传统的 0-1 背包问题动态规划的核心思想是接受可以提高单位空间利用率的“填充物”，因此，动态任务调度算法允许可以提高平均吞吐量的任务并行上传。令 $\mathcal{P}^*$ 和 $\mathcal{A}$ 分别表示当前的最大吞吐量和被允许上传的任务集合。任务 i 满足以下两个条件之一即被允许上传：允许任务 i 可以提高当前的最大吞吐量，或者用任务 i 替换 $\mathcal{A}$ 中的任务 j 可以提高当前的最大吞吐量；考虑到为任务执行预留足够的时间，算法还需判断允许任务 i 上传是否会导致任务超时，即 $\mathcal{A}$ 中所有任务的执行时间应小于剩余时间 $\min\{\tau_{j,k^*}, T-t\}$。

算法 6.3 动态任务调度算法

输入 $\boldsymbol{p}_0, \boldsymbol{q}_k, v^{\max}, F, \tilde{\mathrm{t}}, \langle I_{i,k}, O_{i,k}, \gamma_{i,k}, \tau_{i,k} \rangle$

输出 $\{a_{i,k,t}\}$

初始化参数 $t=0, i=1, \{a_{i,k,t}\}=0$；

根据算法 6.2 选择社区 k^*；

while $t \leqslant T$ do

　令 $\mathcal{A}=\varnothing, \mathcal{P}^*(\mathcal{A})=0$；

　for 用户 i 在社区 k^* do

　基于 $\mathcal{A}\cup\{i\}$ 计算 $\mathcal{P}^*$；

　if $\mathcal{P}^*(\mathcal{A}\cup\{i\}) \geqslant \mathcal{P}^*(\mathcal{A})$ then

```
        for  j ∈ 𝒜 ∪ {i}  do
            计算任务执行时间 l_{j,k*};
            if  l_{j,k*} > min{τ_{j,k*}, T − t}  then
                a_{i,k,t} = 0;
                continue;
            end if
        end for
        a_{i,k,t} = 1;
        𝒜 = 𝒜 ∪ {i};
    else
        for  j ∈ 𝒜  do
            if  𝒫*((𝒜 \ {j}) ∪ {i}) > 𝒫*(𝒜)  then
                for  s ∈ (𝒜 \ {j}) ∪ {i}  do
                    计算任务执行时间 l_{s,k*};
                    if  l_{s,k*} > min{τ_{j,k*}, T − t}  then
                        a_{i,k,t} = 0;
                        continue;
                    end if
                end for
                a_{i,k,t} = 1, a_{j,k,t} = 0;
                𝒜 = (𝒜 \ {j}) ∪ {i}
            end if
        end for
    end if
  end for
end while
```

6.3.4　性能分析

为了最大化系统吞吐量，本节构建了一个基于 UAV 的动态计算卸载框架，提出了协同路径规划和任务调度算法决策 UAV 的轨迹并为用户分配边缘计算资源。TDTS 算法如算法 6.4 所示。

算法 6.4 TDTS 算法

输入 $\boldsymbol{p}_0, \boldsymbol{q}_k, v^{\max}, F, \tilde{\mathrm{t}}, \langle I_{i,k}, O_{i,k}, \gamma_{i,k}, \tau_{i,k} \rangle$

输出 $\{O_{i,k,t}\}$

```
for 各系统时间段 do
    根据算法 6.2 选择社区 k*;
    无人机移动到社区 k* 的位置;
    利用算法 6.3 调度社区 k* 中的任务;
end for
```

有关 TDTS 算法的定理如下。

定理 6.2 TDTS 算法的时间复杂度为$O(N^2T^2)$，N 和 T 分别表示一个社区的用户数和一个系统时段的时隙数。

证明 TDTS 算法的时间复杂度主要取决于算法 6.1～算法 6.3 的时间复杂度。证明过程如下。

算法 6.1 的时间复杂度为$O(KT)$，K 和 T 分别表示一个系统时段内的用户社区数和时隙数。将算法 6.1 应用到任务执行时延近似中可得算法 6.2 的时间复杂度为$O(K(N+T))$。

在确定飞行轨迹之后，UAV 会依次调度所选社区中的用户任务。集合$\mathcal{A}$中允许的最大任务数为$i-1, 1(\leqslant i \leqslant N)$，算法 6.3 计算任务执行时间的时间复杂度与算法 6.1 相同，因此，算法 6.3 的时间复杂度可以表示为$O\left(\frac{1}{2}\big((N-1)NT+2\big)K(N+T)\right)$。为了简化，本节省略低阶常数项，那么算法 6.3 的时间复杂度为$O\big(N^2KT(N+T)\big)$。通常，社区数量远少于用户数量，即$K \ll N$，因此，算法 6.3 的时间复杂度为$O\big(N^2T(N+T)\big)$，N 表示一个社区中的用户数。

相应地，TDTS 算法的时间复杂度可以表示为$\max[O(N^3T), O(N^2T^2)] = O(N^2T^2)$，其中用户数量远小于时隙数量，即$N \ll T$。证明完成。

定理 6.3 在没有任务截止期限约束的情况下，社区 k 的总平均吞吐量随社区中允许上传的任务数量（n^*）的增加而增加。实际上，当且仅当允许上传的任务数满足不等式（6-22）时，社区 k 中的处理的任务 i 才有效。

$$\frac{I_{i,k}}{1/(n^*+\mathrm{C})} + \frac{I_{i,k}}{F/n^*} + \frac{I_{i,k}\eta_{i,k}}{1/\mathrm{C}} \leqslant \min\{\tau_{i,k}, T\}, \forall i \in \mathcal{N}, \forall k \in \mathcal{K} \tag{6-22}$$

其中，常数$\mathrm{C} = \sigma^2 / P_{i,k} g_{k,t}$，$\min\{\tau_{i,k}, T\}$表示任务 i 的剩余处理时间。

6.4　性能评估

6.4.1　仿真设置

仿真实验以脑电图 EEG 数据集[56]和在线 YouTube 视频服务[57]为例来评估 TDTS 算法。EEG 数据集记录了患者的大脑状态信息。UAV 通过分析 EEG 时间序列数据来监测各种脑部疾病。每个医疗分析任务都包含 4 096 个 EEG 数据样本。每个样本的数据大小范围为 560～747 kB。在线 YouTube 视频服务的数据大小范围为 30～450 MB。UAV 和用户社区随机分布在 2 km×2 km 的区域中，UAV 的飞行高度设置为 100 m。本实验考虑 UAV 具有充足的计算资源和受限的计算资源两种情况，其中，UAV 的 CPU 频率分别设置为 25 GHz 和 5 GHz。仿真实验参数如表 6.2 所示。

表 6.2　仿真参数

参数	值
社区数量 M	5
信道带宽 B	10 MHz
UAV 的最大飞行速率 $v^{\max}$	2 m/time slot
UAV　P 的传输功率	23 dBm
噪声功率 σ	−96 dBm
UAV 的飞行高度 H	100 m
UAV 的 CPU 频率 F	5 GHz 或 25 GHz
一个时隙的时长 $\tilde{t}$	0.1 s
参考路径损耗 β_0	−50 dB

仿真实验考虑了以下三个性能指标。

① 系统吞吐量：系统时间段内的有效输出数据大小。

② 服务覆盖率：获得有效 MEC 服务的用户数除以总用户数。

③ 移动效率：系统吞吐量除以 UAV 的移动距离（以 MB/m 为单位）。

将 TDTS 算法与以下三种算法进行比较。

① 静态 BS（Static Base Station，SBS）：静态 BS 部署在 UAV 的初始位置。

② 最大数据优先（Maximum Data First，MDF）：UAV 优先向社区内输出数据最大的用户提供服务。

③ 最短距离优先（Shortest Distance First，SDF）：为了有效地利用频谱资源，UAV 优先为最近的社区服务。

6.4.2 数值结果

图 6.3 展示了 5 种算法在不同用户数量下的系统吞吐量。当用户数量 N 相对较小（如 $N \leqslant 20$）时，随着 N 增加，系统吞吐量增加，这是因为 UAV 完成了更多的用户任务。但是，当 N 继续增加时（如 $N>20$），有限的计算资源限制了 UAV 的服务能力，系统吞吐量保持相对稳定。在图 6.3（a）中，TDTS 算法相较于 SDF、MDF 和 SBS 算法，系统吞吐量分别提升 5%、8%、155%。在计算资源受限的情况下，UAV 无法完成数据量大的任务，并且相应的任务调度选项受到限制。所有算法都倾向于选择数据量较小的任务，因此系统吞吐量差距很小。而在图 6.3（b）中，相应的系统吞吐量提升分别增加到 18%、10%、185%，SCA 算法与 TDTS 算法相比可以提高系统吞吐量，但它的收敛时间是 T 的三次函数。当计算资源充足时，TDTS 算法可以通过动态任务调度选择能够有效提高平均吞吐量的任务。就系统吞吐量而言，TDTS 算法优于其他对比算法，并且当计算资源足够时，系统吞吐量会大幅增加。

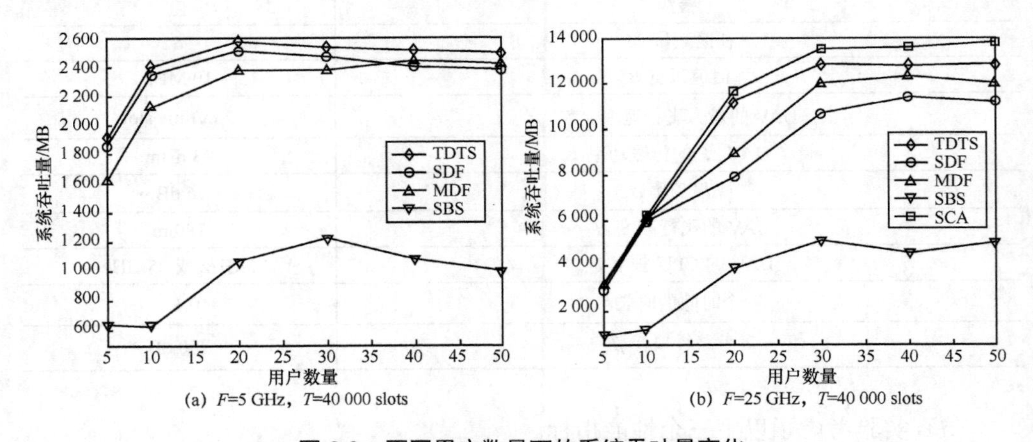

图 6.3　不同用户数量下的系统吞吐量变化

图 6.4 展示了 5 种算法在不同用户数量下的服务覆盖率变化。当社区内用户数量 N 相对较小（如 $N \leqslant 10$）时，UAV 能够在系统时间段内完成大部分任务，并保持高服务覆盖率。随着 $N(10<N<30)$ 增加，UAV 逐渐满载，并且禁止用户上传过多的任务，因此，服务覆盖率迅速降低。在图 6.4（a）中，当 N 相对较大（$N \geqslant 30$）时，下降趋势变慢。在图 6.4（a）中，服务覆盖率变化的主要限制因素是 UAV 的计算能力，而在图 6.4（b）中，服务覆盖率变化的主要限制因素是时隙数。相比于

任务处理时延，较大的传输时延使得 UAV 无法在系统时间段内完成具有大数据量的任务。TDTS 算法的服务覆盖率与 MDF 和 SCA 算法相近，并且优于其他两种算法。由此可见，TDTS 算法可以在保证服务覆盖率的同时最大化系统吞吐量。

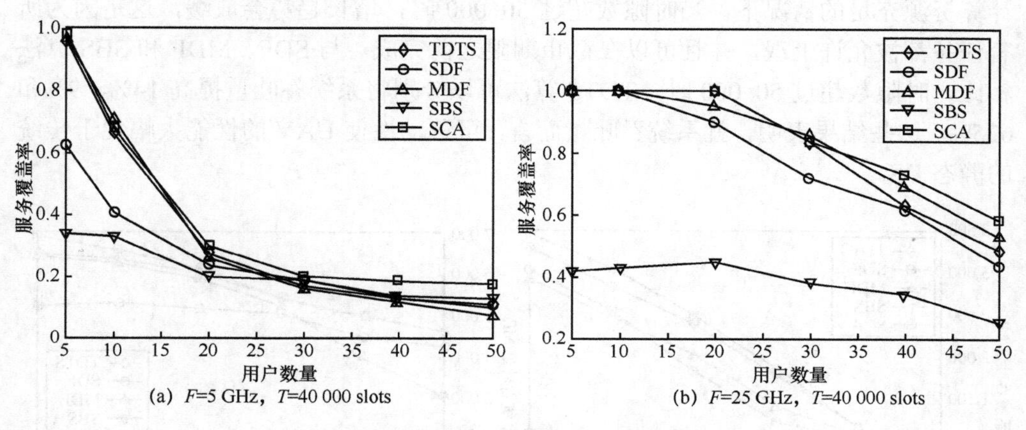

(a) F=5 GHz，T=40 000 slots　　(b) F=25 GHz，T=40 000 slots

图 6.4　不同用户数量下的服务覆盖率变化

图 6.5 展示了 UAV 在不同用户数量下的移动效率变化。由于 BS 是静态部署的，因此不考虑其移动效率。随着用户数量 N 的增加，UAV 完成的任务增加，移动效率提高。SDF 算法始终选择最近的用户社区来提供 MEC 服务，因此其移动效率高于 TDTS 和 MDF 算法。当 N 增大（如 $N \geqslant 30$）时，系统吞吐量和移动效率均保持稳定。由于 MDF 算法优先选择具有大数据量的任务，因此 UAV 的计算资源不能被高效利用。就移动效率而言，TDTS 算法的性能优于 MDF 算法，与 SCA 算法接近。尽管 SDF 算法具有很高的移动效率，但其所选社区可能无法最大化系统吞吐量。相反，TDTS 算法能够牺牲一定限度的移动效率来提高系统吞吐量。

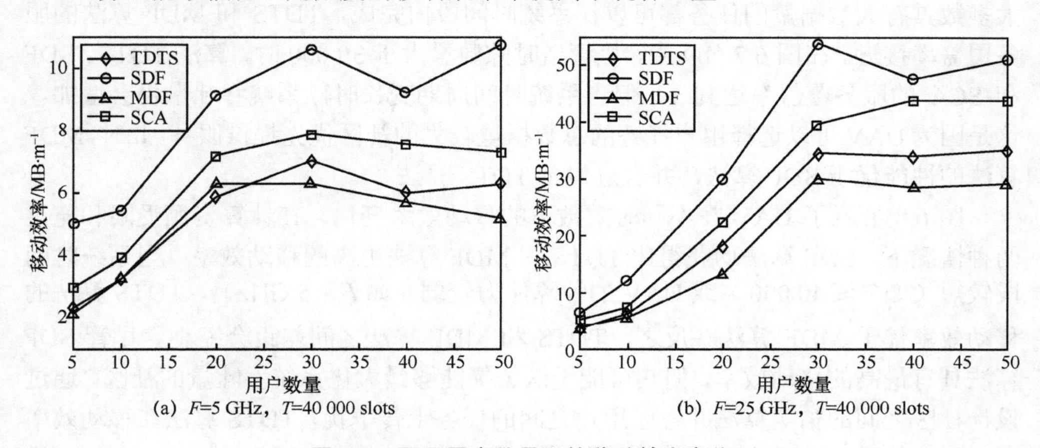

(a) F=5 GHz，T=40 000 slots　　(b) F=25 GHz，T=40 000 slots

图 6.5　不同用户数量下的移动效率变化

图 6.6 展示了不同时隙数量下的系统吞吐量变化。较长的系统时间段使 UAV 可以完成更多任务。因此，系统吞吐量随着时隙数量的增加而增加。与 SDF、MDF 和 SBS 算法相比，TDTS 算法可以分别将系统吞吐量提高 18%、17%和 290%。在计算资源充足的情况下，当时隙数超过 50 000 时，增长趋势会放缓，这是因为所有任务都被允许上载，并且可以在截止期限之前完成。与 SDF、MDF 和 SBS 算法相比，时隙数超过 50 000 时，TDTS 算法可以分别将系统吞吐量提高 14%、9%和 625%。这些结果表明，就系统吞吐量而言，可移动性使 UAV 的性能大幅优于传统的静态 BS。

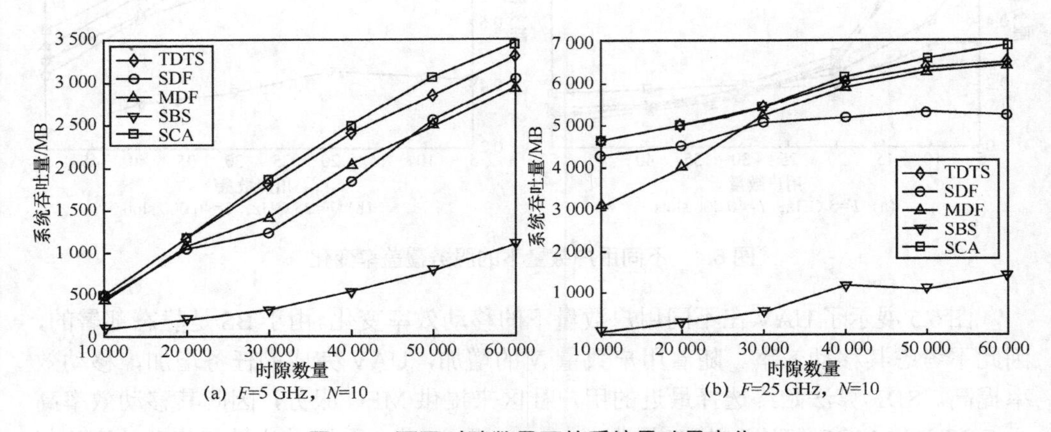

图 6.6　不同时隙数量下的系统吞吐量变化

图 6.7 比较了 5 种算法在不同时隙数量下的服务覆盖率变化。由于 MDF 算法优先选择具有大数据量的任务，因此当时隙数量较小（如$10\,000 \leqslant T \leqslant 30\,000$）时，TDTS 和 SDF 算法都选择数据量较小的任务，其性能相似。当时隙数量持续增加时，大多数具有大数据量的任务都可以在系统时间段内完成，TDTS 和 MDF 算法的服务覆盖率接近。在图 6.7（b）中，尽管当时隙数量大于 30 000 时，算法 TDTS、SDF 和 SCA 的服务覆盖率达到 1，但当系统时间周期变长时，系统吞吐量仍会增加。这是因为UAV可以选择用户任务的总数据量较大的社区优先提供服务。此时，MDF 算法的性能优于 SDF 算法，并且近似于 TDTS 算法。

图 6.8 展示了 UAV 在不同时隙数下的移动效率变化。在计算资源受限和充足两种情况下，SDF 算法均获得比 TDTS 和 MDF 算法更高的移动效率。当系统时间段较短（如$T \leqslant 40\,000$）或 UAV 的计算能力较弱（如 $F = 5$ GHz），TDTS 算法的移动效率优于 MDF 算法。反之，TDTS 和 MDF 算法之间差距会缩小。尽管 SDF 算法具有最高的移动效率，但它可能无法选择能够最大化系统吞吐量的社区。通过设计社区之间的拍卖算法并考虑用户之间的任务上传干扰，TDTS 算法在移动效率和系统吞吐量之间进行了适当的权衡。

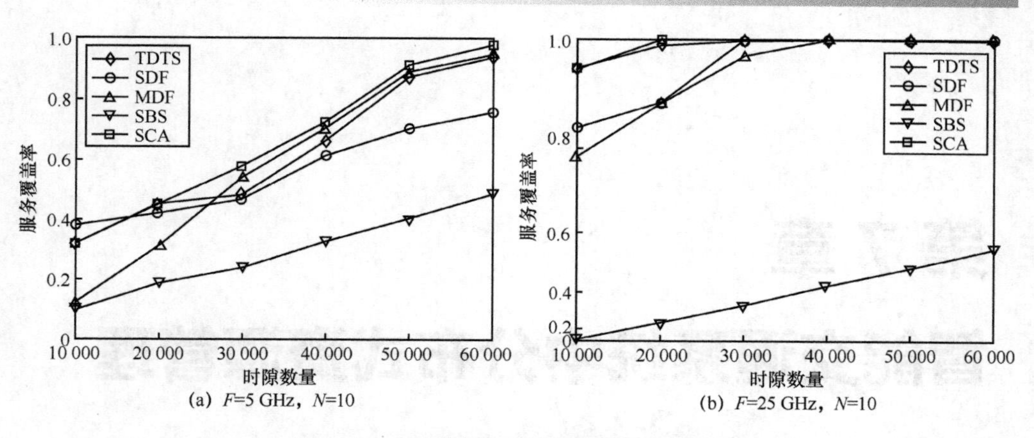

(a) F=5 GHz，N=10　　(b) F=25 GHz，N=10

图 6.7　不同时隙数量下的服务覆盖率变化

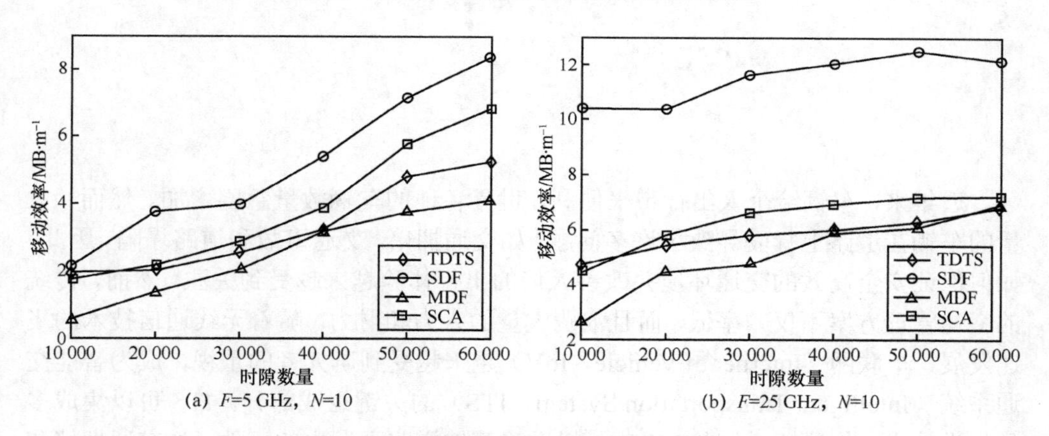

(a) F=5 GHz，N=10　　(b) F=25 GHz，N=10

图 6.8　不同时隙数下的移动效率变化

第 7 章
智能交通系统中分布式资源管理

近年来，车辆给个人出行带来便利，世界各地的车辆数量急剧增加。然而，大量的车辆在道路上行驶导致了许多问题，如交通拥堵、交通事故和道路塌陷。因此，如何保证安全高效的交通环境并改善人们的出行体验越来越受到关注。然而，传统的交通管理方案不仅效率低，而且浪费大量的人力和财力。随着无线通信技术的飞速发展，车联网（Internet of Vehicle，IoV）越来越受到研究者的重视，成为智能交通系统（Intelligent Transportation System，ITS）的关键组成部分。ITS 可以集成多种先进技术（如群智感知和 MEC），以准确感知道路上发生的事件（如交通拥堵和事故），并对其做出及时响应、为用户提供服务。

智能交通系统主要包括数据采集、数据处理和数据上传三个过程。效率、安全性和用户效用是其中的三个重要指标，因此从这三个方面优化 ITS，进而构建一个多目标优化问题，而不是把其中一个指标作为优化目标，把其他的指标作为约束条件，前者更符合实际场景中的需求。

区块链技术是一种分布式账本，并且具有去中心化、可信任、匿名和不易篡改等特点，有望与 ITS 结合以保证参与者们的数据安全。尽管已有研究者对区块链与 ITS 结合进行了研究，但现有研究主要关注的是数据共享、能量传递、信任管理、基于区块链的群智感知和区块链网络架构，忽略了区块链的安全性、区块链带来的时延以及这两个指标之间的权衡，而建立这样一个 ITS 的挑战可以总结如下。

① 为了优化数据安全、用户效用和系统时延，首先需要公式化这些指标。然而，很少有研究关注 ITS 中数据安全和用户效用的量化。此外，区块链的引

入使得系统时延的量化变得相当困难。因此，如何合理量化这三个指标是具有挑战性的。

② 为了建立一个安全、高效、可行的 ITS，需要构建一个多目标优化问题，即最小化系统时延、最大化数据安全和用户效用。然而，目标之间存在冲突，如用户数据安全和系统时延之间的矛盾。因此，如何解决多目标优化问题，并在有冲突的目标之间做出满意的权衡，是一个极具挑战性的问题。

③ ITS 包含大量具有有限网络资源（如计算、存储和带宽）的参与者。相应地，如何在有限的资源条件下优化数据安全、用户效用和系统时延值得被深入研究。

本章旨在构建一个安全、高效、可行的 ITS。本章公式化区块链的安全性并在研究区块链安全性及其时延之间进行权衡。本章的贡献有以下 4 点。

① 本章基于去中心化的区块链技术构建了一个安全、高效、可行的 ITS 框架并提出了一个多目标优化问题，优化目标包括最小化系统时延、最大化数据安全且最大化用户效用。为了高效求解这一问题，本章通过对优化目标的拆解，将其分解为两个子问题。

② 第一个子问题需要在区块链时延和安全性之间做出合理的权衡，即最大化区块链安全性和最小化时延。本章提出了一种基于 DRL 的算法，通过分别从 RSU 和交易池中合理选择活动矿工和交易来解决该问题。

③ 第二个子问题旨在优化用户效用，即最大化所有用户的总效用。为了解决这一问题，本章提出了一种分布式交替方向乘子法（Distributed Alternating Direction Method of Multipliers，DIADEM）算法，它能以完全分布式的方式为车辆选择合适的任务计算模式。

④ 在交通网络中进行的实验评估了本章算法的有效性。实验结果表明，与其他算法相比，本章提出的算法能够在区块链安全性与时延之间做出合理的权衡，并最大化所有用户的总效用。

7.1　系统模型

本节从终端层、边缘层和远端管理层三个方面阐述了所设计的基于区块链的 ITS 模型，如图 7.1 所示。相应地，其工作流程如图 7.2 所示。值得注意的是，本章模型可以应用于交通管理系统之外的许多应用中，如收集住宅设施数据用于节能生活环境，收集患者医疗数据用于健康监测，收集环境数据用于智能农业，以及为工业生产收集设备相关数据等。

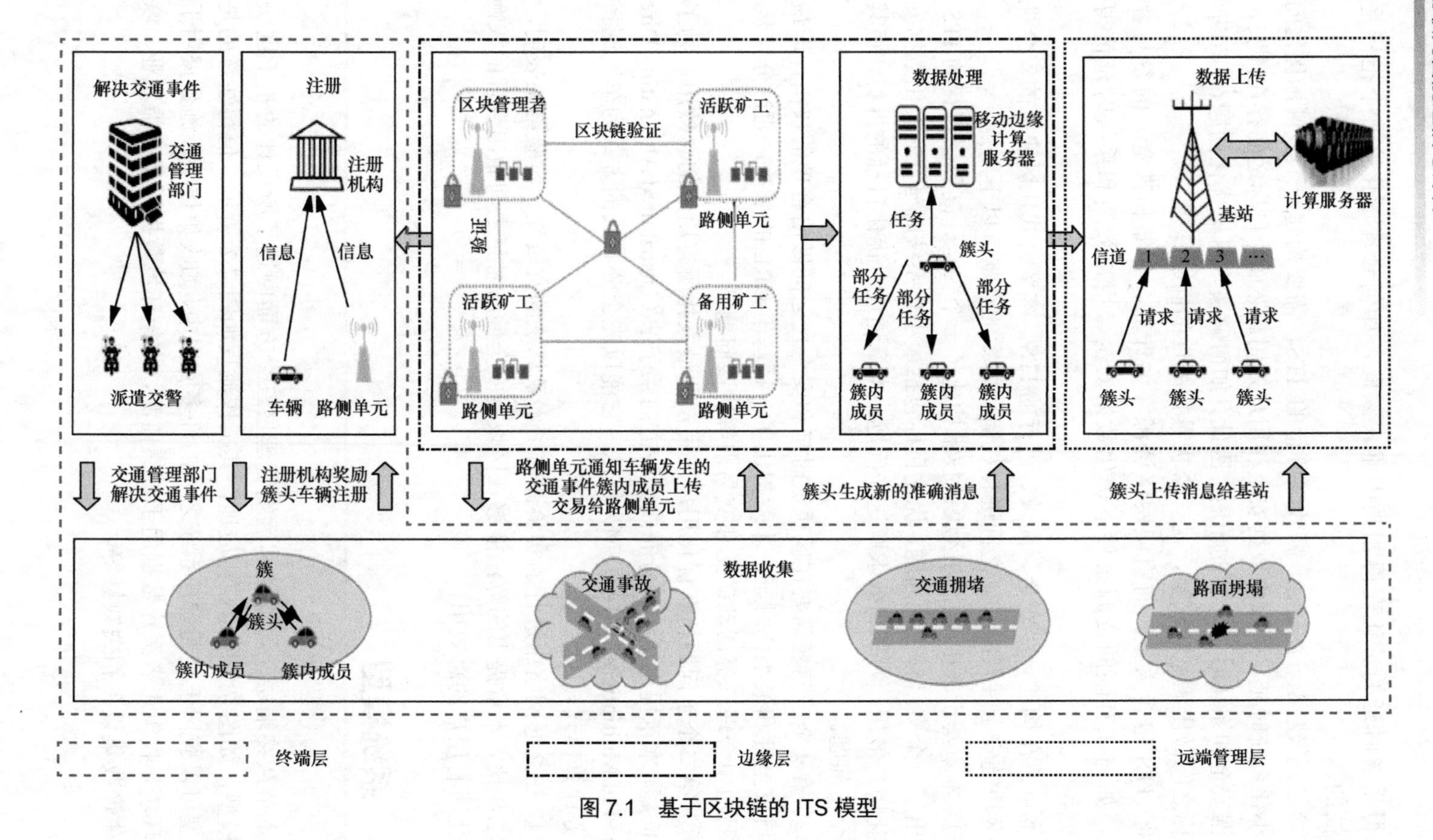

图 7.1 基于区块链的 ITS 模型

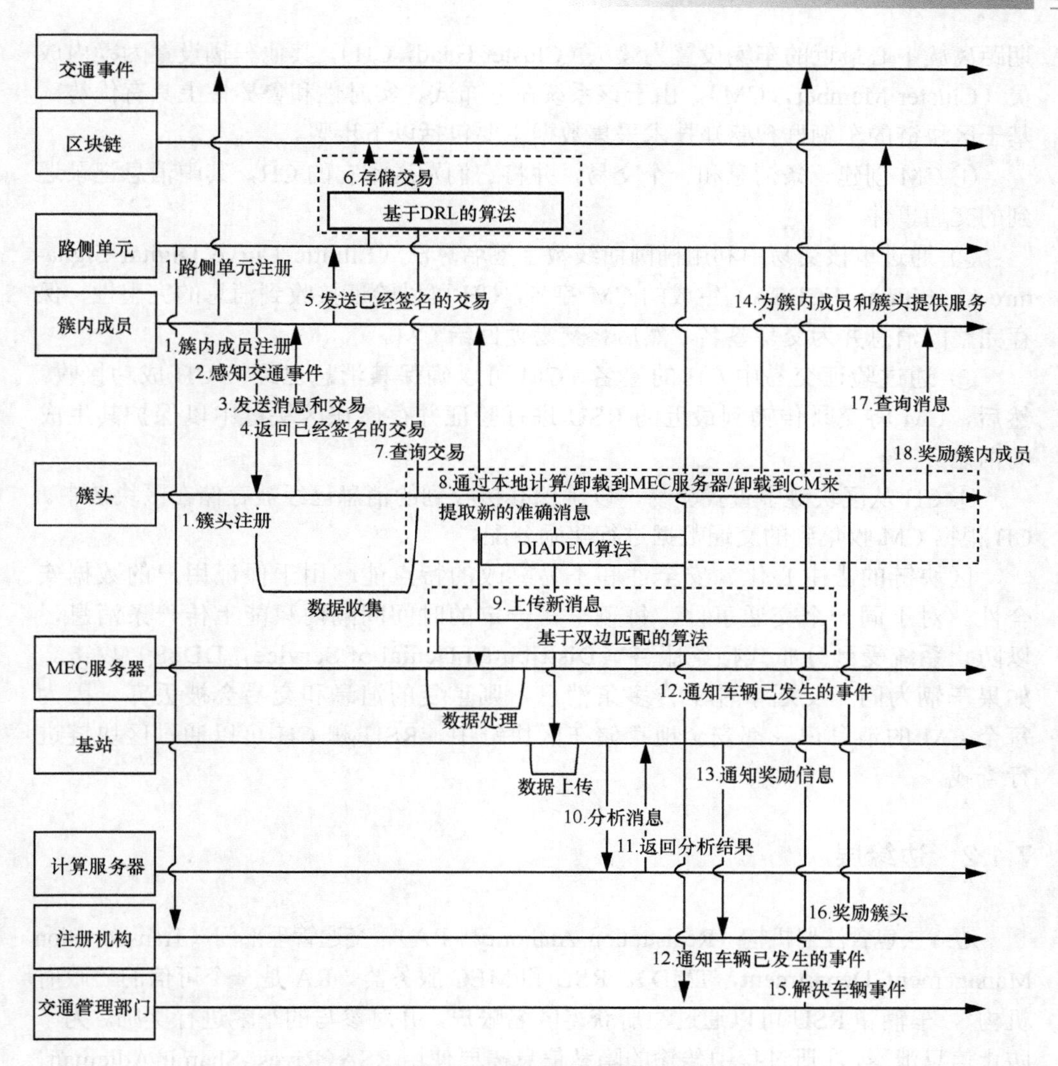

图 7.2　基于区块链的智能交通系统工作流程

7.1.1　终端层

终端层仅包含车辆，用于从交通事件中收集数据。当车辆在城市中遇到十字路口时，会根据其所在位置进行聚类。通过考虑车辆的通信范围，将交叉路口的每个支路划分为多个路段。本章在数据收集中利用车辆聚类来缩短信息传输时间，提高系统效率，使数据收集在城市交通场景中实际可行。由于 K 均值（K-means）算法收敛速度快，因此本章利用 K-means 算法对每个路段的车辆进行聚类，并将当前时期距离簇中心最近的车辆设置为簇头（Cluster Head，CH），其他车辆设置为簇内成员（Cluster Member，CM）。由于该系统在分布式、实时性和鲁棒性上具有优势，基于区块链的车辆群智感知技术采集数据主要包括以下步骤。

① CM 创建一条消息和一个交易，并将它们发送到它的 CH，其中消息记录遇到的交通事件。

② 通过审核交易中利用椭圆曲线数字签名算法（Elliptic Curve Digital Signature Algorithm，ECDSA）生成的 CM 签名，CH 可以验证接收到消息的完整性，保存完整的消息并为交易签名，然后将交易返回给 CM。

③ 通过验证交易中 CH 的签名，CM 可以确保其消息已经被 CH 成功接收，然后，CM 将交易传输到最近的 RSU 进行验证并存储在区块链中以保护其生成的消息。

④ CH 从区块链中查找交易，以确保其接收到的消息已经被存储在区块链中。CH 根据 CM 收集到的交通数据进行奖励分配。

区块链的去中心化、安全性和不易篡改的特点能够用于保证用户的数据安全性。对于同一个交通事件，每辆车在一定的时间间隔内只能上传一条消息，以防止系统受到分布式拒绝服务（Distributed Denial of Service，DDoS）攻击。如果车辆为同一交通事件上传多条消息，则重复的消息和交易会被丢弃，因为每个 CM 的消息记录都安全地存储在区块链中，RSU 和 CH 可以通过区块链进行查找。

7.1.2 边缘层

边缘层包含注册机构（Registration Authority，RA）、交通管理部门（Transportation Management Department，TMD）、RSU 和 MEC 服务器。RA 是一个可信的“政府机构”，车辆和 RSU 可以通过注册获得匿名账户，并对参与的车辆进行奖励。为了防止信息泄露，注册过程中传输的隐私信息需要使用 RSA（Rivest-Shamir-Adleman）算法进行加密。与公有和私有区块链相比，联盟区块链具有高吞吐量和去中心化的优势，更适用于本章研究。由于车辆资源有限，联盟区块链应用部署在 RSU 上，RSU 用作矿工，分为活跃矿工和候选矿工两种。

如图 7.2 所示，CH 从 CM 中采集数据后，需要对数据进行处理，提取准确地描述交通状况的消息，以缩短消息上传时延，缓解传统群智感知中的误报问题，从而保证系统的可扩展性。为了减轻 CH 的计算负担，本章在系统中集成了 MEC 技术。此外，CH 还可以将任务卸载到 CM 上，以充分利用 CM 的计算能力。假设 CM 和 CH 之间的通信没有干扰，并且不限制簇的大小。由于车辆的通信范围和相邻车辆之间的距离有限，所以簇规模通常不大，并对 CM 和 CH 之间的通信影响不大。

CH 提取新消息的计算方式有本地计算、向 MEC 服务器或者 CM 卸载任务共三种。然后，CH 将新消息上传到 BS 以获得奖励。在收到 RA 的奖励后，CH 可以根据收集到的消息对 CM 进行奖励。假设 CH 在所有收到的奖励中可以获得固定比例的奖励（这个比例的调整可以保证公平性）。其余的奖励可由 CH 根据上传交通数据的准确度分配给 CM。由于本章的目的是最大化所有车辆（CH 和 CM）的总效用，因此 CH 如何分配从 RA 获得的奖励不是本章研究重点，并且所有车辆获得的总奖励等于 CH 从 RA 获得的奖励。车辆聚类分为数据收集和数据处理两个步骤。由于在奖励分配过程中，CM 可能不在 CH 的通信范围内，因此 CH 收到的奖励的分配过程不涉及车辆聚类。CH 计算出每个 CM 对应的奖励后，将车辆信息以及 CM 对应的奖励通知 RA，然后由 RA 执行奖励分配。

7.1.3　远端管理层

远端管理层包含部署计算服务器的 BS。BS 的功能有 4 个：接收 CH 的消息并验证其准确度；通知交通管理部门已发生的事件；通过 RSU 通知车辆已发生的事件；通知 RA 相关奖励信息以奖励 CH。由于 BS 的带宽有限，本章将信道划分为多个子信道以提高带宽利用率。而在正交频分复用（Orthogonal Frequency Division Multiplexing，OFDM）模式中，每个子信道只能服务一个用户。当有大量车辆准备与同一 BS 建立连接时，会导致较大的上载时延。因此，在本章系统中采用每个子信道可以同时服务于多个用户的 NOMA 技术。

7.2　问题建模

本章通过考虑数据安全、用户效用和系统时延来实现问题建模。然而，由于多个优化目标相互关联且具有不同的约束条件，所以从全局的角度来建模这个问题是相当复杂的。为了简化问题建模，本章首先从局部优化的角度建立了系统模型，即只考虑某一个 CH；然后将问题分解为三个子问题。

假设有 S 个 BS、J 个 RSU 和 K 个 MEC 服务器。$s \in \mathcal{S} = \{1,\cdots,S\}$ 表示 BS，$j \in \mathcal{J} = \{1,\cdots,J\}$ 表示 RSU，$k \in \mathcal{K} = \{1,\cdots,K\}$ 表示 MEC 服务器。$a \in \mathcal{A} = \{1,\cdots,A\}$ 表示活跃矿工，其中 A 是当前块管理者。车辆被划分为不同的簇，每个 CH 连接到最近的 MEC 服务器。连接到 MEC 服务器 k 的 CH 用 $m \in \mathcal{M}_k = \{1,\cdots,M_k\}$ 表示，其中 M_k 是连接到 MEC 服务器 k 的 CH 数量。CM 表示为 $n \in \mathcal{N}_{k,m} = \{1,\cdots,N_{k,m}\}$，其中

$N_{k,m}$ 是连接到 MEC 服务器 k 的 CH_m 所在簇中的 CM 数量。

7.2.1 用户数据安全

由于 RSU 是半可信的，且传统的基于中心的存储模式并不能够保证数据安全，所以本章引入区块链技术，防止恶意用户为了个人利益而篡改消息记录，以保证用户的公平性和数据安全。然而，区块链的引入带来了额外的时延，当一个大规模的区块被挖出来并且系统中有大量的 RSU 时，会产生很大的时延。为了缩短区块链时延，本章将矿工分为活跃矿工和候选矿工，与传统的实用拜占庭容错（Practical Byzantine Fault Tolerance，PBFT）机制相比，这可以缩短共识时间。活跃矿工参与区块的生成和共识，候选矿工接受共识的结果。活跃矿工被随机打乱顺序并且轮流充当区块管理者。区块链的共识过程如图 7.3 所示，主要包括以下步骤：

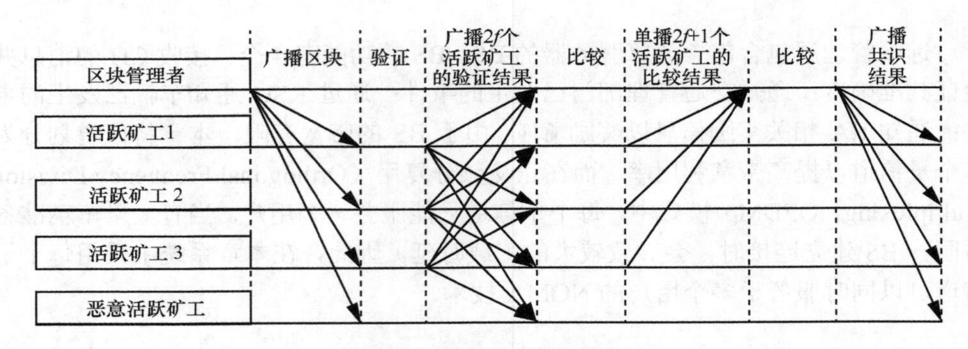

图 7.3 区块链的共识过程

① 区块管理者对生成的区块进行签名，并将其广播给其他活跃矿工；

② 活跃矿工在验证区块管理者签名后，通过计算相应的哈希值以及将计算得出的默克尔树根与存储在区块头中的默克尔树根进行比较来验证区块是否存在区块链中；

③ 签名的验证结果被广播给其他活跃矿工进行进一步比较；

④ 如果活跃矿工发现有 $2f$ 个活跃矿工（f 表示区块链中恶意活跃矿工的数量）具有相同的验证结果（包括其自身的验证结果），则它认为那些活跃矿工达成共识；

⑤ 活跃矿工将比较结果单播给区块管理者；

⑥ 区块管理者如果发现有 $2f+1$ 个活跃矿工的比较结果（包括其自身的比较结果）相同，则它认为区块链已经达成共识；

⑦ 区块管理者向其他矿工广播共识结果。

由于用户数据存储在区块链中，所以其安全性等同于区块链安全性。假设每个活跃矿工都有可能被恶意攻击者以一定的概率 λ 攻击。如果恶意活跃矿工的数量不超过 $\left\lfloor \frac{A-1}{3} \right\rfloor$，则区块链的安全性可以得到保证[58]，其中活跃矿工集合 $\mathcal{A}$ 中活跃矿工的数量由 A 表示。因此，可以定义区块链的风险为生成区块 x 时，恶意活跃矿工数量达到 $\left\lfloor \frac{A-1}{3} \right\rfloor + 1$ 的概率，则区块链的安全性可以表示为

$$F_x = 1 - \lambda^{\left\lfloor \frac{A-1}{3} \right\rfloor + 1} \tag{7-1}$$

其中，区块 x 包含 CH_m 生成的最后一条消息。

7.2.2 系统时延

系统时延包括三部分，即数据收集时延、数据处理时延和数据上传时延。数据收集所花费的时间包括 CH 收集数据的固定时间（用 τ 表示）和区块 x 的区块链时延。区块链时延包括区块生成的时间间隔 T_x^{gen} 和达成共识所需要的时间 T_x^{con}，即 $T_x = T_x^{\mathrm{gen}} + T_x^{\mathrm{con}}$。$T_x^{\mathrm{gen}}$ 包含区块管理者的交易验证时间（验证 CM 和 CH 签名所需的时间）和区块构建时间（计算默克尔树根所需的时间），表示为

$$T_x^{\mathrm{gen}} = 2W \frac{l_g}{f_A^x} + \sum_{i=0}^{\lceil \mathrm{lb} W \rceil} \left(\left\lceil \frac{W}{2^i} \right\rceil \frac{l_h}{f_A^x} \right) \tag{7-2}$$

其中，W 是区块大小，即区块 x 中的交易数量；f_A^x 是生成区块 x 时，区块管理者 A 的 CPU 频率；l_g 和 l_h 分别是验证签名和计算哈希值所需的 CPU 周期数。共识时间包括将区块广播给其他活跃矿工的广播时间 $\psi A \sum_{w \in \mathcal{W}} z_w$，活跃矿工对区块管理者签名的验证时间 $\frac{l_g}{f_a^x}$，活跃矿工对区块有效性的验证时间 $W\left(2\lceil \mathrm{lb} W \rceil + 1\right)\frac{l_h}{f_a^x}$，区块验证结果的广播时间 $\psi d_x A$，活跃矿工对区块验证结果的比较时间（即对于区块管理者是 $(A-1)\frac{l_g}{f_A^x}$，对于其他活跃矿工是 $(A-2)\frac{l_g}{f_a^x}$），比较结果发送到区块管理者的单播时间 $\frac{d_x}{r_a^A}$，区块管理者对比较结果的审核时间 $(A-1)\frac{l_g}{f_A^x}$，共识结果的广播时间 $\psi d_x J$，其他矿工对区块管理者签名的验证时间 $\frac{l_g}{f_a^x}$，以及将区块添加到区块链中的追加时间 T_a^{app}。在最坏的情况下，共识时间可以表示为

$$T_x^{\text{con}} = \psi A \sum_{w\in\mathcal{W}} z_w + \max_{a\in\mathcal{A}\setminus\{A\}} \frac{l_g}{f_a^x} + \max_{a\in\mathcal{A}\setminus\{A\}} \left\{ W\left(2\lceil \text{lb} W \rceil + 1\right) \frac{l_h}{f_a^x} \right\} + \psi d_x A + \max_{a\in\mathcal{J}} T_a^{\text{app}} + \max\left\{ \max_{a\in\mathcal{A}\setminus\{A\}} \left\{ (A-2)\frac{l_g}{f_a^x} \right\}, (A-1)\frac{l_g}{f_A^x} \right\} + \max_{a\in\mathcal{A}\setminus\{A\}} \frac{d_x}{r_a^A} + (A-1)\frac{l_g}{f_A^x} + \psi d_x J + \max_{a\in\mathcal{J}\setminus\{A\}} \frac{l_g}{f_a^x} \tag{7-3}$$

其中，ψ 是广播时间中预定义的参数，$\mathcal{W}$ 是区块 x 中的交易集合，由 $w\in\mathcal{W}=\{1,\cdots,W\}$ 表示，d_x 是共识过程中消息的数据大小，f_a^x 是矿工 a 的 CPU 频率。r_a^A 是从活跃矿工 a 到区块管理者 A 的传输速率，T_a^{app} 是矿工 a 的区块追加时间。交易池中的交易 $w\in\mathcal{Q}=\{1,\cdots,Q\}$，$z_w$ 是交易 ω 的数据大小。区块 x 的数据大小由 $\sum_{w\in\mathcal{W}} z_w$ 计算得出。

在接收到来自 CM 的消息后，CH 对接收到的数据进行处理，即从收集到的数据中提取一条新的准确消息，并将消息上传到 BS 获得奖励。由于车辆的计算能力有限，CH 可以将相应的任务卸载到其连接的 MEC 服务器或 CM 上。对于不同的计算模式，相应的任务时延计算不同。

（1）本地计算

CH_m 在本地提取消息的任务时延表示为

$$T_{k,m}^{\text{loc}} = \frac{l_{k,m}}{f_{k,m}^{\text{loc}}} \tag{7-4}$$

其中，$l_{k,m}$ 是连接到 MEC 服务器 k 的 CH_m 的计算任务所需要的 CPU 周期数，其等于所收集到的数据大小乘以计算强度 $\mathfrak{v}$，$f_{k,m}^{\text{loc}}$ 表示 CH_m 的 CPU 频率。

（2）卸载到 MEC 服务器

如果 CH_m 将任务卸载到 MEC 服务器 k，则任务时延包括将任务上传到 MEC 服务器 k 的传输时延和 MEC 服务器的执行时延，即：

$$T_{k,m}^{\text{mec}} = \frac{d_{k,m}}{r_{k,m}^k} + \frac{l_{k,m}}{f_{k,m}^k} \tag{7-5}$$

其中，$d_{k,m}$ 是连接到 MEC 服务器 k 的 CH_m 所收集到的数据的大小，$r_{k,m}^k$ 是从 CH_m 到 MEC 服务器 k 的任务传输时延，$f_{k,m}^k$ 是连接到 MEC 服务器 k 的 CH_m 的 CPU 频率。

（3）卸载到 CM

CH_m 将任务卸载到其 CM 的时延等于 CM 的最大任务时延，即 $T_{k,m}^{\text{cm}} = \max_{n=1,\cdots,N_{k,m}} T_{k,m,n}^{\text{cm}}$，其中，$\varGamma_{k,m,n}^{\text{cm}}$ 是 CM_n 卸载连接到 MEC 服务器 k 的 CH_m 的部分任务的任务时延，其包括传输时延和执行时延，即：

$$T_{k,m,n}^{\text{cm}} = \zeta_{k,m,n}\left(\frac{d_{k,m}}{r_{k,m}^{n}} + \frac{l_{k,m}}{f_{k,m}^{n}}\right) \tag{7-6}$$

$\zeta_{k,m,n}$ 是连接到 MEC 服务器 k 的 CH_m 卸载给 CM_n 的任务比例。为了后续的消息新鲜度和用户效用的计算，需要确定哪个 CM 具有最大的任务时延，因此，提出了命题 7.1。

将任务分配给 CM 时需要考虑任务时延包含的任务传输时延和执行时延，即利用式（7-7）的约束来保证 CPU 频率最高的 CM 能够卸载最多数量的任务，从而使其在 CM 中具有最长的执行时间。

命题 7.1　如果指示连接到 MEC 服务器 k 的 CH_m 是否将任务卸载到 CM 的二元变量 $\gamma_{k,m}$ 和任务比率变量 $\zeta_{k,m,n}$ 满足式（7-7）中的约束条件，则从 CH 到其 CM 的卸载时延可以唯一确定其中最快的 CM 的卸载时延。

$$\begin{gathered}\gamma_{k,m}\left(f_{k,m}^{n_1} - f_{k,m}^{n_2}\right)\left(T_{k,m,n_1}^{\text{cm}} - T_{k,m,n_2}^{\text{cm}}\right) \geqslant 0, \\ \forall k \in \mathcal{K}, m \in \mathcal{M}_k, n_1, n_2 \in \mathcal{N}_{k,m}\end{gathered} \tag{7-7}$$

证明　如果 CH_m 将其任务卸载到 CM，则 $\gamma_{k,m} = 1$。$\forall n_1, n_2 \in \mathcal{N}_{k,m}$，如果 n_1 的 CPU 频率不小于 n_2，即 $f_{k,m}^{n_1} \geqslant f_{k,m}^{n_2}$，则不等式 $T_{k,m,n_1}^{\text{cm}} \geqslant T_{k,m,n_2}^{\text{cm}}$ 应成立满足命题 7.1 中的约束条件。换言之，CPU 频率越高的 CM，其任务比率越大，CH 的任务时延等于 CPU 频率最高的 CM 的任务时延，即 $T_{k,m}^{\text{cm}} = T_{k,m,n'}^{\text{cm}}$。

CH_m 的计算时延可以表示为

$$T_{k,m}^{\text{pro}} = \alpha_{k,m} T_{k,m}^{\text{loc}} + \beta_{k,m} T_{k,m}^{\text{mec}} + \gamma_{k,m} T_{k,m}^{\text{cm}} \tag{7-8}$$

其中，二元变量 $\alpha_{k,m} = 1$，$\beta_{k,m} = 1$ 和 $\gamma_{k,m} = 1$ 分别表示连接到 MEC 服务器 k 的 CH_m 选择本地计算、将任务卸载到 MEC 服务器和将任务卸载到其 CM。

对于数据上传，BS 考虑了上行 NOMA，BS_s 的带宽表示为 B_s，其信道被划分为 E_s 个子信道，即 $\mathfrak{e} \in \mathfrak{E}_s = \{1, \cdots, E_s\}$。每个 CH 连接到最近的 BS 以上传其生成的消息，由 $m \in \mathcal{M}_s = \{1, \cdots, M_s\}$ 表示。当 CH_m 将生成的消息发送给 s 并占用子信道 $\mathfrak{e}$ 时，二元变量 $\xi_{s,m,\mathfrak{e}} = 1$。子信道中相应的 SINR（CH 之间的干扰）可以表示为

$$\text{SINR}_{s,m} = \frac{P_{s,m} h_{s,m} \xi_{s,m,\mathfrak{e}}}{\sum_{i \in \mathcal{V}_{s,m} \setminus \{m\}} P_{s,i} h_{s,i} \xi_{s,i,\mathfrak{e}} + N_0 B_{\mathfrak{e}}} \tag{7-9}$$

其中，$\mathcal{V}_{s,m}$ 表示在同一子信道中同时与 CH_m 传输消息的 CH 集合。$P_{s,m}$ 表示连接到 BS_s 的 CH_m 的发射功率，$h_{s,m}$ 表示 CH_m 传输消息时的信道增益，$h_{s,m} = \ell_{s,m}^{-\wp}$。$\ell_{s,m}$ 表示 CH_m 与 BS_s 之间的距离，$\wp$ 是一个指数参数。N_0 表示加性高斯白噪声（Additive White Gaussian Noise，AWGN）的单侧功率谱密度，$B_{\mathfrak{e}}$ 是子信道 $\mathfrak{e}$ 的带宽，即

$B_e = \frac{B_s}{E_s}$。连接到 BS_s 的 CH_m 的上行链路传输速率 $r_{s,m}^s = B_e \text{lb}(1+\text{SINR}_{s,m})$。$CH_m$ 生成的消息的上传时延如式（7-10）所示。

$$T_{s,m}^{\text{upl}} = \frac{d_{s,m}}{r_{s,m}^s} \tag{7-10}$$

其中，$d_{s,m}$ 是连接到 BS_s 的 CH_m 提取的消息数据大小。

本章引入信息年龄（Age of Information，AoI）的概念来表示连接到 MEC 服务器 k 的 CH_m 生成消息的新鲜度，计算公式为

$$\text{AoI}_{k,m} = \tau + T_x + T_{k,m}^{\text{pro}} + T_{s,m}^{\text{upl}} \tag{7-11}$$

其中，$\tau + T_x$ 为 CH_m 在数据收集过程中的时间，T_x 为区块链时延，$T_{k,m}^{\text{pro}}$ 为 CH_m 在数据处理中的计算时延，$T_{s,m}^{\text{upl}}$ 为数据上传时延。

7.2.3 用户效用

本章系统有两种奖励：一种是 RSU 从区块链运营商处获得的用于挖掘的奖励；另一种是由于车辆上报交通数据而从 RA 处获得的奖励。由于本章关注的是系统中所有车辆的总效用，因此 RSU 的挖掘奖励超出了本章的研究范围。CH_m 从 RA 获得的奖励与它上传的消息的新鲜度 $\text{AoI}_{k,m}$ 和上传消息的准确性有关。由于 CH_m 报告的消息描述了交通状况，消息的准确性与数据量成正相关，并且车辆收到的奖励是非负的[59]。因此，CH_m 获得的奖励可以表示为

$$Y_{k,m}^{\text{ra}}(d_{k,m}, \text{AoI}_{k,m}) = \max\left\{(\text{AoI}^{\max} - \text{AoI}_{k,m})d_{k,m}, 0\right\} \tag{7-12}$$

其中，$\text{AoI}^{\max}$ 是消息新鲜度的上限，定义 1s×1kbit=1 代币，其中代币表示奖励的单位。如果 $\text{AoI}_{k,m}$ 大于 $\text{AoI}^{\max}$，则认为 CH_m 提取的消息是无效的并被 BS 丢弃，CH_m 的奖励记为 0。

对于不同的计算模式，相应所需的任务成本计算不同。

（1）本地计算

CH_m 在本地提取消息的任务成本表示为

$$C_{k,m}^{\text{loc}} = l_{k,m}\delta_{k,m} \tag{7-13}$$

其中，$l_{k,m}$ 是连接到 MEC 服务器 k 的 CH_m 的任务所需的 CPU 周期数，$\delta_{k,m}$ 是连接到 MEC 服务器 k 的 CH_m 运行一个周期 CPU 的价格（代币每周期）。

（2）卸载到 MEC 服务器

卸载到 MEC 服务器的任务成本包括上行链路传输成本和 MEC 服务器 k 的价

格，即：

$$C_{k,m}^{\text{mec}}=\frac{d_{k,m}}{r_{k,m}^{k}}P_{k,m}\tau+l_{k,m}\delta_{k} \tag{7-14}$$

其中，$P_{k,m}$ 是连接到 MEC 服务器 k 的 CH_m 的发射功率，τ 为单位能量单价（代币每焦耳），δ_k 是 MEC 服务器 k 运行一个周期 CPU 的价格（代币每周期）。

（3）卸载到 CM

CH 在将任务卸载到 CM 时，需要支付的任务成本包括下行传输成本和所有 CM 的价格，即：

$$C_{k,m}^{\text{cm}}=\sum_{n=1}^{N_{k,m}}\left(\frac{\zeta_{k,m,n}d_{k,m}}{r_{k,m}^{n}}P_{k,m}\tau+\zeta_{k,m,n}l_{k,m}\delta_{n}\right) \tag{7-15}$$

其中，δ_n 是 CM_n 运行一个周期 CPU 的价格（代币每周期）。相应地，CH_m 在数据处理中的计算成本如式（7-16）所示。

$$C_{k,m}^{\text{pro}}=\alpha_{k,m}C_{k,m}^{\text{loc}}+\beta_{k,m}C_{k,m}^{\text{mec}}+\gamma_{k,m}C_{k,m}^{\text{cm}} \tag{7-16}$$

然后，CH_m 的效用，即其奖励和计算成本之间的差为

$$U_{k,m}^{\text{ra}}=Y_{k,m}^{\text{ra}}\left(d_{k,m},\text{AoI}_{k,m}\right)-C_{k,m}^{\text{pro}} \tag{7-17}$$

7.2.4　问题公式化

本章系统的优化目标是最小化系统时延的同时最大化用户数据安全和效用，即式（7-18）。其中，约束 C7.1～C7.2、C7.6～C7.8、C7.12～C7.13 确保了决策变量的有效性。区块链安全的最低要求如约束 C7.3 所示，即 $F_x^{\min}$；约束 C7.4 限制区块链吞吐量不能小于其下限 $\Omega_x^{\min}$，T_w 是交易池中交易 ω 的等待时间；约束 C7.5 限制交易在被存储于区块链前的时间跨度不超过其上限 $T_w^{\max}$；约束 C7.9 限制 CH_m 卸载到任意一个 CM 的任务大小不能超过设备到设备的链路容量 $\aleph_{k,m,n}$。MEC 服务器可以相互通信，过载的 MEC 服务器可以将任务卸载到其他负载不足的 MEC 服务器上，以充分利用它们的计算资源；约束 C7.10 表示 CH_m 卸载到 MEC 服务器的任务不能超过它们的总计算资源；约束 C7.11 保证当 CH 将任务卸载到其 CM 时，CPU 频率最高的 CM 具有最大的任务时延；约束 C7.14 确保 CH 上传的消息成功传输，即没有丢包；约束 C7.15 限制上传消息的新鲜度来减少帕累托最优解的搜索范围。最小化 $\text{AoI}_{k,m}$ 和最大化 $U_{k,m}^{\text{ra}}$ 之间没有冗余，因为车辆的效用取决于其获得的奖励和在数据处理过程中的任务成本。虽然收到的奖励与消息的新鲜度有关，但任务成本还受任务计算模式、CM 和 MEC 服务器的价格影响。

$$\begin{aligned}
&\mathrm{P7}:\max_{\mathcal{A}} F_x \\
&\min_{\mathcal{A},\mathcal{W},\alpha_{k,m},\beta_{k,m},\gamma_{k,m},\zeta_{k,m,n},\xi_{s,m,e}} \mathrm{AoI}_{k,m} \\
&\max_{\mathcal{A},\mathcal{W},\alpha_{k,m},\beta_{k,m},\gamma_{k,m},\zeta_{k,m,n},\xi_{s,m,e}} U_{k,m}^{\mathrm{ra}} \\
&\text{s.t. } \mathrm{C7.1}: 0 < A \leqslant J, A \in \mathbb{N} \\
&\quad \mathrm{C7.2}: 0 < W \leqslant Q, W \in \mathbb{N} \\
&\quad \mathrm{C7.3}: F_x \geqslant F_x^{\min} \\
&\quad \mathrm{C7.4}: \frac{W}{T_x} \geqslant \Omega_x^{\min} \\
&\quad \mathrm{C7.5}: T_w + T_x \leqslant T_w^{\max}, \forall w \in \mathcal{Q} \\
&\quad \mathrm{C7.6}: \alpha_{k,m}, \beta_{k,m}, \gamma_{k,m} \in \{0,1\}, \zeta_{k,m,n} \in [0,1], \forall n \in \mathcal{N}_{k,m} \\
&\quad \mathrm{C7.7}: \alpha_{k,m} + \beta_{k,m} + \gamma_{k,m} = 1 \\
&\quad \mathrm{C7.8}: \gamma_{k,m} \sum_{n=1}^{N_{k,m}} \zeta_{k,m,n} = \gamma_{k,m} \\
&\quad \mathrm{C7.9}: \gamma_{k,m} \zeta_{k,m,n} d_{k,m} \leqslant \aleph_{k,m,n}, \forall n \in \mathcal{N}_{k,m} \\
&\quad \mathrm{C7.10}: \beta_{k,m} l_{k,m} \leqslant \zeta \\
&\quad \mathrm{C7.11}: \gamma_{k,m} \left(f_{k,m}^{n_1} - f_{k,m}^{n_2}\right)\left(T_{k,m,n_1}^{\mathrm{cm}} - T_{k,m,n_2}^{\mathrm{cm}}\right) \geqslant 0, \forall n_1, n_2 \in \mathcal{N}_{k,m} \\
&\quad \mathrm{C7.12}: \xi_{s,m,c} \in \{0,1\} \\
&\quad \mathrm{C7.13}: \sum_{t=1}^{E_s} \xi_{s,m,c} = 1 \\
&\quad \mathrm{C7.14}: \mathrm{SINR}_{s,m} \geqslant \mathrm{SINR}^{\min} \\
&\quad \mathrm{C7.15}: \mathrm{AoI}_{s,m} \leqslant \mathrm{AoI}^{\max}
\end{aligned} \tag{7-18}$$

7.3 解决方案

本章将多目标优化问题分解为三个子问题进行解耦。在此基础上，提出了三种相应的算法，即基于 DRL 的算法、分布式交替方向乘子法算法和基于双边匹配的算法。

7.3.1 问题分解

命题 7.2 信息新鲜度的上限 $\mathrm{AoI}^{\max}$ 可以分解为三部分，即 $\mathrm{AoI}^{\mathrm{col}}$、$\mathrm{AoI}^{\mathrm{pro}}$ 和 $\mathrm{AoI}^{\mathrm{upl}}$，分别表示数据采集、数据处理和数据上传的时间上限。本章多目标优化问题 P7 的目标可由 4 个变量确定，即区块链时延 T_x、区块链安全性 F_x、CH_m 在数据处理过程中获得的效用 $U_{k,m}$ 和上传时延 $T_{s,m}^{\mathrm{upl}}$，其中 $U_{k,m}=(\mathrm{AoI}^{\mathrm{pro}}-T_{k,m}^{\mathrm{pro}})d_{k,m}-C_{k,m}^{\mathrm{pro}}$。

证明 问题 P7 的第二个目标 $\mathrm{AoI}_{k,m}$ 与区块链时延 $\tau+T_x$、计算时延 $T_{k,m}^{\mathrm{pro}}$ 和上传时延 $T_{s,m}^{\mathrm{upl}}$ 有关。类似地，问题 P7 中的第三个目标 $U_{k,m}^{\mathrm{ra}}$ 与区块链时延 T_x（即 $(\mathrm{AoI}^{\mathrm{col}}-\tau-T_x)d_{k,m}$)，计算时延 $T_{k,m}^{\mathrm{pro}}$ 和计算成本 $C_{k,m}^{\mathrm{pro}}$，（即 ($\mathrm{AoI}^{\mathrm{pro}}-T_{k,m}^{\mathrm{pro}})d_{k,m}-C_{k,m}^{\mathrm{pro}}$ ）以及上传时延 $T_{s,m}^{\mathrm{upl}}$，（即 ($\mathrm{AoI}^{\mathrm{upl}}-T_{s,m}^{\mathrm{upl}})d_{k,m}$ ）有关。由于最小化 T_x、$T_{k,m}^{\mathrm{pro}}$ 和 $T_{s,m}^{\mathrm{upl}}$ 等价于最大化 $-T_x$、$-T_{k,m}^{\mathrm{pro}}$ 和 $-T_{s,m}^{\mathrm{upl}}$，而 τ、$\mathrm{AoI}^{\mathrm{col}}$ 和 $\mathrm{AoI}^{\mathrm{upl}}$ 是常数，问题 P7 的目标由 T_x、F_x、$U_{k,m}$ 和 $T_{s,m}^{\mathrm{upl}}$ 决定，即 $\min\limits_{\mathcal{A},\mathcal{W}} T_x$、$\min\limits_{\mathcal{A}} F_x$、$\max\limits_{\alpha_{k,m},\beta_{k,m},\gamma_{k,m},\zeta_{k,m,n}} U_{k,m}$ 和 $\min\limits_{\xi_{s,m,\varepsilon}} T_{s,m}^{\mathrm{upl}}$。

考虑到问题 P7 中的约束条件和 4 个目标，本章将问题分解为 P7.1、P7.2 和 P7.3，分别如式（7-19)、式（7-20)、式（7-21）所示。

$$
\begin{aligned}
&\mathrm{P7.1}:\min_{\mathcal{A},\mathcal{W}} T_x\\
&\max_{\mathcal{A}} F_x\\
&\text{s.t. C7.1~C7.5inP7}\\
&\mathrm{C7.16}: T_x \leqslant T_x^{\max}
\end{aligned}
\tag{7-19}
$$

约束条件 C7.16 保证区块链时延不能超过上限 $T_x^{\max}$，且 $T_x^{\max}=\mathrm{AoI}^{\mathrm{col}}-\tau$。问题 P7.1 的目的是通过选择活跃矿工的集合 $\mathcal{A}$ 和交易集合 $\mathcal{W}$ 在区块链时延和安全性之间进行权衡。

问题 P7.2 为 CH 选择合适的任务计算模式使 CH 在数据处理中的效用最大化：

$$
\begin{aligned}
\mathrm{P7.2}:&\max_{\alpha_{k,m},\beta_{k,m},\gamma_{k,m},\zeta_{k,m,n}} U_{k,m}\\
\text{s.t. }&\mathrm{C7.17}:\tau+T_x+\alpha_{k,m}T_{k,m}^{\mathrm{loc}}\leqslant T_{k,\max}^{\max}\\
&\mathrm{C7.18}:\tau+T_x+\beta_{k,m}T_{k,m}^{\mathrm{mec}}\leqslant T_{k,m}^{\max}\\
&\mathrm{C7.19}:\tau+T_x+\gamma_{k,m}T_{k,m}^{\mathrm{cm}}\leqslant T_{k,m}^{\max}\\
&\text{C7.6~C7.11 in P7}
\end{aligned}
\tag{7-20}
$$

其中，约束条件 C7.1～C7.3 限制了 CH_m 的三种计算模式的数据收集和数据处理的时间上限，$T_{k,m}^{\max}<\tau+T_x+\mathrm{AoI}^{\mathrm{pro}}$ 可以确保 CH_m 在数据处理中获得正的任务奖励。通过解决问题 P7.1，可以获得问题 P7.2 的输入变量 T_x。

问题P7.3的目标是为CH_m选择BS的最佳子信道以最小化其上传时延：

$$\begin{aligned}&\text{P7.3}:\min_{\xi_{s,m,c}} T_{s,m}^{\text{upl}}\\&\text{s.t. C7.12}\sim\text{C7.15 in } P\end{aligned} \tag{7-21}$$

在解决问题P7.1和P7.2之后，可以得到用于解决问题P7.3的变量T_x和$T_{k,m}^{\text{pro}}$。

在问题P7.2中，许多CH可以通过将任务卸载到MEC服务器来提取生成的消息。MEC服务器的计算能力有限，因此要最大化所有CH的总效用：

$$\begin{aligned}&\text{P7.2}':\max_{\alpha,\beta,\gamma,\zeta}\sum_{k=1}^{K}\sum_{m=1}^{M_k}U_{k,m}\\&\text{s.t.C7.20}:\alpha_{k,m},\beta_{k,m},\gamma_{k,m}\in\{0,1\},\zeta_{k,m,n}\in[0,1]\\&\text{C7.21}:\alpha_{k,m}+\beta_{k,m}+\gamma_{k,m}=1\\&\text{C7.22}:\gamma_{k,m}\sum_{n=1}^{N_{k,m}}\zeta_{k,m,n}=\gamma_{k,m}\\&\text{C7.23}:\tau+T_x+\alpha_{k,m}T_{k,m}^{\text{loc}}\leqslant T_{k,m}^{\max}\\&\text{C7.24}:\tau+T_x+\beta_{k,m}T_{k,m}^{\text{mec}}\leqslant T_{k,m}^{\max}\\&\text{C7.25}:\tau+T_x+\gamma_{k,m}T_{k,m}^{\text{cm}}\leqslant T_{k,m}^{\max}\\&\text{C7.26}:\gamma_{k,m}\zeta_{k,m,n}d_{k,m}\leqslant\aleph_{k,m,n}\\&\text{C7.27}:\sum_{k=1}^{K}\sum_{m=1}^{M_k}\beta_{k,m}l_{k,m}\leqslant\zeta\\&\text{C7.28}:\gamma_{k,m}\left(f_{k,m}^{n_1}-f_{k,m}^{n_2}\right)\left(T_{k,m,n_1}^{\text{cm}}-T_{k,m,n_2}^{\text{cm}}\right)\geqslant 0,\\&\forall k\in\mathcal{K},m\in\mathcal{M}_k,n_1,n_2\in\mathcal{N}_{k,m}\end{aligned} \tag{7-22}$$

类似地，在问题P7.3中，许多CH可能同时连接到相同的BS来上传消息。BS带宽资源有限，因此，本章目标是分配子信道以最小化所有CH的最大上传时延，即：

$$\begin{aligned}&\text{P7.3}':\min_{\xi}\max_{m=1,\cdots,M_s}T_{s,m}^{\text{upl}}\\&\text{s.t. C7.29}:\xi_{s,m,\mathfrak{e}}\in\{0,1\},\forall m\in\mathcal{M}_x,\mathfrak{e}\in\mathfrak{E}_s\\&\text{C7.30}:\sum_{\mathfrak{e}=1}^{E_s}\xi_{s,m,\mathfrak{e}}=1,\forall m\in\mathcal{M}_s\\&\text{C7.31}:\text{SINR}_{s,m}\geqslant\text{SINR}^{\min},\forall m\in\mathcal{M}_s\\&\text{C7.32}:\tau+T_x+T_{k,m}^{\text{pro}}+T_{s,m}^{\text{upl}}\leqslant\text{AoI}^{\max},\forall m\in\mathcal{M}_s\end{aligned} \tag{7-23}$$

为了简单起见，设置 $\alpha=\left\{\alpha^{k}\right\}=\left\{\alpha_{k,m}\right\}$ 、 $\beta=\left\{\beta_{k,m}\right\}$ 、 $\gamma=\left\{\gamma^{k}\right\}=\left\{\gamma_{k,m}\right\}$ 、 $\zeta=\left\{\zeta^{k}\right\}=\left\{\zeta_{k,m,n}\right\}$ ，$\forall k\in\mathcal{K},m\in\mathcal{M}_{k},n\in\mathcal{N}_{k,m}$ ，$\xi=\left\{\xi^{s}\right\}=\left\{\xi_{s,m,e}\right\}$ ，$\forall m\in\mathcal{M}_{s}$ ，$\mathfrak{e}\in\mathfrak{C}_{s}$ 。这三个子问题在时间维度上是相关的并且应该按顺序进行求解，因为每个子问题的结果影响后面子问题的求解。在问题 P7.2′ 的约束条件 C7.23～C7.25 和问题 P7.3′ 的约束条件 C7.32 中，本章利用前面问题求解过程的剩余时间。这样做有两个优点：第二个和第三个子问题的可行域较大所以更容易求解；能够利用更多的时间资源得到合适的解。

7.3.2　解决问题 P7.1 的基于深度强化学习的算法

P7.1 是一个多目标优化问题，不存在单一的全局解（即问题 P7.1 的解是帕累托最优解集）。值得注意的是，有两个决策变量（ $\mathcal{A}$ 和 $\mathcal{W}$ ）可以决定 T_x 的最小值，而 F_x 的最大值仅由 $\mathcal{A}$ 决定。然而，由于决策变量 $\mathcal{A}$ 的存在，上述目标相互冲突。为了评估帕累托最优解的质量，本章定义最佳提升率（Optimal Improvement Rate，OIR）如下：

$$\mathrm{OIR}_{x}=\frac{T_{x}^{\max}-T_{x}}{T_{x}^{\max}}+\eth\frac{F_{x}-F_{x}^{\min}}{F_{x}^{\min}} \tag{7-24}$$

其中，$\eth$ 是一个常数以保证式（7-24）中的第一部分和第二部分具有相同的数量级。然后，问题 P7.1 转化为 P7.1′，即：

$$\begin{aligned}&\mathrm{P7.1}':\max_{\mathcal{A},\mathcal{W}}\mathrm{OIR}_{x}\\&\text{s.t. P7中的C7.1}\sim\text{C7.5}\\&\qquad\text{P7.1中的C7.16}\end{aligned} \tag{7-25}$$

其中，问题 P7.1′ 中的区块链安全和区块链时延的约束 C7.3 和 C7.5 可以减小帕累托最优解的搜索范围并加速第一个子问题的求解过程。

而对于交易选择，需要考虑交易池中交易的数据大小、等待时间以及区块链的环境。然而，由于需要评估 RSU 的可靠性和计算能力，因此从 RSU 中选择合适的活跃矿工具有相当大的挑战性。为了解决问题 P7.1′，本章提出了一种基于 DRL 的算法来选择交易和活跃矿工，相应的算法框架如图 7.4 所示。

问题 P7.1′ 的状态空间包含交易的数据大小 $\mathcal{Z}$ 、交易等待时间 $\mathcal{T}$ 、区块链时延 T_x 、区块链安全性 F_x 和区块链吞吐量 Ω_x ，即：

$$S'^{(t)}=\left[\mathcal{Z},\mathcal{T},T_{x},F_{x},\Omega_{x}\right]^{(t)} \tag{7-26}$$

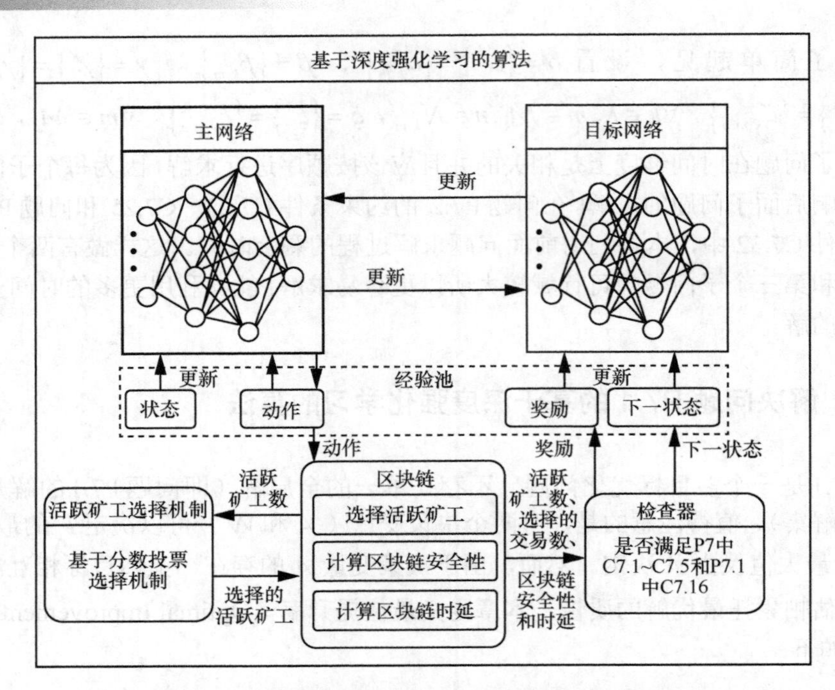

图 7.4　求解问题 P7.1 的基于深度强化学习的算法框架

其中，$\mathcal{Z}=\{z_w\}$，$\mathcal{T}=\{T_w\}, w\in\mathcal{Q}$，$\mathcal{Q}$ 表示交易池中的交易集合。为了最小化 OIR_x，需要根据当前动态区块链环境调整活跃矿工数量和选择的交易。行动空间表示为

$$A'^{(t)}=[\varXi,\varDelta]^{(t)} \tag{7-27}$$

其中,$\varXi$ 表示选择的活跃矿工的数量，可以表示为 $\varXi\in\{1,\cdots,J\}$。所选的交易指示器为 $\varDelta=\{\varDelta_w\}, \varDelta_w\in\{0,1\}$，并且满足 $\sum_{w=1}^{Q}\varDelta_w=W$。交易 ω 包含在区块 x 中，$\varDelta_w=1$；否则 $\varDelta_w=0$。奖励函数的定义是基于问题P7.1′ 的优化目标（即最大化 OIR_x）及其相应的约束条件，表示为

$$R'(t)=\begin{cases}\text{OIR}_x,\text{满足P7中的C7.1}\sim\text{C7.5和P7.1的C7.16}\\ 0,\text{其他}\end{cases} \tag{7-28}$$

区块链收到动作后，通过基于分数的投票机制选择合适的活跃矿工。更新区块链环境，相应的奖励以及下一个状态（即 n_state）可以根据问题 P7.1′ 中的约束条件从检查器中获得。该决策时期的相关信息（state||action||reward || n_state）存储在经验回放的内存中。每经过 $\mathcal{L}$ 个决策时期，基于目标网络和从经验回放内存中选择的一小批随机样本，可以对主网络进行训练和更新。当主网络每被更新 $\mathcal{J}$ 次时，目标网络会被更新一次。最后，可以得到最佳活动矿工的数量 $\varXi^*$ 和选定的交易 $\varDelta^*$。

在每个决策时刻，如何从 RSU 中选择指定的活跃矿工是需要解决的重要问题。现有的共识机制，如委托权益证明（Delegated Proof-of-Stake，DPoS）[52]，活跃矿工由大股东根据其持有的股份进行选择。然而，这种共识机制存在一个严重问题，即恶意股东可能出于自己的目的投票选择攻击者为活跃矿工。为了解决这一问题，考虑到矿工的信用和计算能力，本章提出了基于分数的投票机制。确保矿工信用提高了区块链的安全性，而高效利用矿工的计算能力则提高了区块链的时延和吞吐量。

基于分数的投票机制如下。当 CM 将交易上传到最近的 RSU 时，一个算力证明（Proof of Computing，PoC）任务也会被上传以评估 RSU 的计算能力。在收集数据后，CM 在区块链中查找交易。如果 CM 上传的交易存储在区块链中，那么认为中继 RSU 是可信的，因为恶意 RSU 会丢弃上传的交易。一个 RSU 的计算能力通过 CM 接收到 PoC 任务结果的时间跨度来评估。通过综合考虑 RSU 的计算能力和可信度，CM 针对此次交互给出中继 RSU 的交互分数，即：

$$g=\begin{cases} g^1\text{，可信且具有强计算能力} \\ g^2\text{，可信且具有弱计算能力} \\ g^3\text{，其他} \end{cases} \tag{7-29}$$

其中，满足条件 $g^1>g^2>g^3>0$。在每个区块链时期结束（即每个活跃矿工都曾担任过一次区块管理者）时，车辆需要根据其与 RSU 之间的交互来投票选择新的活跃矿工。CM_n 与 RSU_j 的交互集 $\vartheta\in\Theta=\{1,\cdots,\theta\}$，并且$\vartheta$的交互分数为 g_ϑ。根据其与 RSU 在Θ中的所有交互，并且考虑到交互的新鲜度和交互分数的重要性，CM_n 向 RSU_j 给出一个本地分数。由于最近的交互比以前的交互对 RSU 的评估更重要，本章通过定义交互年龄（Age of inTeraction，AoT）的概念来评估交互的新鲜度，即：

$$\mathrm{AoT}_\vartheta=t_\eta-t_\vartheta \tag{7-30}$$

其中，t_η 为区块链的当前投票时间，t_ϑ 表示交互ϑ的交互时间戳。各个等级的交互分数总和计算如下：

$$G_{n,\varrho}^j=\sum_{\vartheta=1}^{\theta}\mathrm{e}^{-\mathrm{AoT}_\vartheta}g_\vartheta \ell_\vartheta,\varrho\in\{1,2,3\} \tag{7-31}$$

如果 g_ϑ 等于 g^ϱ，$\ell_\vartheta=1$；否则 $\ell_\vartheta=0$。

本章通过引入不同的权重，即 $\varkappa_1$、$\varkappa_2$ 和 $\varkappa_3$ 来评估不同的等级交互分数（即 g^1、g^2 和 g^3）的重要性。权重应该满足 $\varkappa_1+\varkappa_2+\varkappa_3=1$ 和 $0<\varkappa_3<\varkappa_2<\varkappa_1<1$ 这两个条件，因为可信的 RSU 比恶意的 RSU 分数更高。CM 给 RSU 的本地分数存储在区块链中，表示为

$$G_n^j = \frac{\sum_{\varrho=1}^{3} \varkappa_\varrho G_{n,\varrho}^j}{\sum_{\varrho=1}^{3} G_{n,\varrho}^j} \tag{7-32}$$

此外，本章还考虑了一些恶意投票者出于个人利益任意给 RSU 虚假分数的情况。那些恶意的 CM 会迷惑区块链对 RSU 的信用判断。为了解决这个问题，需要评估 CM 给 RSU 的本地分数的可靠性。与 RSU_j 交互的 CM 集合用 $\varpi \in \Pi = \{1,\cdots,\pi\}$ 表示，每个 CM_ϖ 在给 RSU_j 一个本地分数 G_ϖ^j 后会向其他 CM 广播其本地分数。定义式（7-33）以获得 CM_n 的可靠性。

$$\rho_n^j = 1 - \frac{\left| G_n^j - \frac{1}{\pi-1} \sum_{\varpi \in \Pi \setminus \{n\}} G_\varpi^j \right|}{\max\left\{ \left| G_n^j \right|, \left| \frac{1}{\pi-1} \sum_{\varpi \in \Pi \setminus \{n\}} G_\varpi^j \right| \right\}} \tag{7-33}$$

在式（7-33）中，如果 CM 给 RSU 一个错误的本地分数，那么它的本地分数和其他 CM 的平均本地分数之间的差别是巨大的，并且它的本地分数的可靠性接近于 0。此外，即使某些 CM 是恶意投票者，对 CM_n 可靠性的影响也可以忽略不计。其原因是恶意投票者的数量远少于诚实投票者，恶意投票者的本地分数对除 CM_n 外的所有 CM 的平均本地分数影响不大。RSU_j 的投票分数表示为

$$\mathcal{G}_j = \frac{1}{\pi} \sum_{\varpi=1}^{\pi} \left(1 - \iota_\varpi\right) \rho_\varpi^j G_\varpi^j \tag{7-34}$$

其中，ι_ϖ 表示 CM_ϖ 链路传输失败的概率。根据投票分数，可从 RSU 中选择合适的活跃矿工。根据基于分数的投票机制，可以很容易检测出恶意的 RSU 和车辆。

7.3.3 解决问题 P7.2′ 的交替方向乘子法算法

在解决问题 P7.1 之后，可以通过获得区块链时延 T_x 来解决问题 P7.2′。首先，本章将问题 P7.2′ 转化为一个凸优化问题；然后，提出寻找最优解的 DIADEM 算法。问题 P7.2′ 中的二元变量 α、β 和 γ 被松弛为[0,1]的实数，分别表示 CH 选择三种任务计算模式（即本地计算、卸载到 MEC 服务器和卸载到 CM）的概率。为了使问题 P7.2′ 转化为凸优化问题，定义 $\tilde{\zeta} = \left\{\tilde{\zeta}^k\right\} = \left\{\tilde{\zeta}_{k,m,n}\right\}$ 来表示 γ 和 ζ 的乘积项，并且 $\tilde{\zeta}_{k,m,n} = \gamma_{k,m}\zeta_{k,m,n}, k \in \mathcal{K}, m \in \mathcal{M}_k, n \in \mathcal{N}_{k,m}$。如果 CH_m 没有将任务卸载到 CM（即

$\gamma_{k,m}=0$），则卸载到CM的任务比率等于0。因此，如果$\gamma_{k,m}>0$成立，则$\zeta_{k,m,n}=\dfrac{\tilde{\zeta}_{k,m,n}}{\gamma_{k,m}}$成立；否则，$\zeta_{k,m,n}=0$。

本章将问题P7.2′转化为问题P7.2″，即式（7-35）。其中，$U''_{k,m}$是$U_{k,m}$的等价形式（即使用$\tilde{\zeta}_{k,m,n}$替换$\gamma_{k,m}\zeta_{k,m,n}$）。在问题P7.2″中，本章不考虑P7.2′中的约束条件C7.20。因为在P7.2′中α、β和γ是二元变量，但在问题P7.2″中它们是实数，因此需要从实数恢复到二元变量。在变量恢复期间，应保证问题P7.2′中的C7.20约束条件。

$$
\begin{aligned}
&\text{P7.2}'':\max_{\alpha,\beta,\gamma,\zeta}\sum_{k=1}^{K}\sum_{m=1}^{M_k}U''_{k,m}\\
&\text{s.t. C7.33}:\sum_{n=1}^{N_{k,m}}\tilde{\zeta}_{k,m,n}=\gamma_{k,m}\\
&\text{C7.34}:\tau+T_x+\alpha_{k,m}T_{k,m}^{\text{loc}}\leqslant T_{k,m}^{\max}\\
&\text{C7.35}:\tau+T_x+\beta_{k,m}T_{k,m}^{\text{mec}}\leqslant T_{k,m}^{\max}\\
&\text{C7.36}:\tau+T_x+\tilde{\zeta}_{k,m,n}\left(\frac{d_{k,m}}{r_{k,m}^{n}}+\frac{l_{k,m}}{f_{k,m}^{n}}\right)\leqslant T_{k,m}^{\max}\\
&\text{C7.37}:\tilde{\zeta}_{k,m,n}d_{k,m}\leqslant \aleph_{k,m,n}\\
&\text{C7.38}:\sum_{k=1}^{K}\sum_{m=1}^{M_k}\beta_{k,m}l_{k,m}\leqslant \zeta\\
&\text{C7.39}:\left(f_{k,m}^{n_1}-f_{k,m}^{n_2}\right)\left[\tilde{\zeta}_{k,m,n_1}\left(\frac{d_{k,m}}{r_{k,m}^{n_1}}+\frac{l_{k,m}}{f_{k,m}^{n_1}}\right)-\right.\\
&\left.\tilde{\zeta}_{k,m,n_2}\left(\frac{d_{k,m}^{n_2}}{r_{k,m}}+\frac{l_{k,m}}{f_{k,m}^{n_2}}\right)\right]\geqslant 0,\forall n_1,n_2\in\mathcal{N}_{k,m}\\
&\text{C7.40}:\alpha_{k,m},\beta_{k,m},\gamma_{k,m},\tilde{\zeta}_{k,m,n}\in[0,1]
\end{aligned}
\tag{7-35}
$$

问题P7.2″的规模与 MEC 服务器、CH 和 CM 的数量有关。求解大规模问题P7.2″时，集中式算法需要计算中心收集所有 MEC 服务器的信息，导致额外的网络开销和时延。因此，在每个MEC服务器中需要一个分布式算法来降低CH的决策开销和时延。然而，在问题P7.2″中，MEC服务器之间的耦合无法消除，因为问题P7.2″的β是一个全局变量。为了处理这个问题，本章为 MEC 服务器k引入变量$\tilde{\beta}^{k}$，并且定义$\tilde{\beta}=\left\{\tilde{\beta}^{k}\right\}=\left\{\tilde{\beta}_{i,m}^{k}\right\}$，其中，$i$表示MEC服务器，$i=1,\cdots,K$，并且$k\in\mathcal{K}$，$m$表示CH$_m$，并且$m=1,\cdots,M_i$。为了保证$\tilde{\beta}^{k}$与全局变量$\beta$一致，应满足$\tilde{\beta}_{i,m}^{k}=\beta_{i,m},\forall k\in\mathcal{K},i\in\mathcal{K},m\in\mathcal{M}_i$。然后，问题P7.2″可以转化为P7.2″，即：

$$
\begin{aligned}
&\text{P7.2}''': \max_{\alpha,\tilde{\beta},\gamma,\tilde{\zeta};\beta} \sum_{k=1}^{K}\sum_{m=1}^{M_k} U'''_{k,m} \\
&\text{s.t. C7.41}: \sum_{n=1}^{N_{k,m}} \tilde{\zeta}_{k,m,n} = \gamma_{k,m} \\
&\text{C7.42}: \tau + T_x + \alpha_{k,m} T_{k,m}^{\text{loc}} \leqslant T_{k,m}^{\max} \\
&\text{C7.43}: \tau + T_x + \tilde{\beta}_{k,m}^{k} T_{k,m}^{\text{mec}} \leqslant T_{k,m}^{\max} \\
&\text{C7.44}: \tau + T_x + \tilde{\zeta}_{k,m,n}\left(\frac{d_{k,m}}{r_{k,m}^{n}} + \frac{l_{k,m}}{f_{k,m}^{n}}\right) \leqslant T_{k,m}^{\max} \\
&\text{C7.45}: \tilde{\zeta}_{k,m,n} d_{k,m} \leqslant \aleph_{k,m,n} \\
&\text{C7.46}: \sum_{i=1}^{K}\sum_{m=1}^{M_i} \tilde{\beta}_{i,m}^{k} l_{k,m} \leqslant \zeta, \forall k \in \mathcal{K} \\
&\text{C7.47}: \left(f_{k,m}^{n_1} - f_{k,m}^{n_2}\right)\left[\tilde{\zeta}_{k,m,n_1}\left(\frac{d_{k,m}}{r_{k,m}^{n_1}} + \frac{l_{k,m}}{f_{k,m}^{n_1}}\right) - \right. \\
&\left. \tilde{\zeta}_{k,m,n_2}\left(\frac{d_{k,m}}{r_{k,m}^{n_2}} + \frac{l_{k,m}}{f_{k,m}^{n_2}}\right)\right] \geqslant 0, \forall n_1, n_2 \in \mathcal{N}_{k,m} \\
&\text{C7.48}: \alpha_{k,m}, \gamma_{k,m}, \tilde{\zeta}_{k,m,n} \in [0,1] \\
&\text{C7.49}: \tilde{\beta}_{i,m}^{k} \in [0,1], \forall k, i \in \mathcal{K}, m \in \mathcal{M}_i \\
&\text{C7.50}: \tilde{\beta}_{i,m}^{k} = \beta_{i,m}, \forall k, i \in \mathcal{K}, m \in \mathcal{M}_i
\end{aligned}
\tag{7-36}
$$

$U'''_{k,m}$ 是 $U''_{k,m}$ 的等价形式（即使用 $\tilde{\beta}_{k,m}^{k}$ 替换 $\beta_{k,m}$），并且可由式（7-37）计算。

$$
\begin{aligned}
U'''_{k,m} = &\text{AoI}^{\text{pro}} d_{k,m} - \alpha_{k,m}\left(\frac{l_{k,m} d_{k,m}}{f_{k,m}^{\text{loc}}} + l_{k,m}\delta_{k,m}\right) - \tilde{\zeta}_{k,m,n'} d_{k,m}\left(\frac{d_{k,m}}{r_{k,m}^{n'}} + \frac{l_{k,m}}{f_{k,m}^{n'}}\right) - \\
&\sum_{n=1}^{N_{k,m}} \tilde{\zeta}_{k,m,n}\left(\frac{d_{k,m} P_{k,m}\tau}{r_{k,m}^{n}} + l_{k,m}\delta_{n}\right) - \tilde{\beta}_{k,m}^{k}\left[\left(\frac{d_{k,m}}{r_{k,m}^{k}} + \frac{l_{k,m}}{f_{k,m}^{k}}\right) d_{k,m} + \frac{d_{k,m}}{r_{k,m}^{k}} P_{k,m}\tau + l_{k,m}\delta_{k}\right]
\end{aligned}
\tag{7-37}
$$

其中，$\text{CM}_{n'}$ 在 CH_m 的簇中拥有最大的 CPU 频率。值得注意的是，由于引入了变量 $\tilde{\beta}^{k}$，MEC 服务器之间是相互独立的。本章将 MEC 服务器 k 的问题 P7.2‴ 中约束条件 C7.41 ~ C7.49 的定义域定义为 $\chi_k = \{\alpha^k, \tilde{\beta}^k, \gamma^k, \tilde{\zeta}^k \mid \text{P7.2}'''\text{的C7.41} \sim \text{C7.49}\}$。在数据处理过程中，所有连接到 MEC 服务器 k 的 CH 的计算成本和奖励之间的总体差异表示为

$$
\Gamma_k = \begin{cases} \sum_{m=1}^{M_k} -U'''_{k,m}, & \{\alpha^k, \tilde{\beta}^k, \gamma^k, \tilde{\zeta}^k\} \in \chi_k \\ \infty, & \text{其他} \end{cases}
\tag{7-38}
$$

问题 P7.2‴ 转化为

$$\text{P7.2}^{(4)}:\ \min_{\alpha,\tilde{\beta},\gamma,\tilde{\zeta};\beta}\sum_{k=1}^{K}\Gamma_k\left(\alpha^k,\tilde{\beta}^k,\gamma^k,\tilde{\zeta}^k\right) \quad \text{s.t. C7.50} \tag{7-39}$$

交替方向乘子法[14]通过将问题分解为多个收敛性好的简单子问题来有效地求解复杂的凸优化问题，因此本章设计了一种交替方向乘子法算法来求解问题 P7.2$^{(4)}$。问题 P7.2$^{(4)}$ 的增广拉格朗日函数[60]可以表示为

$$\begin{gathered}\mathcal{L}_\epsilon(\alpha,\tilde{\beta},\gamma,\tilde{\zeta},\beta,\Lambda)=\sum_{k=1}^{K}\Gamma_k\left(\alpha^k,\tilde{\beta}^k,\gamma^k,\tilde{\zeta}^k\right)+\\ \sum_{k=1}^{K}\sum_{i=1}^{K}\sum_{m=1}^{M_i}\left[\Lambda_{i,m}^k\left(\tilde{\beta}_{i,m}^k-\beta_{i,m}\right)+\frac{\epsilon}{2}\left(\tilde{\beta}_{i,m}^k-\beta_{i,m}\right)^2\right]\end{gathered} \tag{7-40}$$

其中，$\Lambda_{i,m}^k$ 是相应的拉格朗日乘子，并且满足 $\Lambda=\{\Lambda^k\}=\{\Lambda_{i,m}^k\},\forall k\in\mathcal{K},\ i=1,\cdots,K,\ m=1,\cdots,M_i$。$\epsilon$是一个表示惩罚参数的常数，其大小影响交替方向乘子法的收敛速度。本地变量迭代过程表示为

$$\{\Phi^k\}^{(t+1)}=\arg\min_{\{\Phi^k\}}\underbrace{\Gamma_k(\Phi^k)+\sum_{i=1}^{K}\sum_{m=1}^{M_i}\left[\Lambda_{i,m}^k\right]^{(t)}\left\{\tilde{\beta}_{i,m}^k-\left[\beta_{i,m}\right]^{(t)}\right\}+\frac{\epsilon}{2}\sum_{i=1}^{K}\sum_{m=1}^{M_i}\left\{\tilde{\beta}_{i,m}^k-\left[\beta_{i,m}\right]^{(t)}\right\}^2}_{\Psi\left(\Phi^k\right)} \tag{7-41}$$

其中，$\{\Phi^k\}$ 是本地变量的集合，即 $\{\Phi^k\}=\{\alpha_{k,m},\tilde{\beta}_{i,m}^k,\gamma_{k,m},\tilde{\zeta}_{k,m,n}\}$，$k=1,\cdots,K$。

式（7-41）中的迭代过程可通过在每个 MEC 服务器中解决以下问题实现：

$$\begin{gathered}\text{P7.2}^{(5)}:\min_{\Phi^k}\Psi(\Phi^k)\\ \text{s.t.}\ \left\{\alpha^k,\tilde{\beta}^k,\gamma^k,\tilde{\zeta}^k\right\}\in\mathcal{X}_k\end{gathered} \tag{7-42}$$

它可以分解为两个子问题。其中第一个子问题为

$$\begin{gathered}\text{P7.2}_1^{(5)}:\min_{\alpha^k,\gamma^k,\tilde{\zeta}^k}\varphi_1(\alpha^k,\gamma^k,\tilde{\zeta}^k)\\ \text{s.t.}\quad \text{C}':\alpha_{k,m}+\gamma_{k,m}=1,\forall m\in\mathcal{M}_k\\ \text{C7.41,C7.42,C7.44,C7.45,C7.47,C7.48 in P7.2‴}\end{gathered} \tag{7-43}$$

其中，$\varphi_1(\alpha^k,\gamma^k,\tilde{\zeta}^k)$ 表示为

$$\begin{gathered}\varphi_1(\alpha^k,\gamma^k,\tilde{\zeta}^k)=\sum_{m=1}^{M_k}\left\{\alpha_{k,m}\left(\frac{l_{k,m}d_{k,m}}{f_{k,m}^{\text{loc}}}+l_{k,m}\delta_{k,m}\right)+\right.\\ \left.\tilde{\zeta}_{k,m,n'}d_{k,m}\left(\frac{d_{k,m}}{r_{k,m}^{n'}}+\frac{l_{k,m}}{f_{k,m}^{n'}}\right)+\sum_{n=1}^{N_{k,m}}\tilde{\zeta}_{k,m,n}\left(\frac{d_{k,m}P_{k,m}r}{r_{k,m}^{n}}+l_{k,m}\delta_n\right)\right\}\end{gathered} \tag{7-44}$$

由于$\mathrm{AoI}^{\mathrm{pro}}d_{k,m}$是一个常数，在问题P7.2$_1^{(5)}$的优化目标中对其不予考虑，本章考虑了本地计算和任务卸载到 CM。问题P7.2$_1^{(5)}$中的约束条件C′保证了决策变量α^k和γ^k的有效性。显然，问题P7.2$_1^{(5)}$是一个线性规划问题，并且可以在多项式时间内进行求解。

对于第二个子问题P7.2$_2^{(5)}$，每个 MEC 服务器需要做出是否将 CH 的任务卸载到 MEC 服务器的最优选择。问题P7.2$_2^{(5)}$设计了一种激励机制C″，即：

$$\mathrm{C}''=\begin{cases}\sum_{m=1}^{M_k}\tilde{\beta}_{k,m}^k\gamma_{k,m}=\varphi_1(\alpha^k,\gamma^k,\tilde{\zeta}^k),\ \sum_{m=1}^{k}\gamma_{k,m}>\varphi_1(\alpha^k,\gamma^k,\tilde{\zeta}^k)\\ \sum_{i=1}^{K}\sum_{m=1}^{M_i}\tilde{\beta}_{i,m}^k l_{k,m}=\zeta,\quad 其他\end{cases}\tag{7-45}$$

以鼓励 CH 向 MEC 服务器卸载任务，其中，$\gamma_{k,m}$的计算如下：

$$\gamma_{k,m}=\left(\frac{d_{k,m}}{r_{k,m}^k}+\frac{l_{k,m}}{f_{k,m}^k}\right)d_{k,m}+\frac{d_{k,m}}{r_{k,m}^k}P_{k,m}\tau+l_{k,m}\delta_k\tag{7-46}$$

式（7-46）中的第一部分和其余部分分别是CH_m选择将任务卸载到 MEC 服务器的时间成本（代币）和计算成本（代币）。$\varphi_1(\alpha^k,\gamma^k,\tilde{\zeta}^k)$是求解问题P7.2$_2^{(5)}$后的一个常数，可以看作是$\mathrm{CH}_m$选择本地计算和卸载到 CM 的时间成本和计算成本之和。

第二个子问题表示为

$$\begin{gathered}\mathrm{P7.2}_2^{(5)}:\min_{\tilde{\beta}^k}\varphi_2(\tilde{\beta}^k)\\ \text{s.t. C}''\\ \text{C7.33, C7.36, C7.39 in P7.2}'''\end{gathered}\tag{7-47}$$

其中，目标函数$\varphi_2(\tilde{\beta}^k)$表示为

$$\begin{aligned}\varphi_2(\tilde{\beta}^k)=&\sum_{m=1}^{M_k}\tilde{\beta}_{k,m}^k\left\{\left(\frac{d_{k,m}}{r_{k,m}^k}+\frac{l_{k,m}}{f_{k,m}^k}\right)d_{k,m}+\frac{d_{k,m}}{r_{k,m}^k}P_{k,m}\tau+l_{k,m}\delta_k\right\}+\\ &\sum_{i=1}^{K}\sum_{m=1}^{M_i}\left\{\left[\Lambda_{i,m}^k\right]^{(t)}\left\{\tilde{\beta}_{i,m}^k-\left[\beta_{i,m}\right]^{(t)}\right\}+\frac{\epsilon}{2}\left\{\tilde{\beta}_{i,m}^k-\left[\beta_{i,m}\right]^{(t)}\right\}^2\right\}\end{aligned}\tag{7-48}$$

可以看出，问题P7.2$_2^{(5)}$是一个二次规划问题，并且可以在多项式时间内求解。

全局变量β的迭代过程表示为

$$\{\beta\}^{(t+1)} = \arg\min_{\{\beta_{i,m}\}} \sum_{k=1}^{K}\sum_{i=1}^{K}\sum_{m=1}^{M_i}\left\{\left[\Lambda_{i,m}^{k}\right]^{(t)}\left\{\left[\tilde{\beta}_{i,m}^{k}\right]^{(t+1)} - \beta_{i,m}\right\} + \underbrace{\frac{\epsilon}{2}\left\{\left[\tilde{\beta}_{i,m}^{k}\right]^{(t+1)} - \beta_{i,m}\right\}^{2}}_{\phi(\{\beta_{i,m}\})}\right\} \quad (7\text{-}49)$$

类似于本地变量的更新，这里需要解决一个二次规划问题来更新全局变量β，可以表示为

$$\text{P7.2}^{(6)}: \min_{\{\beta_{i,m}\}} \phi(\beta_{i,m}) \quad (7\text{-}50)$$

由于在式（7-40）中的增广拉格朗日函数中加入了二次正则项，因此其目标函数为严格凸函数。因为全局变量β没有约束条件，所以问题$\text{P7.2}^{(6)}$的最优解可以通过使目标函数的一阶导数等于 0 得到，如式（7-51）所示。

$$\left[\beta_{i,m}\right]^{(t+1)} = \frac{1}{\epsilon K}\sum_{k=1}^{K}\left[\Lambda_{i,m}^{k}\right]^{(t)} + \frac{1}{K}\sum_{k=1}^{K}\left[\tilde{\beta}_{i,m}^{k}\right]^{(t+1)} \quad (7\text{-}51)$$

全局变量β的更新需要所有 MEC 服务器Λ^{k}和$\tilde{\beta}^{k}$的值。假设每个 MEC 维护一个全局变量β^{k}，并在更新了本地变量Φ^{k}后通过向其他MEC服务器广播变量Λ^{k}和$\tilde{\beta}^{k}$来更新它。需要注意的是，由于所有 MEC 服务器在广播之后具有相同的$\{\Lambda^{k}\}$集合和$\{\tilde{\beta}^{k}\}$集合，所以式（7-51）中总是满足条件$\beta^{1} = \cdots \beta^{k} = \cdots \beta^{K} = \beta$。

拉格朗日乘子Λ的迭代过程可以在每个 MEC 服务器中更新，可以表示为

$$\left[\Lambda_{i,m}^{k}\right]^{(t+1)} = \left[\Lambda_{i,m}^{k}\right]^{(t)} + \epsilon\left\{\left[\tilde{\beta}_{i,m}^{k}\right]^{(t+1)} - \left[\beta_{i,m}\right]^{(t+1)}\right\} \quad (7\text{-}52)$$

对于交替方向乘子法算法，合理的停止准则应满足两个条件，即原始残差和对偶残差足够小，即：

$$\left\|\left[\tilde{\beta}^{k}\right]^{(t+1)} - \left[\beta^{k}\right]^{(t+1)}\right\|_{2} \leqslant \mathfrak{z}^{\text{pri}}, \forall k \in \mathcal{K} \quad (7\text{-}53)$$

$$\left\|\left[\beta^{k}\right]^{(t+1)} - \left[\beta^{k}\right]^{(t)}\right\|_{2} \leqslant \mathfrak{z}^{\text{dua}}, \forall k \in \mathcal{K} \quad (7\text{-}54)$$

其中，$\mathfrak{z}^{\text{pri}}$和$\mathfrak{z}^{\text{dua}}$分别表示原始可行性条件和对偶可行性条件的可行性界限。

由于问题P7.2′中的变量（α、β、γ）从二元变量被松弛为[0,1]的实数，因此本章进一步提出了一种恢复算法，在解决问题$\text{P7.2}^{(4)}$时将变量α、β和γ恢复为二元变量。首先，通过将$\alpha_{k,m}^{*}$和$\gamma_{k,m}^{*}$的值与 0.5 进行比较来恢复变量α和γ；然后，通过验证问题P7.2′中的约束条件 C7.23 和 C7.27 的有效性以及比较增广拉格朗日

的一阶偏导数（即$\frac{\partial \mathcal{L}_\epsilon}{\partial \alpha_{k,m}^*}$和$\frac{\partial \mathcal{L}_\epsilon}{\partial \tilde{\zeta}_{k,m,n}^*}$与$\frac{\partial \mathcal{L}_\epsilon}{\partial \beta_{k,m}^*}$比较）来恢复变量$\beta$；最后，变量$\zeta$会被恢复。二元变量恢复算法不检查关于变量$\gamma$的约束条件，即问题P7.2′中的C7.22、C7.25、C7.26 和C7.28。因为$\tilde{\zeta}_{k,m,n}=\gamma_{k,m}\zeta_{k,m,n}$，并且这些约束在问题P7.2$^{(4)}$的求解过程中也满足，即使在恢复变量$\gamma$和变量$\zeta$后。DIADEM 算法和二元变量恢复算法分别如算法 7.1 和算法 7.2 所示。

算法 7.1　DIADEM 算法

输入　T_x

输出　$\alpha^*,\beta^*,\gamma^*,\tilde{\zeta}^*$

步骤 1　初始化

每个 MEC 服务器初始化停止准则$\mathfrak{z}^{\text{pri}}$和$\mathfrak{z}^{\text{dua}}$；

每个 MEC 服务器初始化拉格朗日乘子$[\Lambda^k](0)$；

每个 MEC 服务器初始化变量$[\beta^k]^{(0)}$；

步骤 2　分布式求解

while 算法未收敛 do

每个 MEC 服务器通过求解问题$\text{P7.2}_1^{(5)}$更新变量$[\alpha^k]^{(t+1)},[\gamma^k]^{(t+1)}$和$[\tilde{\zeta}^k]^{(t+1)}$；

每个 MEC 服务器通过求解问题$\text{P7.2}_1^{(5)}$更新变量$[\tilde{\beta}^k]^{(t+1)}$；

每个 MEC 服务器通过广播变量$[\tilde{\beta}^k]^{(t+1)}$和$[\Lambda^k]^{(t)}$更新变量$[\tilde{\beta}^k]^{(t+1)}$，然后更新变量$[\Lambda^k]^{(t+1)}$；

end while

算法 7.2　二元变量恢复算法

输入　$\alpha^*,\beta^*,\gamma^*,\tilde{\zeta}^*$

输出　$\alpha,\beta,\gamma,\zeta,\{T_{k,m}^{\text{pro}}\}$

找到满足$\alpha_{k,m}^*>0.5$的 CH 集合$\mathcal{M}_\alpha$并且计算$E_{k,m}^{\alpha}=\frac{\partial \mathcal{L}_\epsilon}{\partial \alpha_{k,m}^*}$；

找到满足$\gamma_{k,m}^*>0.5$的 CH 集合$\mathcal{M}_\gamma$并且计算$E_{k,m}^{\gamma}=\sum_{n=1}^{N_{k,m}}\frac{\partial \mathcal{L}_\epsilon}{\partial \tilde{\zeta}_{k,m,n}^*}$；

对$\mathcal{M}_\alpha\cup\mathcal{M}_\gamma$集合中的CH 根据$E_{k,m}^{\alpha}$和$E_{k,m}^{\gamma}$降序排序，得到排序后的CH 集合$\mathcal{M}$；

for $m\in\mathcal{M}$ do

　if $m\in\mathcal{M}_\alpha$ do

　　if P7.2′中C7.23 约束满足 do

　　　if $\beta_{k,m}^*>0.5$并且$E_{k,m}^{\beta}\leqslant E_{k,m}^{\alpha}$并且P7.2′中C7.27 满足 do

　　　　$\alpha_{k,m}=0,\beta_{k,m}=1,\gamma_{k,m}=0$；

```
        else
        α_{k,m} = 1, β_{k,m} = 0, γ_{k,m} = 0 ;
            end if
        else
            CH_m 基于 P7.2′ 中约束 C7.27，E^β_{k,m} 和 E^γ_{k,m} 选择卸载到 MEC 服务
            器还是 CM;
        end if
    else
        if β^*_{k,m} > 0.5 并且 E^β_{k,m} ≤ E^γ_{k,m} 并且 P7.2′ 中 C7.27 约束满足 do
          α_{k,m} = 0, β_{k,m} = 1, γ_{k,m} = 0 ;
        else
          α_{k,m} = 0, β_{k,m} = 0, γ_{k,m} = 1 ;
        end if
    end if
end for
for γ_{k,m} ∈ γ do
  if γ_{k,m} > 0 do
    ζ_{k,m,n} = ζ̃_{k,m,n} / γ^*_{k,m}, ∀n ∈ N_{k,m} ;
  else
    ζ_{k,m,n} = 0 ;
  end if
end for
```

7.3.4　求解问题 P7.3′的基于双边匹配的算法

在解决问题 P7.1 和问题 P7.2′之后，可以得到 CH 在数据收集和处理所需的时间，即 $\tau + T_x + T_{k,m}^{\text{pro}}$，基于此可以求解问题 P7.3′。设定每个 CH 都能成功地将数据上传到某个 BS。为了解决问题 P7.3′，本章提出了一种基于双边匹配的算法，该算法基于 CH 的偏爱列表和优先级来分配子信道。由于 P7.3′的优化目标是最小化所有连接到 BS_s 的 CH 的整体上传时延，因此 CH 的偏好和优先级是通过当前轮中所有 CH 的最大上传时延来评估的。在基于双边匹配的算法的初始化过程中，随机生成每个 CH 的子信道偏好列表。每一轮中，在尚未分配子信道的 CH 集合 $\mathfrak{M}$ 中的

CH 请求其最偏好的子信道。对于 CH_m，如果 $SINR_{s,m} \geqslant SINR^{min}$ 成立，则 CH_m 可以占用其请求的子信道。如果 $SINR_{s,m} < SINR^{min}$ 并且 CH_m 的优先级高于已经占用所请求子信道的 $CH_{m'}$ 的优先级，则子信道可以重新分配给 CH_m。如果 CH_m 占用所请求的子信道，则可以将其从集合 $\mathfrak{M}$ 中移除，并且将请求的子信道从 CH_m 的子信道偏好列表中移除该子信道。$CH_{m'}$ 应该被添加到 CH 集合 $\mathfrak{M}$ 中，并在下一轮中请求其最偏好的子信道。否则，从 CH_m 的子信道偏好列表中移除该子信道，并且 CH_m 将在下一轮中请求下一个最偏好的子信道。在每一轮中，如果一个 CH 占用了一个子信道，则集合 $\mathfrak{M}$ 中的 CH 需要基于优化目标更新其子信道偏好列表，即 CH 偏向于能够最小化所有 CH 最大上传时延的子信道。

7.4 性能评估

本节将评估本章所提算法的性能。这三个子问题的目标都是优化系统的总体目标，他们分别涉及数据收集、数据处理和数据上传三个过程。这三个子问题在时间维度上是相互关联的，并且是按顺序进行求解的。总的来说，当每个子问题得到最优解时，多目标优化问题就可以得到最优解。因此，本章分别对所提的三种算法的性能进行了评估，相应的参数设置如表 7.1、表 7.2 和表 7.3 所示。

表 7.1 问题 P7.1 中的参数

符号	描述	值
g_1、g_2、g_3	三种类型 RSU 的交互分数	5、3、1
$\varkappa_1$、$\varkappa_2$、$\varkappa_3$	三种交互分数的权重	0.7、0.2、0.1
ι_ϖ	CH_ϖ 链路传输失败的概率	0～0.4
r_a^A	从活跃矿工 a 到区块管理者 A 的传输速率	1.292 5 Mbit/s
l_g	验证一个签名所需要的 CPU 周期数	18 000 CPU 周期
l_h	计算一个哈希值所需要的 CPU 周期数	1 800 CPU 周期
f_a^x	RSU（矿工）的 CPU 频率	10～30 GHz
z_w	交易 ω 的数据大小	0.6～0.8 kbit
d_x	共识过程中消息的数据大小	0.4 kbit
λ	RSU 被攻击的概率	0.2
F_x^{min}	区块链安全性的下限	0.99
Ω_x^{min}	区块链吞吐量的下限	80

（续表）

符号	描述	值
$T_x^{\max}$	区块链时延的上限	5 s
$T_w^{\max}$	交易停留时间的上限	15 s
$\eth$	OIR_x 中的常数参数	100

表 7.2　问题 P7.2′中的参数

符号	描述	值
$P_{k,m}$	CH 的发射功率	100 mW
τ	数据收集时间跨度	60 s
υ	信息提取任务的计算强度	16 000 周期每比特
$r_{k,m}^{k}$	从 CH_m 到 MEC 服务器 k 的传输速率	2.585 Mbit/s
$r_{k,m}^{n}$	从 CH_m 到 CM_n 的传输速率	1.292 5 Mbit/s
AoI^{pro}	信息提取时间的上限	50 s
$f_{k,m}^{k}$	MEC 服务器的 CPU 频率	50～100 GHz
$f_{k,m}^{n}, f_{k,m}^{loc}$	CM 和 CH 的 CPU 频率	1～10 GHz
$d_{k,m}$	收集信息的数据大小	6～8 kbit
$\aleph_{k,m,n}$	D2D 链路容量	4 kbit
$\delta_{k,m}$	CH 运行一个 CPU 周期的价格	10^{-7} 代币

表 7.3　问题 P7.3′中的参数

符号	描述	值
$P_{s,m}$	CH 的发射功率	100 mW
$\ell_{s,m}$	CH 和 BS 的距离	100～200 m
$\wp$	信道增益中的指数参数	2
N_0	AWGN 的功率谱密度	−110 dBm/Hz
$SINR^{\min}$	SINR 的下限	0.1
$AoI^{\max}$	信息新鲜度的上限	120 s
$d_{s,m}$	提取信息的数据大小	4～6 kbit
E_s	子信道的数量	10

7.4.1 仿真设置

本章实验在一台64位Windows10操作系统计算机上进行，该计算机具有16 GB的RAM、3.2 GHz频率的Intel（R）Core（TM）i7-8700CPU和NVIDIA GeForce GTX 1050显卡。

子问题P7.1的优化目标是最大化区块链安全性和最小化区块链时延。评估指标包括区块链安全性、区块链时延、选定活跃矿工的平均计算能力和可靠活跃矿工的比率。本章选择5个具有代表性的算法用于对比。

① 基于DRL框架的性能优化（DRL-based Performance Optimization Framework，DPOF）算法[61]：利用基于DRL的解决方法来选择活跃矿工和区块大小，并且考虑活跃矿工的分散性、区块链时延和区块链安全性来最大化区块链吞吐量。

② 多权重主观逻辑（Multi-Weight Subjective Logic，MWSL）算法[13]：首先，基于RSU和车辆之间交互的频率、及时性和有效性利用多权重主观逻辑方法来评估每个RSU的信誉；然后，根据其信誉从RSU中选择活跃矿工。

③ 传统的主观逻辑（Traditional Subjective Logic，TSL）算法[62]：设计一个线性函数来计算RSU的信誉，车辆通过该函数投票选出活跃矿工。

④ DPoS算法：车辆根据车辆和RSU之间的交互利用本地意见评估RSU的信誉从而选择活跃矿工。

⑤ 基于计算能力的算法：根据计算能力从RSU中选择活跃矿工。

子问题P7.2′的优化目标是选择合适的任务计算模式使所有用户的总效用最大化，因此评价指标是社会福利和选择不同任务计算模式的CH数量。本章将5种代表性算法与DIADEM算法进行比较。

① 最优解：遍历所有可能的解，寻找总效用最大的最优解，以获得社会福利的上限。

② 本地计算：每个CH在本地处理其任务。

③ 卸载到MEC服务器：每个CH通过卸载到MEC服务器来处理任务。

④ 卸载到CM：每个CH通过卸载到其CM来处理任务。

⑤ 卸载到本地和CM（LCO to CM）：每个CH通过本地或卸载到其CM（即DIADEM算法的子过程）来处理任务，以最大化总效用。

子问题P7.3′的优化目标是最小化最大上传时延。由于本章考虑的是一个实际情况，即有10个子信道和数百个CH，所以用暴力法求最优解是不可行的。因此，本章将两个具有代表性的基准算法与基于双边匹配的算法进行比较。

① 贪婪算法：BS根据每个CH的上传时延为其选择当前最佳子信道。

② 随机选择算法：BS为每个CH随机选择基于NOMA的子信道。

7.4.2　问题 P7.1 的性能

基于旧金山黄色出租车的真实数据集评估了基于分数的投票机制的性能[62]。数据集包含 2011 年一个月内 536 辆出租车的移动轨迹。从中随机选取 300 辆车，并且主要关注密集区域内的车辆轨迹。本章研究这些车辆在 1 h 内的移动轨迹。假设研究区域内随机分布着 200 个 RSU，其中 10 个恶意 RSU 在开始的 5 min 内表现良好。

图 7.5 显示了当恶意 RSU 在开始 5 min 内假装表现良好时，不同方案给出的信誉和分数值。可以观察到，基于分数的投票机制可以在 7 min 内检测到恶意 RSU，而 MWSL、TSL 和 DPoS 方案分别在 8 min、10 min 和 10 min 检测到恶意 RSU。因此，与其他方法相比，本章基于分数的投票机制能够更快速地检测出恶意的 RSU。

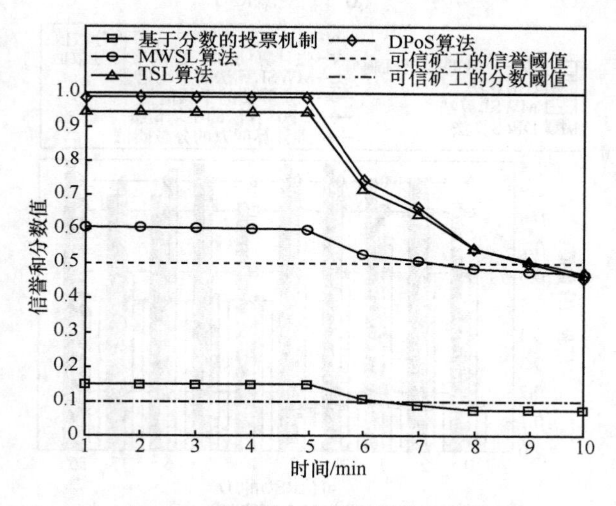

图 7.5　恶意 RSU 的信誉和分数值

图 7.6（a）和图 7.6（b）分别展示了恶意和可信 RSU 的信誉和分数值。从图 7.6（a）可以看出这 4 种算法都可以识别出恶意 RSU，MWSL、TSL 和 DPoS 对恶意 RSU 给出的信誉值低于可信矿工的信誉阈值（0.5），并且基于分数的投票机制给出的分数值低于可信矿工的分数阈值（0.1）。然而，基于分数的投票机制对 10 个恶意 RSU 的评估比其余算法具有更好的稳定性，因为其分数方差小于 MWSL、TSL 和 DPoS 中相应的信誉方差。在图 7.6（b）中，编号为 0、2、3、4、7 的可信 RSU 计算能力较弱，编号为 1、5、6、13、16 的可信 RSU 计算能力较强。虽然这 5 种算法都能区分出可信的 RSU，但基于分数的投票机制还能评估 RSU 的计算能力，这是因为具有较强计算能力的 RSU 的分数值高于强计算能力的分数阈值，反之亦然。

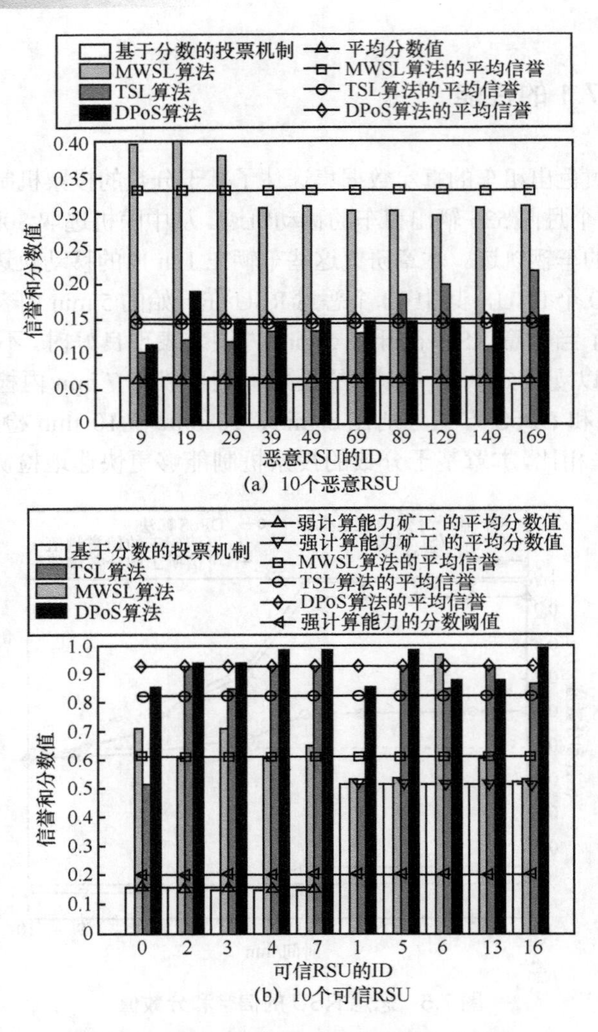

(a) 10个恶意RSU

(b) 10个可信RSU

图 7.6 恶意和可信 RSU 的信誉和分数值

图 7.7（a）和图 7.7（b）分别展示了可靠活跃矿工的比率和活跃矿工的平均计算能力（即 CPU 频率）。图 7.7（a）显示了基于计算能力的算法会选择一些恶意 RSU 作为活跃矿工，而其他算法选择的所有活跃矿工都是可靠的。原因是基于计算能力的算法在选择活跃矿工时只考虑 RSU 的 CPU 频率，然而，其他算法可以区分恶意的 RSU 并从而选择可靠的 RSU。从图 7.7（b）中可以看出，基于分数的投票机制选择的活跃矿工的平均 CPU 频率高于 MWSL、TSL 和 DPoS。这是因为本章算法可以评估 RSU 的计算能力，而其他算法只能评估 RSU 的信誉。通过综合考虑图 7.7，可以得出基于分数的投票机制的性能优于其他算法，因为它可以选择计算能力最大的可靠 RSU 作为活跃矿工。

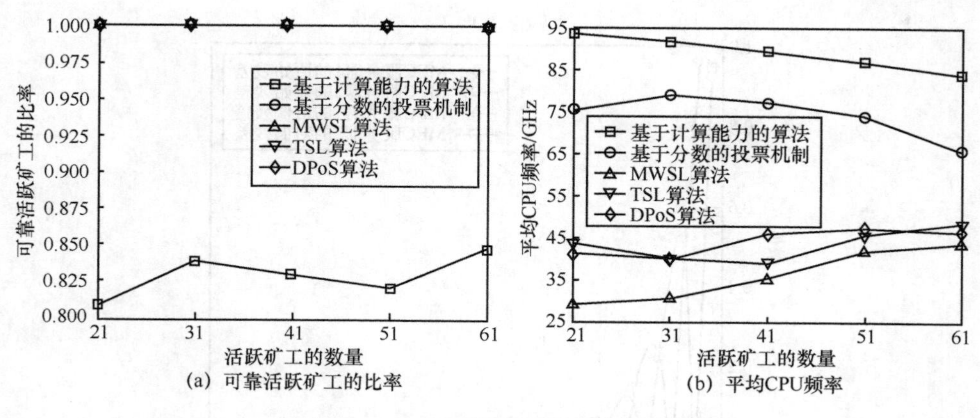

(a) 可靠活跃矿工的比率　　(b) 平均CPU频率

图 7.7　对于不同数量活跃矿工的性能

表 7.4 显示了对于不同数量的 RSU 所选活跃矿工的数量、区块大小和区块链时延。很明显，本章算法可以选择比 DPOF 更多的活跃矿工，生成更小的区块和更低的区块链时延。原因是 DPOF 的优化目标是通过考虑活跃矿工的分散性、区块链时延和区块链安全性来实现区块链吞吐量的最大化，它倾向于选择较少的活跃矿工和更多的交易来最大化区块链的吞吐量。因此，基于 DRL 的算法可以保证比 DPOF 更安全和更低时延的区块链。

表 7.4　对于不同数量 RSU 的实验结果

指标	算法	RSU 数量			
		20	30	40	50
所选活跃矿工的数量	本章算法	17	28	38	47
	DPOF	15	21	32	40
区块大小/kB	本章算法	100.1	132.3	134.4	137.9
	DPOF	124.0	140.0	156.0	160.0
区块链时延/s	本章算法	1.117 9	1.562 7	1.861 9	2.179 1
	DPOF	1.239 2	1.608 5	1.909 5	2.375 3

7.4.3　问题 P7.2′的性能

DIADEM 在不同 MEC 服务器上的收敛性能如图 7.8 所示。可以观察到 MEC 服务器 1 和 2 具有相同的收敛趋势，因为它们具有相同的原始残差和对偶残差。每个 MEC 服务器的原始残差和对偶残差的差值随着迭代次数的增加而减小。图 7.8 表明 DIADEM 算法可以在 20 次迭代中达到收敛。

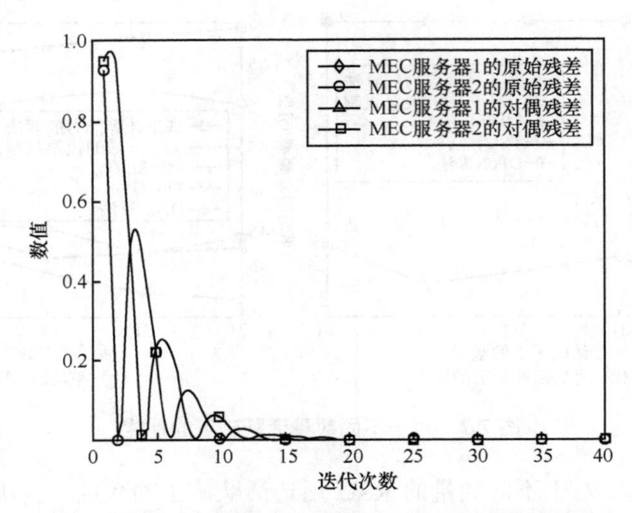

图 7.8 DIADEM 算法在不同 MEC 服务器上的收敛性能

如图 7.9（a）所示，CH 主要选择本地计算和卸载到 CM 的计算模式。原因是 MEC 服务器提供的价格非常高，每个 CH 卸载到 MEC 服务器的概率低于 0.5。CH1、CH3、CH4、CH5 和 CH9 选择本地计算的概率为 1，这表明它们可以满足二元变量恢复本地计算的所有约束。对于 CH6、CH7 和 CH8，它们不满足问题 P7.2′ 中的约束条件 C7.22。因为与卸载到 MEC 服务器相比，CH 选择卸载到 CM 可以获得更大的社会福利。图 7.9（b）展示了 CH10 中 CM 的任务比率 $\tilde{\xi}_{k,m,n}$ 、CPU 频率 $f_{k,m}^{n}$ 和任务时延 $T_{k,m,n}^{\mathrm{cm}}$ 。为了满足 P7.2′ 约束条件 C7.21，所有 CM 的总任务比率等于 CH10 选择卸载到 CM 计算模式的概率。当 CH 将他们的任务卸载到 CM 时，旨在减少它们的任务时延。最后，由于 CPU 频率越高的 CM 的任务比率越大，所有的 CM 都有相同的任务时延。

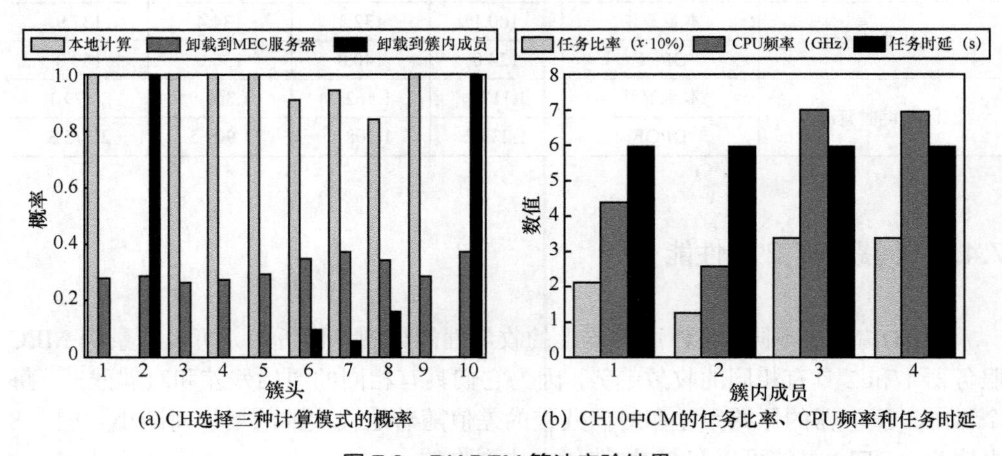

(a) CH选择三种计算模式的概率

(b) CH10中CM的任务比率、CPU频率和任务时延

图 7.9 DIADEM 算法实验结果

对于不同 MEC 服务器价格δ_k、CM 价格δ_n、MEC 服务器总计算能力ζ、数据收集和处理的时间上限$T_{k,m}^{\max}$，DIADEM 的实验结果如图 7.10 所示。根据图 7.10（a），其中$\delta_n = 10^{-6}$代币，$T_{k,m}^{\max} = 81\text{s}$，并且$\zeta = 8.96 \times 10^8$周期，可以观察到当$\delta_k$不小于$10^{-5.8}$时，CH 主要选择本地计算和卸载到 CM，因为 MEC 服务器的价格相当昂贵且任务计算成本高。当δ_k为$10^{-5.8}$～$10^{-6.0}$时，选择卸载到 CM 模式的 CH 数量减少，而选择卸载到 MEC 服务器模式的 CH 数量增加，因为卸载到 MEC 服务器比卸载到 CM 会带来更大的社会福利。当δ_k小于$10^{-6.0}$时，卸载到 MEC 服务器的模式优于本地计算。在δ_k达到$10^{-6.2}$之后，即使降低δ_k的值，由于 MEC 服务器的总计算能力有限，选择卸载到 MEC 服务器的模式的 CH 数量也不会改变。

对于不同的δ_n，图 7.10（b）显示了 DIADEM 的实验结果，其中$\delta_k = 10^{-5.9}$代币，$T_{k,m}^{\max} = 81\text{s}$，$\zeta = 8.96 \times 10^8$周期。当$\delta_n$不小于$10^{-5.9}$时，CH 更倾向于选择本地计算和卸载到 MEC 服务器的模式，因为卸载到 CM 需要支付昂贵的价格。当δ_n为$10^{-5.9}$～$10^{-6.1}$时，卸载到 CM 的模式开始增加社会福利。当δ_n小于$10^{-6.2}$时，卸载到 CM 比本地计算带来更多的社会福利，当δ_n达到$10^{-6.3}$时，所有 CH 都选择卸载到 CM。图 7.10（c）展示了不同ζ的实验结果，其中$\delta_n = 10^{-6.25}$，$\delta_k = 10^{-6.2}$代币，$T_{k,m}^{\max} = 81\text{s}$。很明显，卸载到 MEC 服务器的 CH 数量随着ζ的增加而增加，而ζ选择本地计算和卸载到 CM 的 CH 数量则随着ζ的增加而减少。原因是卸载到 MEC 服务器可以提高社会福利，而ζ限制卸载到 MEC 服务器的 CH 数量的上限。与图 7.10（c）类似，在图 7.10（d）中选择本地计算的 CH 数量随着$T_{k,m}^{\max}$的增加而增加，而卸载到 MEC 服务器和 CM 的 CH 数量却减少，因为选择本地计算比其他两种模式带来更大的社会福利，其中$\delta_n = 10^{-5.8}$代币，$\delta_k = 10^{-5.75}$代币，$\zeta = 8.96 \times 10^8$周期。

不同指标的社会福利如图 7.11 所示。当δ_k不同时，对应的社会福利如图 7.11（a）所示。可以观察到，本地计算、卸载到 CM 以及本地计算和卸载到 CM 的组合（LCO to CM）的社会福利是恒定的。其原因是变化的δ_k对这三种方法的社会福利没有影响。LCO to CM 的社会福利大于本地计算和卸载到 CM 的社会福利，仅选择本地计算会导致某些 CH 的任务计算时延不满足问题 P7.2′ 的 C4 约束条件，即它们的任务计算时延使数据收集和处理的时间超过上限$T_{k,m}^{\max}$并且卸载到 CM 需要支付 CM 的昂贵价格。卸载到 MEC 服务器的社会福利随着δ_k的减少而增加。当δ_k等于$10^{-5.5}$时，卸载到 MEC 服务器的社会福利是负的。虽然任务计算时延较低能获得一个较大的奖励，但 CH 需要为 MEC 服务器支付高昂的价格，从而产生巨大的任务成本。当δ_k不小于$10^{-5.8}$时，LCO to CM 得到与 DIADEM 和最优解相同的社会福利。原因是 MEC 服务器的价格比较高，CH 从本地计算和卸载到 CM 的计算模式中进行选择，而不是卸载到 MEC 服务器。当δ_k小于$10^{-5.8}$时，LCO to CM 的社会福利低于

DIADEM 和最优解，因为卸载到 MEC 服务器可以产生更大的社会福利。当 MEC 服务器价格为$10^{-6.3}$代币每周期时，DIADEM 与最优方案的性能差距为 19.26 代币，并且 DIADEM 和最优解的性能差距随着 MEC 服务器价格的提高而减小。

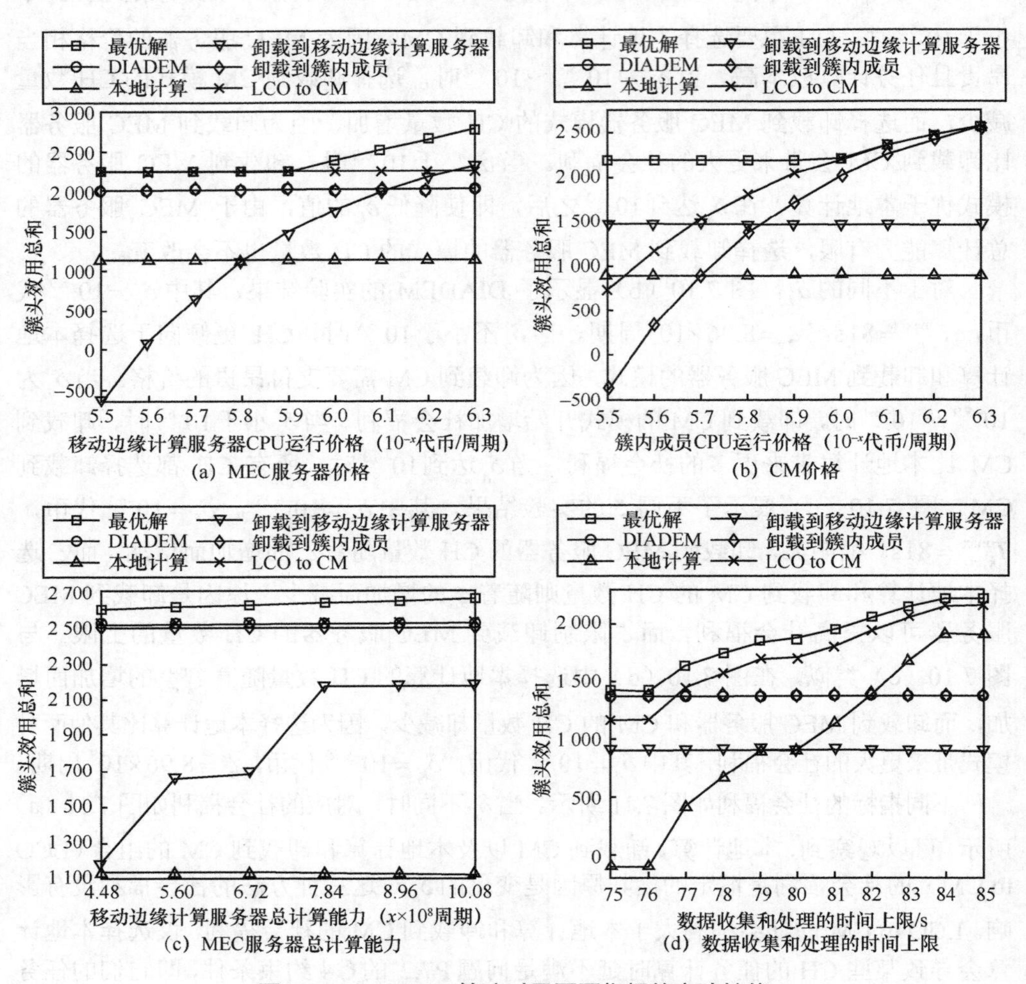

图 7.10 DIADEM 算法对于不同指标的实验性能

图 7.11（b）显示了不同δ_n的社会福利。本地计算和卸载到 MEC 服务器的社会福利是不变的。显然，卸载到 CM 和 LCO to CM 的社会福利随着δ_n的降低而增加。当δ_n大于$10^{-6.1}$时，DIADEM 和最优解的性能优于 LCO to CM，原因是在 DIADEM 和最优解中，CH 选择向 MEC 服务器卸载任务从而获得较大的社会福利。当δ_n不超过$10^{-6.1}$时，LCO to CM 的社会福利与 DIADEM 和最优解相等，因为所有 CH 都选择本地计算和卸载到 CM 的任务计算模式。当δ_n等于$10^{-6.3}$时，卸载到 CM

可以获得与 DIADEM 和最优解以及 LCO to CM 相同的社会福利，原因是所有 CH 都选择卸载到 CM。

从图 7.11（c）中，可以观察到对于不同的ζ，本地计算、卸载到 CM 和 LCO to CM 产生恒定的社会福利。DIADEM 比其他 4 种方法（除最优解外）有更好的性能，因为它可以为每个 CH 选择合适的计算模式。DIADEM 和最优解得到的社会福利随着ζ的增加而增加，因为ζ越大允许越多的 CH 选择卸载到 MEC 服务器。随着ζ的增加，卸载到 MEC 服务器可以获得更大的社会福利。如果现有的 MEC 服务器不能满足所有 CH 的计算需求，则需要部署额外的 MEC 服务器，从而导致额外的成本。

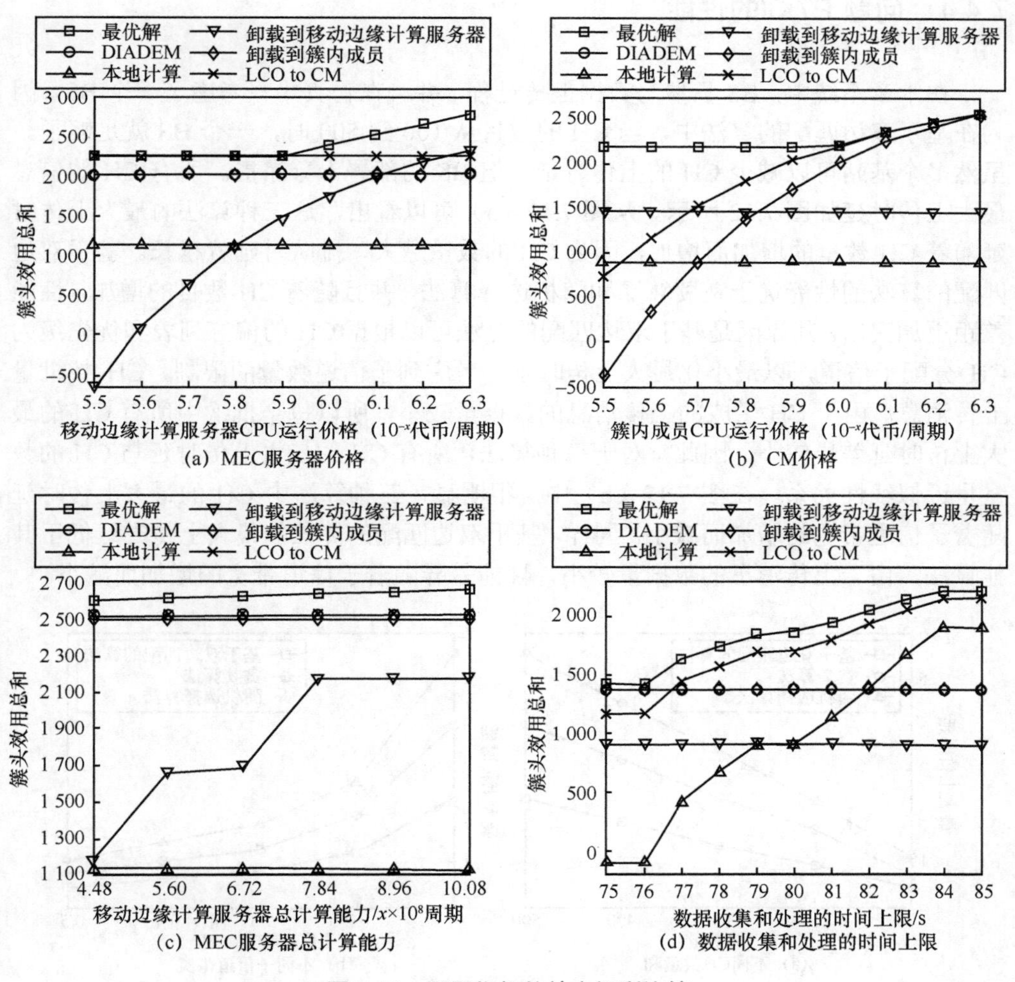

图 7.11　不同指标的社会福利比较

对于不同的$T_{k,m}^{\max}$，各种方法的社会福利如图 7.11（d）所示。可以注意到，卸载到 CM 和卸载到 MEC 服务器所获得的社会福利在不同的$T_{k,m}^{\max}$情况下是不变的。这是由于 CM 的任务分解和 MEC 服务器强大的计算能力，数据收集和处理中的时延小于 75 s。其他方法的性能都随着$T_{k,m}^{\max}$的增加而提高。这是因为$T_{k,m}^{\max}$越大，更多的 CH 可以选择社会福利更大的本地计算模式。DIADEM 的性能优于本地计算和 LCO to CM，因为 DIADEM 可以考虑 P7.2′ 中的所有约束并为每个 CH 选择合适的任务计算模式。因此，与 LCO to CM 相比，DIADEM 具有更好的性能，这说明了本章提出的激励机制的有效性。

7.4.4 问题 P7.3′的性能

在本章系统中，BS 只参与数据上传过程，并且在仿真中只考虑了一个 BS，因为在基于双边匹配的算法中，当 CH 的数目从 100 到 500 时，一个 BS 就足够了。虽然多个基站可以减少 CH 的上传时延，但 BS 的部署十分昂贵。所有 CH 的信息最大上传时延如图 7.12 所示。从图 7.12（a）可以看出，这三种算法的最大上传时延随着 CH 数量的增加而增加，因为 CH 的数量越大，排队时延就越长。基于双边匹配的算法的性能优于贪婪算法和随机选择算法，并且随着 CH 数目的增加，性能差距更加突出。其原因是基于双边匹配的算法可以根据 CH 的偏好列表和优先级为 CH 分配子信道，以最小化最大上传时延。考虑到子信道数量的限制，CH 按批量上传消息。由于 CH 生成的上传消息的数据量较小，所以每个批次中所有 CH 的最大上传时延差异较小。因此，对于每种算法，所有 CH 的最大上传时延与 CH 的数量呈近似线性关系。在图 7.12（b）中，很明显，三种算法中 CH 的最大上传时延随着子信道带宽的增加而减小。同样，基于双边匹配的算法的最大上传时延低于其他算法，由于上传消息的数据量较小，性能差异随着子信道带宽的增加而减小。

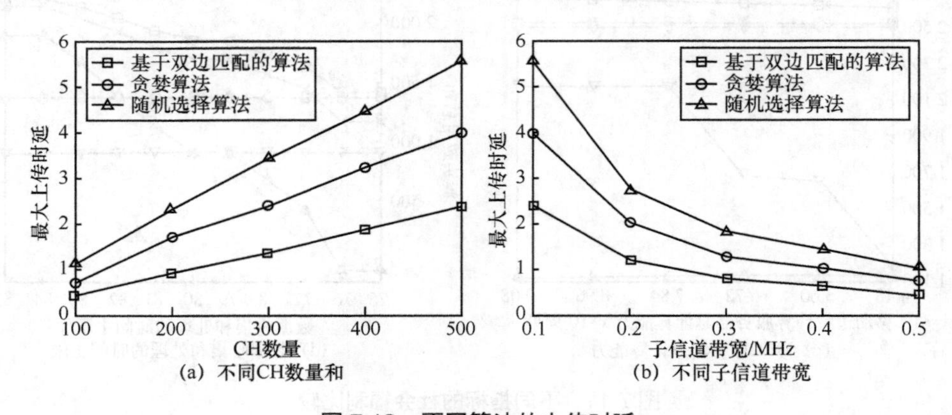

(a) 不同CH数量和　　(b) 不同子信道带宽

图 7.12　不同算法的上传时延

第 8 章 基于 DRL 的智能车联网计算卸载方案

据统计，人为驾驶失误和错误判断导致了 90%的交通事故[63]。IoV 是构建智慧城市，缓解交通拥堵，并减少驾驶不当引起的交通事故的关键技术。随着智能车联网技术的发展，车辆正在逐步从旅行工具转变为智能终端[64]。得益于远程信息处理的支持，车联网已成为旅途中便利的娱乐平台。然而，用户不断增长的体验质量（Quality of Experience，QoE）的需求对远程信息处理应用提出了重大挑战，尤其是复杂决策和实时资源管理等计算密集型应用程序。

从分布式计算架构发展到网格计算架构，云计算旨在克服上述车载应用的发展阻碍。尽管云或微云服务中心可以提供充足的计算资源，但它们可能离终端用户很远，从而产生较高的网络时延[65]。截至 2020 年，车联网连接超过 15 亿辆汽车，实时计算处理和数据管理的需求给骨干网络的带宽和用户的体验质量带来了严峻的考验[66]。车辆收集并处理车联网中的各种数据，以支持基于交通管理的应用程序，如车辆智能安全驾驶[67]等。

移动用户正在成为主要的数据来源，无人驾驶汽车每小时可产生超过 1 TB 的数据。如何充分利用车辆的计算和存储能力是颇具挑战性的，因此服务器的可移动性和地理分布至关重要。受此启发，思科公司提出了雾计算的概念。通过在网络边缘部署具有计算和存储能力的雾服务器，可以大幅降低网络时延，显著提高用户的体验。无处不在的实时网络连接需要雾计算的支持，车辆对车辆（Vehicle-to-Vehicle，V2V），车辆对基础设施（Vehicle-to-Infrastructure，V2I）和车辆对传感器

（Vehicle-to-Sensor，V2S）等通信模式共存于车联网中。

智能汽车中使用的传感器发展迅猛，种类繁多，时刻产生着体量巨大的数据，也在时刻挑战着车联网的决策和网络管理能力。基于 DRL 的计算卸载和认知计算等新兴技术的集成有望提供车联网管理解决方案。一般来说，智能车联网的优势可以归纳为：认知智能、决策可靠、资源利用高效和市场潜力巨大。

8.1 动机

尽管雾计算可以有效降低车联网时延，但能源短缺正成为车联网发展的主要阻碍。车辆消耗的化石燃料占能源消耗的比重大，因此，车载应用的能耗值得关注。电动汽车（Electric Vehicle，EV）或混合动力汽车将占据主导市场，因此要考虑车联网的能源消耗。

关于节能车联网的研究主要集中在配备电池的 RSU 或电动汽车的能源管理上。对于节能和加速车联网计算过程具有重要意义的高效计算卸载尚未得到充分研究。由于车辆的计算和存储功能有限，因此在基于雾计算的车联网计算卸载中应充分考虑两个问题：是否通过雾计算来卸载任务；计算任务全部卸载还是部分卸载。因此，基于云服务器和雾节点之间协作的节能计算是个值得深入的研究方向。

旨在打造智能车联网的 DRL 应用值得研究。具有强大处理能力和充足内存资源的数据中心适合执行 DRL 算法，通过在边缘网络部署 DRL 应用，以采集并处理事件本地的数据，向车辆提供实时响应服务。然而，大多数机器学习和人工智能算法需要消耗大量能量，边缘设备可能难以负担，因此，可以配备边缘服务器的 RSU 节点承担决策任务。

8.2 贡献

与车联网中出现的紧急消息传输（如道路安全和危险活动）不同，本章工作侧重于车载娱乐服务，这些服务不是时延敏感的，但会占用大量资源（传输带宽和能量）。本章构建了一种三层车联网计算卸载模型，该模型采用云计算和雾计算结合的方式来处理计算密集型任务。本章工作的主要贡献可以概括如下。

① 本章基于车联网构建了一个三层车联网计算卸载模型，并提出了一种高效节能的计算卸载问题，旨在满足任务时延约束的同时最小化能耗。

② 所提问题被分解为两个子问题，即流重定向和卸载决策。对于第一个子问

题，本章提出了一种基于 Edmonds-Karp 的算法来均衡各服务器的任务负载；对于第二个子问题，提出了一种基于 DRL 的计算卸载算法。

③ 本章基于排队论提出 DRL 模型，该模型的系统状态包括移动车辆的到达率、卸载任务的到达率和停放的车辆数，这些变量是从宏观上影响卸载决策的主要因素。

④ 基于上海出租车的真实轨迹进行了性能评估，实验证明了基于 Edmonds-Karp 的负载均衡算法以及基于 DRL 的卸载决策算法的有效性，分析结果可得本章提出的算法能够在满足计算任务时延约束的基础上大幅降低能耗。

8.3　系统模型

8.3.1　模型概述

本章系统模型包括微云服务器（简称“微云”）、RSU 和雾节点三层。RSU 接收附近车辆发送的计算卸载任务，进而将这些任务分配给微云服务器或附近的雾节点进行处理。停放车辆和移动车辆都可以被视为雾节点，即分别视作基于停放车辆的雾节点和基于移动车辆的雾节点。由于计算卸载会消耗大量能源，因此本模型的优化目标是最小化卸载过程的总能耗。

基于真实数据集分析，到达 RSUr_i 的车流量遵循泊松过程，到达率为 $\lambda_i^{\text{vehicle}}$。因此，卸载任务的上传过程可以被视为车流量的子过程。相应地，假设到达每个 RSUr_i 的消息流遵循泊松过程，到达率为 λ_i。此外，城市中的车辆网络可以划分为多个区域，以其中一个区域内的网络性能为例进行分析。所构建的卸载系统易于扩展到城市范围内的其他车载网络，从而很容易扩展到全市范围内的所有区域。设定区域 G 内存在一个微云服务器 c、一组 RSUs $R=\{r_1,\cdots,r_u\}$、车辆 $\{v_1^p,\cdots,v_l^p\}$ 和一组移动车辆 $\left\{v_1^m,\cdots,v_n^m\right\}$。

本章的优化目标是在满足相应时延约束的同时，最小化计算卸载的总体能耗。能耗可以通过 $E=P\cdot t_{\text{tol}}$ 来计算，其中 P 表示服务器的功率，t_{tol} 表示计算卸载任务的总执行时间，可通过 $t_{\text{tol}}=t_{\text{up}}+t_{\text{wat}}+t_{\text{pro}}+t_{\text{down}}$ 求解，其中 t_{up} 是消息从 RSU 上传到处理服务器的上传时间，t_{wat} 表示消息在处理服务器的等待时间，t_{pro} 表示消息的服务器的处理时间，t_{down} 表示发给 RSU 的反馈消息的传输时间。为了简化起见，本章认为 $t_{\text{up}}=t_{\text{down}}$。因此，消息处理的系统响应时间 $t_{\text{tol}}=2t_{\text{up}}+t_{\text{wat}}+t_{\text{pro}}$。

8.3.2 微云模型

由于车辆的计算能力有限，因此可以利用微云来处理时延敏感的卸载任务。本章将系统建模为排队网络，微云可以被建模为具有 b 个异构服务器和固定服务速率 μ_c 的 $M/M/b$ 队列。微云的服务速率为 $\rho^c = \lambda^c / b\mu_s$，$\lambda^c$ 表示等待微云处理的流量，$\rho^c < 1$。根据排队论[68]，任务的期望队列等待时间可以通过式（8-1）计算。

$$\mathbb{E}(t_{\text{wat}}) = f(b,\rho) = \left[\sum_{k=0}^{b-1} \frac{\left(\dfrac{b}{k}\right)!(1-\rho^2)}{(b\rho)^{b-k}\rho} + \frac{1-\rho}{\rho}\right]^{-1} \tag{8-1}$$

期望处理时间 $E\left(t_{\text{ser}}^c\right) = \dfrac{1}{\mu_s}$。此外，上传时间 t_{up} 是关于传输速率的函数，传输速率计算公式如下：

$$R_{r_i \to \text{cloudlet}} = W \text{lb}\left(1 + \frac{p_{i,c} h_{i,c}}{\sigma^2 + \sum_{j=1, j\neq i}^{u} p_{j,c} h_{j,c}}\right) \tag{8-2}$$

其中，W 表示带宽，传输功率 $P_{r_i \to \text{cloudlet}}$ 和信道增益 $h_{r_i \to \text{cloudlet}}$ 分别简化为 $p_{i,c}$ 和 $h_{i,c}$；σ^2 表示高斯噪声，微云和 RSU 之间的通信采用 NOMA 技术，$\sum_{j=1, j\neq i}^{u} p_{j,c} h_{j,c}$ 表示其他 RSU 占用相同信道引起的干扰。

车辆产生的卸载任务 $T = \{d, t_{\max}\}$，其中 d 表示需要处理的数据大小，$t_{\max}$ 表示可容忍的最大时延。上传时间 $t_{\text{up}}^c = d_{r_i \to \text{cloudlet}} / R_{r_i \to \text{cloudlet}}$。任务总执行时间 t_{tol}^c 的期望可以通过式（8-3）计算。

$$\mathbb{E}\left(t_{\text{tol}}^c\right) = 2 \cdot t_{\text{up}}^c + \mathbb{E}\left(t_{\text{wat}}^c\right) + \mathbb{E}\left(t_{\text{pro}}^c\right) = 2 \cdot \frac{d_{r_i \to \text{cloudlet}}}{R_{r_i \to \text{cloudlet}}} + f\left(b, \rho^c\right) + \frac{1}{\mu_c} \tag{8-3}$$

相应地，微云卸载的总能耗可以通过式（8-4）计算。

$$E_{\text{tol}}^c = E_{\text{up}}^c + E_{\text{wat}}^c + E_{\text{pro}}^c + E_{\text{down}}^c = \left(P_{i,c}^{\text{up}} + P_{c,i}^{\text{down}}\right) t_{\text{up}}^c + P_c^{\text{wat}} \mathbb{E}\left(t_{\text{wat}}^c\right) + P_c^{\text{pro}} \mathbb{E}\left(t_{\text{pro}}^c\right) \tag{8-4}$$

8.3.3　雾模型

有两种车辆可用于雾节点，即停放车辆和移动车辆，本节主要描述如何将它们用作雾节点。

（1）基于停放车辆的雾模型

考虑一天 24 小时分为 s 个时隙，在每个时隙期间，停放车辆的总数没有显著变化。此外，停放车辆被视为雾节点，并且配备一个具有固定服务率 μ_p 的服务器。基于 l 个停放车辆的雾节点可建模为 $M/M/l$ 队列。与微云模型类似，基于停放车辆的雾节点的服务速率 $\rho_i^p = \lambda_i^p / l\mu_p$，其中 λ_i^p 表示等待基于停放车辆的雾节点处理的任务队列，则任务的期望执行时间为

$$\mathbb{E}\left(t_{\text{tol}}^p\right) = \mathbb{E}\left(t_{\text{wat}}^p\right) + \mathbb{E}\left(t_{\text{pro}}^p\right) + 2 \cdot t_{\text{up}}^p = f\left(l, \rho_i^p\right) + \frac{1}{\mu_p} + 2 \cdot t_{\text{up}}^p \tag{8-5}$$

相应的执行任务的总能耗为

$$E_{\text{tol}}^p = E_{\text{up}}^p + E_{\text{wat}}^p + E_{\text{pro}}^p + E_{\text{down}}^p = \left(P_{i,p}^{\text{up}} + P_{p,i}^{\text{dowm}}\right) t_{\text{up}}^p + P_p^{\text{wat}} \mathbb{E}\left(t_{\text{wat}}^p\right) + P_p^{\text{pro}} \mathbb{E}\left(t_{\text{pro}}^p\right) \tag{8-6}$$

（2）基于移动车辆的雾模型

对于移动车辆，本章首先给出如下引理。

引理 8.1　配备服务器的移动车辆可以被视为雾节点。移动车辆由于具有机动性，它比停放车辆更为复杂，可以将移动车辆建模为到达率 $\lambda_i^{\text{vehicle}}$ 的 $M/M/1$ 队列。

由于 RSUr_i 将到达的卸载流量分配给微云、停放车辆和移动车辆，因此到达移动车辆的卸载流量 λ_i^m 可以被视为到达 RSUr_i 的卸载流量的一部分，即 $\lambda_i^m < \lambda_i$ 。相应地，$\lambda_i^m < \lambda_i < \lambda_i^{\text{vehicle}}$ 。此外，假设所有基于移动车辆的雾节点具有相同的资源和计算能力。当移动车辆进入 RSU 的无线通信范围时，它在等待队列的队首获取消息，并且可以在离开通信范围之前完成任务处理。基于移动车辆的雾节点上的等待队列中的任务流可以被看作随机过程，表示为 $\{X_n, n \geqslant 0\}$，离散状态 $i_0, i_1, \cdots, i_{n+1}$ 表示等待队列中的消息总数，并且满足 $P\{X_0 = i_0, X_1 = i_1, \cdots, X_n = i_n\} > 0$ 。$t+1$ 时隙等待队列中的消息数目与 t 时隙之前的状态无关，即 $P\{X_{n+1} = i_{n+1} | X_0 = i_0, \cdots, X_n = i_n\} = P\{X_{n+1} | X_n = i_n\}$。因此，基于移动车辆的雾节点的等待队列中的任务流可以被建模为马尔可夫链，其概率转移矩阵为

$$\begin{pmatrix} -\lambda_i^m & \lambda_i^m & & \\ \lambda_i^{\text{vehicle}} & -\left(\lambda_i^{\text{vehicle}}+\lambda_i^m\right) & \lambda_i^m & \cdots \\ & \lambda_i^{\text{vehicle}} & -\left(\lambda_i^{\text{vehicle}}+\lambda_i^m\right) & \\ & & \lambda_i^{\text{vehicle}} & \\ & & & \\ \cdots & & & \end{pmatrix} \tag{8-7}$$

基于移动车辆雾模型的马尔可夫状态和概率转移矩阵与$M/M/1$排队系统相同。因此，可以将基于移动车辆的雾节点的模型视为$M/M/1$排队系统，其中λ_i^m表示任务到达速率，$\lambda_i^{\text{vehicle}}$表示移动车辆的处理速率，排队系统的服务速率$\rho_i^m=\lambda_i^m/\lambda_i^{\text{vehicle}}$。此外，期望总执行时间可以通过式（8-8）计算。

$$\begin{aligned} &\mathbb{E}\left(t_{\text{tol}}^m\right)=\mathbb{E}\left(t_{\text{wat}}^m\right)+\mathbb{E}\left(t_{\text{pro}}^m\right)+2\cdot t_{\text{up}}^m= \\ &\frac{\rho_i^m}{\lambda_i^{\text{vehicle}}\left(1-\rho_i^m\right)}+\frac{1}{\lambda_i^{\text{vehicle}}}+2\cdot t_{\text{up}}^m=\frac{1}{\lambda_i^{\text{vehicle}}-\lambda_i^m}+2\cdot t_{\text{up}}^m \end{aligned} \tag{8-8}$$

相应地，移动车辆的总能耗表示如下：

$$E_{\text{tol}}^m=E_{\text{up}}^m+E_{\text{wat}}^m+E_{\text{pro}}^m+E_{\text{down}}^m=\left(P_{i,m}^{\text{up}}+P_{m,i}^{\text{down}}\right)t_{\text{up}}^m+P_m^{\text{wat}}\mathbb{E}\left(t_{\text{wat}}^m\right)+P_m^{\text{pro}}\mathbb{E}\left(t_{\text{pro}}^m\right) \tag{8-9}$$

8.3.4 重定向模型

为了均衡雾节点和微云的负载，设定所有 RSU 都可以相互访问[69]。因为到达不同 RSU 的任务流可能存在显著不同，过载的 RSU 可以将部分任务流重定向到其他 RSU。定义变量$g(i,k)$为从RSUr_i重定向到r_k的任务流，满足以下约束：

$$g(i,k)=\begin{cases}-g(k,i), i\neq k \\ 0,\text{其他}\end{cases} \tag{8-10}$$

$$\sum_{i=1}^{u}\sum_{k=1}^{u}g(i,k)=0 \tag{8-11}$$

$$\sum_{k=1}^{u}\max\{g(i,k),0\}\leqslant\lambda_i \tag{8-12}$$

其中，$i,k\in\{1,2,\cdots,u\}$且在一个调度时隙期间保持不变。d_{r_i,r_k}表示从RSUr_i到r_k的单位任务重定向时延。如果对r_i来说，重定向的任务流$g(i,k)<0$，则存在时延$-g(i,k)\cdot d_{r_i,r_k}$。在时隙j内，RSUr_i任务流重定向到其他 RSU 导致的时延$t_{i,\text{redirect}}^j$可以通过式（8-13）计算。

$$t_{i,\text{redirect}}^{j}=\sum_{k=1}^{u}\left|\max\{g(i,k),0\}\cdot d_{r_i,r_k}\right| \tag{8-13}$$

此外，在时隙 j 内，RSUr_i 的重定向能耗可以通过 $E_{i,\text{redirect}}^{j}=p_{r_i}\cdot t_{i,\text{redirect}}^{j}$ 得到。最终到达 RSU r_i 的任务流可以通过式（8-14）计算。

$$\overline{\lambda_i}=\lambda_i-\sum_{i=1}^{u}g(i,k) \tag{8-14}$$

8.4 问题描述

本章提出的优化问题是 MINLP 问题，并且变量在不同约束条件下耦合，因此将该优化问题分解为两个子问题来分别求解。

8.4.1 优化目标

车辆生成卸载任务时，会将任务上传到附近的 RSU。RSU 收到任务后，判断是否超负载，进而执行流重定向以实现 RSU 负载均衡。为了最小化能耗，RSU 对重定向的任务流做出卸载决策。

本章将市区划分为几个区域，在每个区域中，都有一个集中式微云服务器和 u 个分布式 RSU。RSU 附近的停放车辆和移动车辆都可以作为雾节点提供卸载服务。时隙 j 内 RSUr_i 的总能耗可通过式（8-15）计算。

$$E_{i,\text{tol}}^{j}=\alpha E_{i,\text{tol}}^{c(j)}+\beta E_{i,\text{tol}}^{p(j)}+\gamma E_{i,\text{tol}}^{m(j)}+E_{i,\text{redirect}}^{j} \tag{8-15}$$

其中，$\alpha+\beta+\gamma=1$，并且满足：

$$\alpha=\begin{cases}1,\text{信息在微云上处理}\\0,\text{其他}\end{cases} \tag{8-16}$$

$$\beta=\begin{cases}1,\text{信息在作为雾节点的停放车辆上执行}\\0,\text{其他}\end{cases} \tag{8-17}$$

$$\gamma=\begin{cases}1,\text{信息在作为雾节点的移动车辆上执行}\\0,\text{其他}\end{cases} \tag{8-18}$$

基于式（8-16）～式（8-18），优化问题定义如下：给定系统模型参数 $\left(G,\mu_c,\mu_p,d_{r_i\to\text{cloudlet}},\lambda_1,\cdots,\lambda_s,l,\lambda_i^{\text{vehicle}}\right)$，优化问题的目标就是要找到可行的 $\lambda_i^c,\lambda_i^p,\lambda_i^m$ 和 b，使得每时隙的平均能耗最小化，即：

$$
\begin{aligned}
&\text{P8}: \min_{\lambda_i^c,\lambda_i^p,\lambda_i^m,b} \frac{1}{su}\sum_{j=1}^{s}\sum_{i=1}^{u} E_{i,\text{tol}}^{j} \\
&\text{s.t.式(8-10)~式(8-14)} \\
&\text{C8.1}: \lambda_i^c + \lambda_i^p + \lambda_i^m \leqslant \overline{\lambda}_i \\
&\text{C8.2}: \lambda^c = \sum_{i=1}^{u} \lambda_i^c \\
&\text{C8.3}: 0 < \frac{\lambda^c}{b\mu_c}, \frac{\lambda_i^p}{l\mu_p}, \frac{\lambda_i^m}{\lambda_i^{\text{vehicle}}} < 1 \\
&\text{C8.4}: \alpha + \beta + \gamma = 1, \alpha, \beta, \gamma \in \{0,1\}
\end{aligned} \tag{8-19}
$$

基于上述约束，可以看到，P8 是一个 NP 难解的 MINLP 问题。因此，本章将该问题分解为两个子问题。

8.4.2 流重定向

到达城市中各分布式部署的 RSU 的任务数量可能不同。如果 RSU 仅处理其区域内产生的任务，则位于商业区等人群密集区域的 RSU 可能会过载。因此，在调度任务之前，必须进行负载平衡。由于微云服务器通常配备足够的电能，因此负载均衡的优化目标是通过任务流重定向来平衡雾节点（停放车辆和移动车辆）之间的任务负载。

负载比 σ 为雾节点的处理速率与到达 RSU 的任务流的比率，即：

$$
\sigma = \frac{\sum_{i=1}^{u}\left(l\mu_p + \lambda_i^{\text{vehicle}}\right)}{\sum_{i=1}^{u}\lambda_i} \tag{8-20}
$$

RSU 被分为两个子集，其中一个是未过载集合 $V_u = \left\{k \mid l\mu_p + \lambda_k^{\text{vehicle}} \leqslant \lambda_k\right\}$，另一个是过载集合 $V_o = \left\{i \mid l\mu_p + \lambda_k^{\text{vehicle}} > \lambda_i\right\}$。

定义集合 V_o 中每个过载的 RSUr_i 重定向到其他 RSU 的任务流为 ϕ_i，$\phi_i = \lambda_i \cdot \sigma - l\mu_p - \lambda_i^{\text{vehicle}}$，满足 $\phi_i > 0$。类似地，对于每个未过载的 RSU，从其他 RSU 重定向的任务流可以通过公式 $\phi_k = l\mu_p + \lambda_k^{\text{vehicle}} - \lambda_k \cdot \sigma$ 计算，满足 $\phi_k > 0$。第一个子问题表述如下：

$$
\text{P8.1}: \min \frac{1}{s}\sum_{j=1}^{s}\sum\nolimits_{i\in V_o}\sum\nolimits_{k\in V_u} E_{i,\text{redirect}}^{j} \tag{8-21}
$$

其优化目标是最小化平均任务流重定向能耗。由于每个时隙的流重定向都是独立的，因此上述问题等价于最小化每个时隙的重定向能耗：

$$\begin{aligned}
&\text{P8.1}': \min \sum_{i\in V_o}\sum_{k\in V_u} E_{i,\text{redirect}} \\
&\text{s.t.}\ \ 式(8\text{-}10) \sim 式(8\text{-}14) \\
&\text{C8.5}: \sum_{i\in V_o} g(i,k) = \phi_k, k \in V_u \\
&\text{C8.6}: \sum_{k\in V_u} g(i,k) = \phi_i, i \in V_o \\
&\text{C8.7}: g(i,k) \geqslant 0
\end{aligned} \tag{8-22}$$

8.4.3　卸载决策

重定向任务流后，RSU 调度任务流到微云或雾节点。为了最小化任务卸载的平均能耗，第二个子问题的优化目标可以表述为：

$$\text{P8.2}: \min_{\lambda_i^c,\lambda_i^p,\lambda_i^m,b} \frac{1}{su}\sum_{j=1}^{s}\sum_{i=1}^{u}\left(\alpha E_{i,\text{tol}}^{c(j)} + \beta E_{i,\text{tol}}^{p(j)} + \gamma E_{i,\text{tol}}^{m(j)}\right) \tag{8-23}$$

重定向任务流后，第二个子问题等价表述为：

$$\begin{aligned}
&\text{P8.2}': \min_{\lambda_i^c,\lambda_i^p,\lambda_i^m,b} \frac{1}{s}\sum_{j=1}^{s}\left(\alpha E_{i,\text{tol}}^{c(j)} + \beta E_{i,\text{tol}}^{p(j)} + \gamma E_{i,\text{tol}}^{m(j)}\right) \\
&\text{s.t.}\,\text{C8.8}: \lambda_i^c + \lambda_i^p + \lambda_i^m \leqslant \overline{\lambda}_i \\
&\text{C8.9}: \lambda^c = \sum_{i=1}^{u} \lambda_i^c \\
&\text{C8.10}: 0 < \frac{\lambda^c}{b\mu_c}, \frac{\lambda_i^p}{l\mu_p}, \frac{\lambda_i^m}{\lambda_i^{\text{vehicle}}} < 1 \\
&\text{C8.11}: \alpha + \beta + \gamma = 1, \alpha, \beta, \gamma \in \{0,1\}
\end{aligned} \tag{8-24}$$

8.5　DRL 概述

在实施基于 DRL 的算法之前，本章先简要概述一下 DRL。

强化学习（Reinforcement Learning，RL）是机器学习的重要分支，它是指在一系列场景下通过多个步骤的适当决策来实现目标的过程，可以将其视为多步骤序列决策问题。与传统的机器学习不同，RL 无法立即获得最终结果，而只能观察到暂时的奖励（主要由人为经验设定）。因此，RL 也可以被看作一种时延监督学习。

动态规划（Dynamic Programming，DP）和基于策略的优化算法通常用于解决RL中的问题，其中DP包括价值迭代和策略迭代。在无模型算法中，DP可以分为蒙特卡洛算法和时间差分算法。随着RL的发展，它被用来处理具有连续状态和动作空间的问题。用简单的值函数几乎不可能测量每个状态或动作，因此，需要通过对策略进行参数化来提出基于策略的优化，从而将神经网络引入RL。

Q学习是一种典型的时间差分RL算法，它定义了Q函数来评估策略的长期回报，可被DRL中的神经网络取代。对于每个场景，Q学习都会根据Q值做出决策，该Q值会评估当前情况下所选的动作。深度学习通过多层非线性神经网络拟合数据分布和函数模型。DRL融合了RL和深度学习的优势。此外，基于反复实验和奖励时延的特征，DRL在实际决策问题中取得了令人满意的性能。

经验回放可以提高样本的利用率，降低样本之间的相关性。随机采样意味着以相同的概率对每个样本进行采样，但样本方差可能很大。学习简单且常见的样本并不能显著改善深度Q网络（Deep Q-Network，DQN）模型。如果DQN均等地对待所有样本，则它将花费大量时间在普通样本上，而无法充分利用训练数据的潜力。优先级经验回放根据当前样本的性能赋予一定的权重来解决此不足。

在训练阶段，采样的每个步骤都是随机的。为了获得准确的Q值，可以执行多个样本以获得Q网络的期望值，这是异步DRL的关键思想。相应地，回报计算公式变为

$$Q=\mathbb{E}\left(r+\gamma\mathcal{Q}\left(s',\arg\max\mathcal{Q}(s',a';\theta);\theta^{-}\right)\right) \tag{8-25}$$

在实际应用中，异步解决方案通常通过多线程执行。

8.6 基于DRL的卸载算法

8.6.1 流重定向

流重定向中过载的RSUr_i将部分任务重定向到RSUr_k。第一个子问题（式（8-21））可以被视为一个典型的网络流量管理问题，其中RSU拓扑构成了网络流图，任务流重定向为开销。

算法8.1展示了基于Edmonds-Karp的流重定向算法。为了构造最大流问题，本章在图G中添加了一个虚拟源节点s和一个虚拟目的节点t，将图G转换为图G'，其中集合V_o和V_u中的RSU分别连接节点s和t。对于V_o中的RSU，RSU r_i和源节点s之间边的容量为ϕ_i。类似地，V_u中的RSU r_k与目的节点t之间边的容量为ϕ_k。

RSU 和虚拟节点之间的传输时延设置为 0。算法基于广度优先搜索在图 G' 中迭代搜索最短的增广路径，直到不存在增广路径为止。特别地，基于 Edmonds-Karp 的流重定向算法，任务流重定向能够在避免过多额外能耗的前提下实现 RSU 负载均衡。

算法 8.1 基于 Edmonds-Karp 的流重定向算法

输入 RSU 图 G,V_u、V_o 时延,能耗

输出 最小能耗

```
添加一个虚拟源节点 s 和一个虚拟目的节点 t，将图 G 转换为图 G'
while i∈V_o do
        capacity[s][i]=φ_i;
        delay[s][i]=0;
end
while k∈V_u do
        capacity[k][i]=φ_k;
        delay[k][i]=0;
end
for 图 G' 中每条边 e[i][j] do
        flows[i][j]=0;
end
while 在图 G' 中搜索到最短的路径 p do
        m=min(capacity[i][j]|e[i][j]∈p);
      for p 中每条边 e[i][j] do
            if m≤capacity[i][j] then
        capacity[j][i]=capacity[j][i]+m;
        flows[i][j]=flow[i][j]+m;
            end
    end
最小能耗为 p_{r_i}·flows·delay
end
```

8.6.2 最小化能耗的 DRL

与传统的机器学习算法不同，DRL 无须预先准备训练数据，而是对未标记的数据进行采样。传统 DQN 使用相同的 Q 网络来评估系统动作的选择并逼近真实的

动作值函数。然而，基于贪婪策略选择动作会导致DQN过估计。因此，文献[70]提出了双DQN（Double DQN，DDQN），旨在构造不同的动作–值函数以评估选择方案（即评估Q网络）并近似最优动作–值函数（即目标Q网络）。在实现DDQN时，DQN首先将评估Q网络的参数复制给目标Q网络；然后，评估Q网络和目标Q网络交替更新。简单的Q学习算法在训练过程中可能导致震荡或发散，原因如下。

① 数据序列化：时间连续的样本相互关联，并且不独立分布。

② 策略可能振荡：Q值的微小变化可能严重影响策略。

③ 奖励函数的值范围是未知的：简单的Q学习中的梯度在反向传播时非常不稳定。

为了克服上述障碍，DQN训练引入了经验回放机制，以防止训练结果陷入局部最优状态。此外，它利用随机采样来模拟监督学习并打破数据训练之间的相关性。经验回放的具体步骤包括：在内存中初始化缓冲区，并在仿真过程中存储基于马尔可夫决策过程（MDP）的训练数据；然后，在存储的训练数据中随机抽样一批样本，并计算Q值进而更新网络参数；当经验回放缓冲区达到上限时，新采样的训练数据将替换旧数据。经验回放机制的开发可以看作蒙特卡洛算法在DRL中的利用。

第二个子问题（式（8-23））是一定时间段内的最小化开销问题。由于卸载决策具有空间大并且时变的特点，因此可以将最小化开销问题建模为DRL问题。DRL问题可以看作基于MDP的最优控制问题，其中利用卷积神经网络来表示动作–值函数。具体而言，DRL中有4个重要元素：智能体、系统状态、系统动作和奖励。

① 智能体：RSU为DRL训练过程中的智能体。对于每一个周期，RSU根据系统状态，以最大化奖励值为目标选择一个动作。

② 系统状态：移动车辆到达RSUr_i的速率$\lambda_i^{\text{vehicle}}$，卸载任务的到达速率$\lambda_i$以及RSU通信范围内停放车辆的数量$l$。由于当前系统状态仅与上一个时隙有关，因此将它们建模为有限状态马尔可夫链（Finite State Markov Chain，FSMC）[70]，可以表示为

$$\mathcal{S}_i(t)=\left[\lambda_i^{\text{vehicle}}(t),\lambda_i(t),l(t)\right] \tag{8-26}$$

③ 系统动作：RSUr_i负责将到达的任务流λ_i调度到三个平台：微云λ_i^c、停放车辆λ_i^p和移动车辆λ_i^m。基于基础设施的微云通常比雾节点消耗更多的能量，因此，任务优先分配给基于停放车辆和基于移动车辆的雾节点。

此外，移动车辆在不同时隙间的位置变化很大，因此，分配给停放车辆的任务满足$\lambda_i^p=l\mu_p$。RSU通过DRL决定λ_i^m的值。剩下的任务被调度到微云：$\lambda_i^c=\lambda_i-\lambda_i^p-\lambda_i^m$。由于任务流的值是连续的，相应的系统动作空间是无限的，因

此，λ_i^m 的取值范围被离散化并量化为 $L=\min\left\{\lambda_i^{\text{vehicle}},\left|\lambda_i-\lambda_i^p\right|\right\}$ 个级别，表示如下：

$$a_i(t)=\left[0,1,2,\cdots,L-1,L\right] \tag{8-27}$$

④ 奖励：一般来说，智能体的目标是最大化 DRL 中所有时隙的奖励。本章模型的优化目标是最小化总能耗，因此，奖励函数定义为式（8-23）的相反数，表示如下：

$$\mathcal{R}_i=-\frac{1}{s}\sum_{j=1}^{s}\alpha E_{i,\text{tol}}^{c(j)}+\beta E_{i,\text{tol}}^{p(j)}+\gamma E_{i,\text{tol}}^{m(j)} \tag{8-28}$$

基于 DRL 的能耗最小化算法（DRL based Algorithm for Minimizing Energy Consumption，DMEC）流程如下。

首先，初始化经验回放缓存和 DQN 的参数。评估 Q 网络与目标 Q 网络采用相同的参数初始化，即 $\theta=\theta^-$。

对于每一个训练周期，RSU 以概率 ε 随机选择动作，否则基于贪婪策略选择能够最大化当前奖励的动作。然后，观察即时奖励和下一个周期的系统状态。此外，当前系统状态、选择的动作、获得的奖励和下一个观察到的系统状态构成一个转置，存储在经验回放缓存中以训练目标 Q 网络。

在训练阶段，从经验回放缓存中随机采样小批量转置，以消除时间序列训练数据的耦合。对于每个转置，如果下一个状态是终止状态，则该即时奖励是本轮训练的时间差分目标；否则，利用目标 Q 网络来计算本轮的时间差分目标。之后，执行梯度下降以更新评估 Q 网络的参数。最后，考虑拟合精度和收敛速度，目标 Q 网络的参数和随机概率 ε 每隔常数 C 个周期更新一次。

8.6.3 复杂度分析

本章从理论上分析了所提算法的复杂度。对于基于 Edmonds-Karp 的任务流重定向算法，假设所有 RSU 都可以相互通信，即任务流重定向图是一个完全图。相应地，基于 Edmonds-Karp 的任务流重定向算法的时间复杂度为 $O(u^3)$，其中 u 表示 RSU 的数量。由于车辆不参与流重定向，当车辆数量增加时，算法的复杂度不会上升。通常 RSU 的数量远少于车辆的数量，因此该时间复杂度是可以接受的。

由于引入神经网络训练，DMEC 算法的时间复杂度与训练和更新参数的数量有关。U 表示训练周期数。对于每一个周期，DMEC 算法循环执行直到计算任务执行完成，其中时隙总数用 T 表示。梯度下降和参数更新的时间复杂度分别定义为 M 和 N。为了提高训练效率，目标 Q 网络的参数每 C 个周期更新一次。综上所述，DMEC 的时间复杂度为 $O(UT(M+N)/\text{C})$。DMEC 算法构建的神经网络的输入层的大小与系统状态的大小相同，即与车辆的数量成正比。因此，车辆数量的增加会导致DMEC 算法时间复杂度的增加。有两种方法可以降低时间复杂度：第一种是增大常数 C，以牺牲训练精度为代价降低时间复杂度；第二种是通过根据地图或行政区域将城市划分为多个子区域来限制车辆数量。

8.7 性能评估

本章在 Ubuntu 16.04 LTS 系统中基于 Python Anaconda 4.3 的 TensorFlow 0.12 框架上实现 DMEC 算法。为了平衡训练精度和时间消耗，本章实验选择了上海静安区为仿真实验区域，该算法可以扩展到其他地区。本实验在选定的区域内部署 1 个微云服务器和 5 个配备 MEC 服务器的 RSU。仿真实验基于 2015 年 4 月的出租车真实轨迹数据集进行，其中包括 1 000 多辆出租车的 GPS 坐标等信息。DMEC 的学习率设置为 0.99。评估 Q 网络和目标 Q 网络都有三个隐藏层（每个隐藏层有 128 个全连接神经元）。总训练周期数为 20 000，目标 Q 网络的参数每 10 个周期更新一次。

任务流重定向阶段的优化目标是在 RSU 不过载的前提下最小化能耗。性能指标包括任务流重定向时延（可以根据式（8-13）计算）、任务流重定向的平均能耗和 RSU 的过载率。

本实验将 DMEC 算法与以下三种算法进行比较。

Q-learning：Q-learning 是一种传统的时间差分算法，总是在下一时隙基于贪婪算法追求最大的即时奖励。此外，Q-learning 记录每次迭代的奖励，当系统状态或动作空间很大时，它会占用大量内存。

MEES 算法[70]：一种启发式算法，通过协同考虑 MEC 服务器之间的任务调度和 RSU 的下行链路能耗来最小化 RSU 的能耗。

微云计算：所有到达的卸载任务都调度至微云服务器进行处理。

不同卸载任务到达速率（任务/时隙）下任务流重定向的平均能耗变化如图 8.1 所示。从图 8.1 可以观察到平均能耗随着卸载任务到达速率的增加逐渐增加。额外的任务会导致更多的 RSU 过载，需要重定向更多的任务流。此外，当任务到达速率相对较低（如 15 或 20）时，基于 Edmonds-Karp 的任务流重定向算法、贪婪算法和穷举算法的性能几乎没有区别。随着任务到达速率的增加，穷举算法的能耗急剧增加，这是因为任务到达速率低时搜索次数少，搜索空间随着任务到达速率的增加快速增大。基于 Edmonds-Karp 的任务流重定向算法通过广度优先搜索在网络流图中选择当前最短的增强路径，因此，它优于贪婪算法。

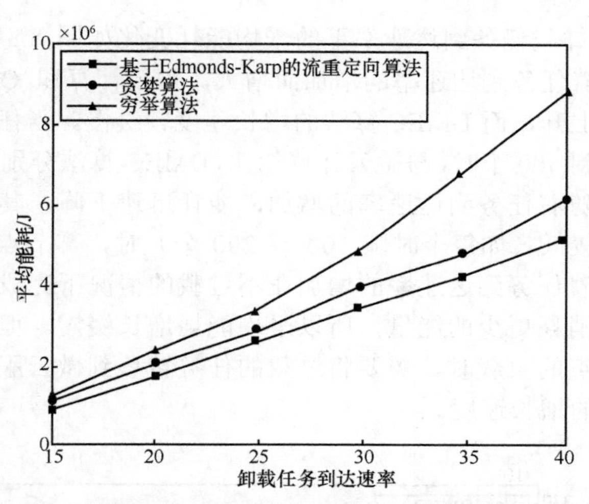

图 8.1　不同卸载任务到达速率下任务流重定向的平均能耗

不同卸载任务到达速率下 RSU 的过载率变化如图 8.2 所示。RSU 的过载率定义为$|V_o|/(|V_u|+|V_o|)$。本章选择了三种情况来评估性能，其中任务到达速率分别为 15、25 和 40。从图 8.2 可以观察到，基于低到达速率的任务流重定向性能优于基于高到达速率的任务流重定向性能，这是因为当任务到达速率高时，超过一半的 RSU 过载，任务流重定向的决策空间有限。因此，在流重定向后，RSU 的过载率仍然较高。此外，尽管穷举算法比基于 Edmonds-Karp 的任务流重定向算法的性能更好，但它同时消耗了更多的能量。而基于 Edmonds-Karp 的任务流重定向算法兼顾了有效性和节能性。

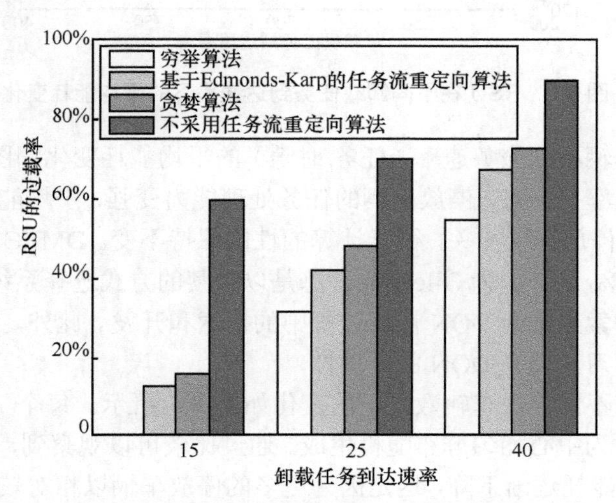

图 8.2　不同卸载任务到达速率下 RSU 的过载率

RSU 在不同卸载任务到达速率下的平均能耗变化如图 8.3 所示，从图中可以观察到能耗随着任务到达速率的增加而增大。微云计算和 Q-learning 的能耗趋势几乎呈线性上升，而 DMEC 算法的增长速度较缓慢。当任务到达速率从每时隙 100 个增加到 400 个时，与微云计算相比，DMEC 算法分别减少 43%和 33%的能耗。此外，随着任务到达速率的增加，能耗迅速下降。其原因如下：当任务到达速率相对较低（如每个时隙 100 或 200 个）时，雾节点（停放车辆和移动车辆）可以随着任务到达速率的增加在不过载的情况下完成任务。由于雾节点比微云服务器消耗更少的能量，所以平均能耗增长缓慢。但是，当增加的任务数量超过雾节点的负载时，需要将过载的任务转移到微云服务器进行处理，从而加快了能耗的增长速度。

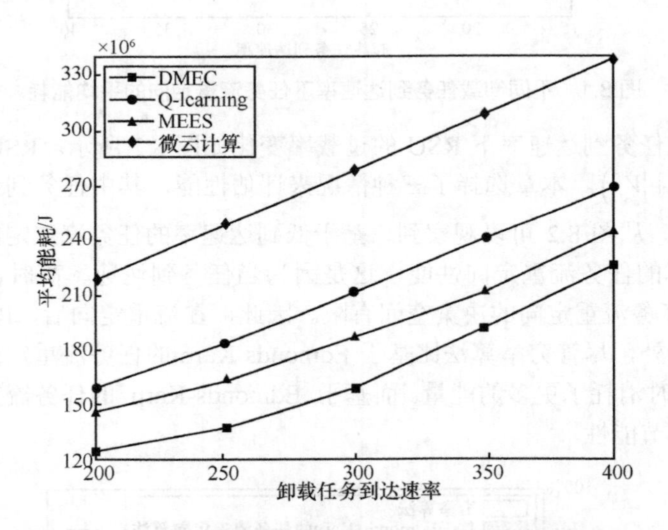

图 8.3 RSU 在不同卸载任务到达速率下的平均能耗变化

基于停放车辆不同服务速率（任务/时隙）的平均能耗变化如图 8.4 所示。当停放车辆的服务速率提高时，停放车辆的任务处理能力变强，平均能耗呈稳步下降趋势。由于微云与停放车辆无关，微云计算的性能保持不变。DMEC 算法的性能优于 Q-learning 约 33%，这是因为 Q-learning 总是以贪婪的方式选择系统动作，而 DMEC 算法运用试错搜索来平衡 DQN 训练过程中的探索和开发。此外，DMEC 算法可以从历史数据中学习，提高 DQN 的准确性。

平均能耗在不同停放车辆数量下的变化如图 8.5 所示。每个 RSU 周围的停放车辆数以平均数为中心均匀分布随机生成。通过比较可以观察到，随着停放车辆数量的增加，平均能耗逐渐下降，这是因为更多的停放车辆以相对较低的能耗分摊了微云服务器的负担，降低了系统的总能耗。当雾节点的计算资源不足（如平均停放车辆数在 100 到 125 之间）时，增加停放车辆数会使平均能耗急剧下降。但是，当停放车辆数量比较多时，降低能耗的效果就不那么明显。

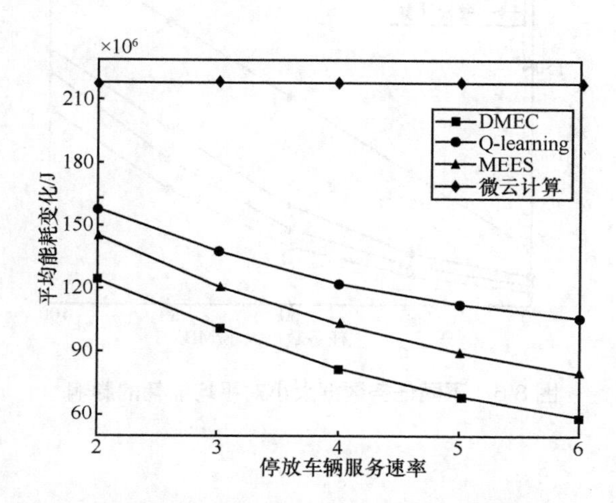

图 8.4　基于停放车辆不同服务速率的平均能耗变化

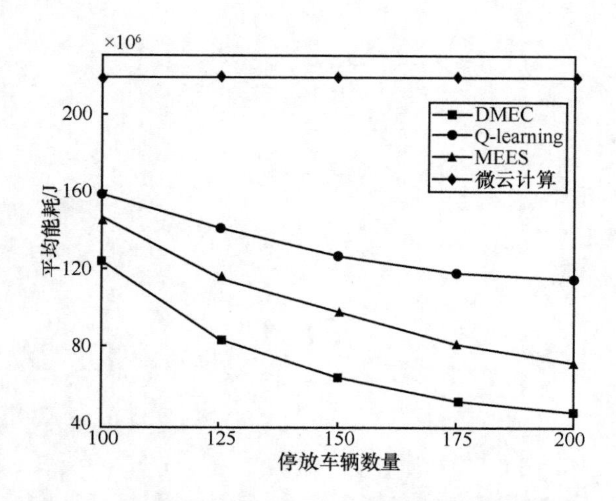

图 8.5　平均能耗在不同停放车辆数量下的变化趋势

不同任务数据大小对平均能耗的影响如图 8.6 所示。任务数据大小的增大导致 RSU 与服务器之间额外的传输能耗增加。由于雾节点位于 RSU 附近，与 DMEC 算法相比，微云计算的能耗上升更快，此时将卸载任务传输到雾节点所需的时间更短，能耗更小。然而，当卸载任务超出车辆的计算能力，如其大小为 80 MB 时，DMEC 算法的能耗会迅速增加。

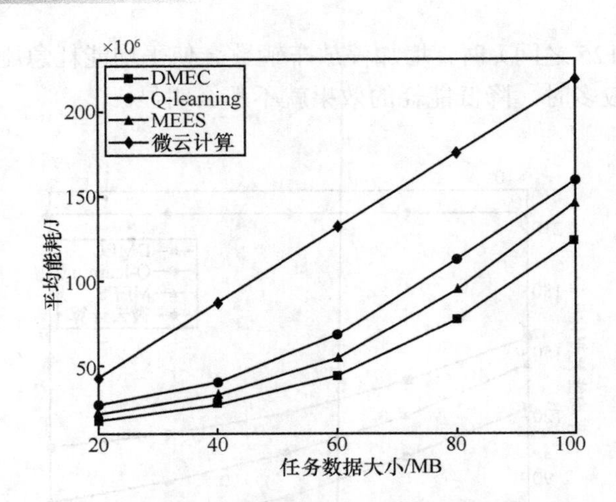

图 8.6　不同任务数据大小对平均能耗的影响

第 9 章 基于边缘计算的 5G 车联网部分卸载

9.1 引言

随着泛在智能系统和智能车辆的快速发展，研究人员致力于开发各类新颖的应用程序，以创造更舒适、更安全的驾驶环境。而实时计算处理和数据管理的需求给通信网络的带宽和用户的体验质量（Quality of Experience, QoE）带来了巨大的挑战。没有稳定的供能，车辆便无法承担大量的计算资源和能耗的开销。为了克服上述障碍，MEC 通过支持用户将计算密集型任务卸载到资源充足的服务器上，给上述难题带来了解决方案。MEC 部署在用户附近，MEC 可以借助无线网络给用户提供泛在 MEC 服务。

许多现有研究利用蜂窝频谱通过时分多址（Time Division Multiple Address, TDMA）或 OFDMA 进行计算卸载。然而，有限的信道资源越来越难以满足用户日益增长的 MEC 服务需求。激烈的信道资源竞争导致较长的通信时延，以及用户 QoE 的下降。实时在线的移动应用程序往往会消耗大量的计算资源和电能，因此，如何在车辆上执行这些计算密集型应用仍面临巨大挑战，主要有以下三点。

① 稀缺的无线频谱资源无法满足过多车辆用户的通信需求。车联网中的传输调度相比于传统通信网络更为复杂。

② 部分计算卸载可以为通过车辆的卸载服务支付的费用来确定卸载比率。但是，卸载比率与许多因素有关，包括卸载任务的特性、通信信道状态、卸载的收益和其他车辆的决策。但获得车辆的最佳卸载比率是一个很大的挑战。

③ 车辆用户在现实世界中是理性的，他们总是通过衡量利润和成本来决定卸载比率，这可能违反网络运营商制定的调度策略。因此，必须设计适当的支付策略来使车辆用户遵守网络运营商制定的调度规则。

本章基于边缘计算构建了车联网下的部分计算卸载框架，车辆用户可以在本地处理任务（本地计算），也可以通过 NOMA 将任务卸载到边缘服务器。任务调度包括三个部分，即：分配信道资源、确定卸载比率和定价计算卸载服务。协同考虑运营商的利益、用户的激励兼容性和个体理性，本章以最大化运营商和用户的整体效用为目标。由于决策变量的耦合，原始的优化问题分为三个子问题。第一个子问题的优化目标等效于最小化传输时延，本章定义偏好列表并提出一种双边匹配算法来分配信道资源；第二个子问题能够松弛为凸优化问题，车辆用户的卸载比率可以通过 Karush-Kuhn-Tucker（KKT）条件得出；第三个子问题用于确定卸载服务定价，考虑车辆的激励相容性和个体理性，本章提出非合作博弈以自适应地定价计算卸载服务。主要贡献如下。

① 本章构建了基于 5G 车联网的部分卸载和自适应任务调度框架。考虑车辆的激励兼容性和个体理性，以最大化系统范围的利润（车辆和网络运营商的利润）为优化目标，其中车辆的利润可以通过服务定价策略来保证。

② 为了求解优化问题，本章对决策变量进行解耦，将其划分为三个子问题。以最小化平均时延开销为目标，本章首先提出了一种双边匹配算法决策信道资源分配。第二个子问题的最优卸载比率通过凸优化得到。

③ 为了防止车辆违背任务调度策略，在激励兼容性和个体理性的约束下，本章构建了一个非合作博弈进行服务定价。结合博弈论和凸优化来设计定价策略以达到车辆和网络运营商之间的利益均衡，在此基础上本章证明了满足非合作博弈纳什均衡的卸载比率同样是第二个子问题的最优卸载比率。

④ 本章基于杭州出租车真实轨迹进行了性能评估，实验结果从系统利润和车辆利润方面证明了本章解决方案的有效性。

9.2 5G 车联网模型

9.2.1 5G 车联网场景介绍

本章考虑如图 9.1 所示的 5G 车联网模型，模型包括一个宏蜂窝基站和一组

RSU $\mathcal{M}=\{1,2,\cdots,M\}$ 和一组车辆 $\mathcal{N}=\{1,2,\cdots,N\}$，$\mathcal{M}$ 为 $\mathcal{N}$ 提供计算卸载服务。车辆基于 NOMA 通过 K 个同构信道访问 RSU。为了捕获车辆的流动性，计算卸载服务基于离散时隙结构 $t\in\mathcal{T}=\{1,2,\cdots,T\}$ 进行操作。在每个时隙中，车辆以最大化自身利润为目标，根据卸载服务定价确定卸载比率。所有任务卸载请求都发送到宏蜂窝基站，基站将信道资源分配给车辆。由于卸载请求信号的数据大小远小于任务的数据大小，因此可以忽略任务调度时延。令 λ_i 表示任务流的平均生成率，对于车辆 i，其计算卸载任务 $\tau_{i,l}=\{s_{i,l},c_{i,l},T_{i,l}^{\max},i\in\mathcal{N},1\leqslant l\leqslant\lambda_i\}$，其中 $s_{i,l}$ 表示数据大小，$c_{i,l}$ 表示完成任务所需的 CPU 周期数，$T_{i,l}^{\max}$ 表示任务 $\tau_{i,l}$ 的最大容忍时延。由于车辆的卸载任务是异构的，因此定义变量 $\mathbb{E}[s_i]$ 和 $\mathbb{E}[c_i]$ 分别表示数据大小 s_i 和完成任务所需的 CPU 周期数 c_i 的均值。对于每个边缘服务器，定义 $\mathcal{K}=\{1,2,\cdots,K\}$ 表示通信信道。

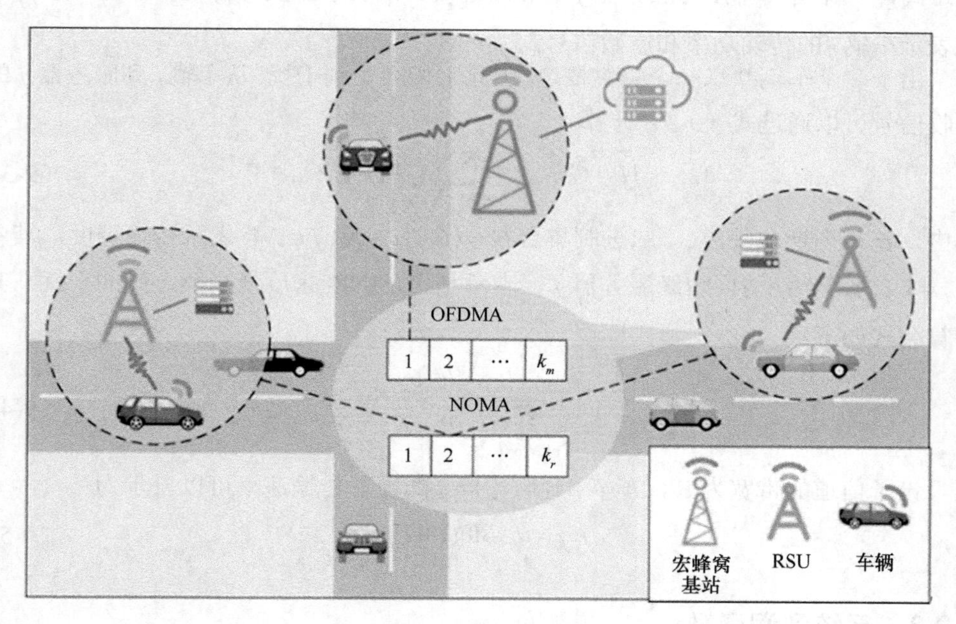

图 9.1　5G 车联网模型

9.2.2　卸载策略

车辆生成计算任务后，可以在本地处理，也可以将一部分任务卸载到 RSU。为了在最大化所有车辆利润的同时最大化系统利润，宏蜂窝基站用于决策部分计算卸载和自适应任务调度的系统利润最大化方案。

集合 $\Xi=\{\xi_1,\xi_2,\cdots,\xi_N\}$ 表示车辆的卸载策略，其中 $\xi_i\in[0,1]$ 表示卸载比率。本

地计算和边缘计算的任务流分别表示为$\lambda^{\text{local}}=(1-\xi_i)\lambda_i$和$\lambda^{\text{offload}}=\xi_i\lambda_i$。本章主要关注上行链路传输时延，忽略其他潜在的时延（如数据包预处理和排队时延）。假设在卸载任务的上行链路传输期间信道条件是稳定的。p_0和p分别表示远离发射机的d_0和d处的接收信号功率，α表示路径损耗的指数，h_j^0表示瑞利衰落，则

$$p=p_0(d/d_0)^{-\alpha}|h_j^0|^2 \tag{9-1}$$

本章设置$d_0=1$，从车辆i到服务器j的信道增益$h_{i,j}$可以表示为

$$|h_{i,j}|^2=G|d_{i,j}+v_{i,j}t_w|^{-\alpha}|h_j^0|^2 \tag{9-2}$$

其中，G是受放大器和天线影响的固定功率增益，$d_{i,j}$表示车辆i到服务器j之间的距离，$v_{i,j}$表示车辆i与服务器j的相对速度，t_w表示排队等待时间，$p_{i,j}$和$x_{i,j}$分别表示车辆i的传输功率和原始信号。

由于多个车辆共享一个蜂窝信道，因此它们会受到干扰。从车辆i到服务器j的接收信号可以通过式（9-3）计算。

$$y_{i,j}=\sqrt{p_{i,j}}h_{i,j}x_{i,j}+\sum_{n\neq i,n\in\mathcal{N}}\sqrt{p_{n,j}}h_{n,j}x_{n,j}+\sigma \tag{9-3}$$

其中，σ是高斯白噪声。 二进制集合$\Theta=\left\{\theta_{i,j}\mid i\in\mathcal{N},j\in\mathcal{M}\right\}$表示传输调度，其中$\theta_{i,j}=1$表示车辆$i$访问边缘服务器$j$。本章利用 SINR 来度量车辆之间的干扰，其计算公式如下：

$$\Gamma_{i,j}=\frac{p_{i,j}h_{i,j}^2\theta_{i,j}}{\sum\limits_{n\in N,n\neq i}\theta_{n,j}p_{n,j}h_{n,j}^2+\sigma^2} \tag{9-4}$$

设子信道的带宽为B，车辆i到服务器j的上行传输速率可以表示为

$$r_{i,j}=\theta_{i,j}B\operatorname{lb}(1+\Gamma_{i,j}) \tag{9-5}$$

9.2.3 系统利润函数

本章的目标是最大化系统利润，包括网络运营商利润和车辆利润。通常，车辆用户是个体理性的，可能违反网络运营商确定的卸载策略，因此，需要协同考虑运营商和车辆的利润。给定任务流、卸载比率和信道资源分配，系统利润定义为

$$\mathcal{U}=\sum_{i=1}^{N}U_i+\sum_{j=1}^{M}U_j^{\text{MEC}} \tag{9-6}$$

其中，$\sum\limits_{i=1}^{N}U_i$和$\sum\limits_{j=1}^{M}U_j^{\text{MEC}}$分别表示车辆和网络运营商获得的利润，车辆$i$的利润

定义为

$$U_i = \sum_{l=1}^{\lambda_i} w_{i,l} - C_i(\lambda_i, \xi_i, \Theta) \tag{9-7}$$

其中，$w_{i,l}$ 表示完成卸载任务 l 后车辆 i 获得的奖励。$C_i(\lambda_i, \xi_i, \Theta)$ 是执行所有卸载任务的成本，包括上行链路传输成本 C_i^{tran}，本地计算的能耗成本 C_i^{local}，以及边缘计算能耗成本 C_i^{MEC}。

对于车辆 i，可以通过本地计算和边缘计算的协作来执行计算任务。用于任务计算的本地计算的能耗成本可以通过式（9-8）计算。

$$C_i^{\text{local}} = (1-\xi_i)\sum_{l=1}^{\lambda_i} c_{i,l}\varphi_i \tag{9-8}$$

其中，φ_i 表示本地计算的每个 CPU 周期的能耗，可以使用 Wen 等[71]的研究提到的方法获得。

将任务卸载到 RSU 时，任务处理不会产生能耗。但是，网络运营商会向车辆收取卸载服务的费用。通过边缘计算的车辆 i 的平均收益可以通过式（9-9）计算。

$$C_i^{\text{pro}} = \xi_i \pi_i^{\text{pro}} \sum_{l=1}^{\lambda_i} c_{i,l} \tag{9-9}$$

其中，π_i^{pro} 表示每个 CPU 周期的平均费用。

当车辆将任务卸载到 RSU 时，可以通过能耗和信道资源占用来计算传输成本，表示为

$$C_i^{\text{tran}} = C_i^{\text{e}} + C_i^{\text{c}} \tag{9-10}$$

其中，传输能耗 C_i^{e} 取决于传输功率和时延，$s_i / r_{i,j}$ 为车辆 i 的传输时间，则 C_i^{e} 的计算公式为

$$C_i^{\text{e}} = \xi_i p_{i,j} \sum_{l=1}^{\lambda_i} \frac{s_{i,l}}{r_{i,j}} \tag{9-11}$$

π^{tran} 表示任务传输的每比特收益，信道占用费用 C_i^{c} 可以通过式（9-12）计算。

$$C_i^{\text{c}} = \xi_i \pi_i^{\text{tran}} \sum_{l=1}^{\lambda_i} s_{i,l} \tag{9-12}$$

车辆 i 的利润表示如下：

$$U_i = \sum_{l=1}^{\lambda_i} w_{i,l} - (1-\xi_i)\sum_{l=1}^{\lambda_i} c_{i,l}\varphi_i - \xi_i \sum_{l=1}^{\lambda_i}\left(c_{i,l}\pi_i^{\text{pro}} + p_{i,j}\frac{s_{i,l}}{r_{i,j}} + s_{i,l}\pi_i^{\text{tran}}\right) \tag{9-13}$$

通过部署边缘服务器来提供卸载服务的网络运营商的利润函数表示为

$$U_j^{\mathrm{MEC}}=\sum_{i=1}^{N}\sum_{l=1}^{\lambda_i}\theta_{i,j}\xi_i(c_{i,l}\pi^{\mathrm{pro}}+s_{i,l}\pi_i^{\mathrm{tran}})-\mathcal{C}_j^{\mathrm{MEC}}(\xi_i\lambda_i) \tag{9-14}$$

其中，$\mathcal{C}_j^{\mathrm{MEC}}(\xi_i\lambda_i)$ 表示边缘服务器的网络运营成本（计算能耗、设备维护和无线频谱管理成本）。$\mathcal{C}_j^{\mathrm{MEC}}(\xi_i\lambda_i)$ 定义为关于任务流 λ_i 单调递增的凸函数[72]。

9.3 问题描述

车辆和运营商的总体利润取决于三个决策变量：卸载比率 $\varXi$ ，信道分配 $\varTheta$ 和卸载服务的费用 $\boldsymbol{\pi}=\{\pi^{\mathrm{cell}},\pi^{\mathrm{RSU}},\pi^{\mathrm{pro}}\}$。给定全局任务流信息，部分计算卸载问题描述如下：

$$\begin{aligned}
\mathrm{P9}:&\max_{\varXi,\varTheta,\boldsymbol{\pi}}\mathcal{U}=U^{\mathrm{cell}}+\sum_{j=1}^{M}U_j^{\mathrm{RSU}}+\sum_{i=1}^{N}U_i\\
\text{s.t. }&\mathrm{C9.1}: 0\leqslant\xi_i\leqslant 1,\forall i\in\mathcal{N}\\
&\mathrm{C9.2}: \pi_i\geqslant 0,\forall i\in\mathcal{N}\\
&\mathrm{C9.3}: \mathbb{E}\left[\frac{s_i}{r_{i,j,k}}\right]\leqslant T_i^{\max},\forall i\in\mathcal{N}\\
&\mathrm{C9.4}: U_i(\xi_i)\geqslant U_i(\tilde{\xi}_i),\forall\tilde{\xi}_i\in[0,1],i\in\mathcal{N}\\
&\mathrm{C9.5}: \mathbb{E}[U_i(\xi_i)]\geqslant 0,\forall i\in\mathcal{N}\\
&\mathrm{C9.6}: \sum_{i=1}^{N}\theta_{i,j,k}=1,\forall k\in K_m\\
&\mathrm{C9.7}: \theta_{i,j,k}\in\{0,1\},\forall i\in\mathcal{N},j\in\mathcal{M},k\in\mathcal{K}
\end{aligned} \tag{9-15}$$

其中，约束条件 C9.1、C9.2、C9.7 分别约束卸载比率、服务定价和信道分配变量的范围；约束条件 C9.3 约束任务传输时延不能超过阈值 $T_i^{\max}$；约束条件 C9.4 表示用户的激励兼容性，即每个用户都争取最大化自身的效用；约束条件 C9.5 表示用户的个体理性，即用户的效用必须为非负数；约束条件 C9.6 约束每个未授权的信道只能分配给一辆车。

P9 是一个 MINLP 问题，是 NP 难解问题。车辆的支付和运营商的收入在计算整体效用时相互抵消，服务定价仅在约束条件 C9.2、C9.4、C9.5 中出现；约束条件 C9.3 中的传输时长主要取决于信道分配 $\varTheta$ 。

实际情况下，车辆自行决定的卸载比率可能与网络运营商制定的任务分配决策有所不同，因此，最佳解决方案需要保证车辆的利润，并激励所有车辆遵循网络运营商的调度。

9.4　部分卸载和自适应任务调度算法

本节将优化问题分解为三个子问题，并提出了一种 5G 车联网高效部分卸载和自适应任务调度（Efficient Partial Computation Offloading and Adaptive Task Scheduling，POETS）算法。本章首先提出一种渐近最优的信道分配规则，最小化具有给定卸载比率车辆的任务传输时延；针对凸优化问题，求解最佳卸载比率使系统利润最大化；最后，确定用于卸载服务的费用以达到车辆与网络运营商之间的非合作博弈的均衡。

9.4.1　传输调度策略

给定车辆卸载比率 $\tilde{\xi}_i$，系统利润可以通过式（9-16）计算。

$$\begin{aligned}\mathcal{U} &= \sum_{i=1}^{N}(\lambda_i \mathbb{E}[w_i] - (1-\tilde{\xi}_i)\lambda_i \mathbb{E}[c_i]\varphi_i) - \sum_{j=1}^{M}\sum_{i=1}^{N}\tilde{\xi}_i \lambda_i p_{i,j} \mathbb{E}\left[\frac{s_i}{r_{i,j}}\right] - \sum_{j=1}^{M}\mathcal{C}_j^{\text{MEC}}(\xi_i \lambda_i) = \\ &\sum_{i=1}^{N}\mathcal{V}(\tilde{\xi}_i) - \sum_{j=1}^{M}\sum_{i=1}^{N}\tilde{\xi}_i \lambda_i p_{i,j} \mathbb{E}\left[\frac{s_i}{r_{i,j}}\right] - \sum_{j=1}^{M}\mathcal{C}_j^{\text{MEC}}(\xi_i \lambda_i)\end{aligned} \tag{9-16}$$

其中，$\mathcal{V}(\tilde{\xi}_i) = \lambda_i \mathbb{E}[w_i] - (1-\tilde{\xi}_i)\lambda_i \mathbb{E}[c_i]\varphi_i$。函数 $\mathcal{V}(\tilde{\xi}_i)$ 和 $\mathcal{C}_j^{\text{MEC}}(\xi_i \lambda_i)$ 仅取决于卸载比率。此外，车辆的支付与网络运营商的收益相互抵消。因此，计算卸载服务收费不会影响系统利润。 在这种情况下，第一个子问题表示如下：

$$\begin{aligned}&\text{P9.1: } \min_{\Theta} \sum_{j=1}^{M}\sum_{i=1}^{N}\tilde{\xi}_i \lambda_i p_{i,j} \mathbb{E}\left[\frac{s_i}{r_{i,j,k}}\right]\psi_i \\ &\text{s.t. C9.8: } \mathbb{E}\left[\frac{s_i}{r_{i,j,k}}\right] \leqslant T_i^{\max}, \forall i \in \mathcal{N} \\ &\quad\text{C9.9: } \sum_{i=1}^{N}\theta_{i,j,k} = 1, \forall k \in K_m \\ &\quad\text{C9.10: } \theta_{i,j,k} \in \{0,1\}, \forall i \in \mathcal{N}, j \in \mathcal{M}, k \in \mathcal{K}\end{aligned} \tag{9-17}$$

传输调度的复杂性可以从三个方面说明：占用相同信道的车辆会受到干扰，从而影响其自身的时延，这意味着所有车辆的传输调度都是相互依赖的；边缘服务器可能面临资源浪费和负载不均衡的问题；传输调度问题 P9.1 是一个 MINLP 问题，是 NP 难解问题。

定义拉格朗日函数 $\mathcal{L}_i(\mathbb{E}[s_i / r_{i,j,k}] - T_i^{\max})$，则传输调度子问题的时延成本计算如

式（9-18）所示。

$$\mathcal{U}^{\text{delay}}(\Theta)=\sum_{j=1}^{M}\sum_{i=1}^{N}\tilde{\xi}_i\lambda_i p_{i,j}\mathbb{E}\left[\frac{s_i}{r_{i,j,k}}\right]\psi_i+\mathcal{L}_i(\mathbb{E}\left[\frac{s_i}{r_{i,j,k}}\right]-T_i^{\max}) \tag{9-18}$$

信道分配策略Θ可以看作从一组车辆集合$\mathcal{N}$到一组信道集合$\mathcal{K}$的映射。偏好策略定义如下：给定两个不同的信道分配策略Θ和Θ'，时延开销低的策略为偏好策略。满足不等式（9-19）时，Θ'为偏好策略（表示为$\Theta'\succ\Theta$）：

$$\mathcal{U}^{\text{delay}}(\Theta')<\mathcal{U}^{\text{delay}}(\Theta) \tag{9-19}$$

本章提出的匹配模型比常规的双边匹配模型[73]更复杂。首先，车辆的时延成本不仅由其自身决定，车辆之间的干扰也会影响占用相同信道的车辆的利润，因此所有参与者都需要通过合作以得出最佳调度。其次，传统方法可能不稳定，无法获得最佳解决方案。利用双边匹配算法求解问题 P9.1，得到最优信道分配策略以及给定卸载策略时相应的时延开销$\mathcal{U}_{\Xi}^{\text{delay}}(\Theta)$。基于双边匹配的传输调度算法流程如算法 9.1 所示。

算法 9.1　基于双边匹配的传输调度算法

初始化　优先队列$\zeta_k=\varnothing$

for $i\in\mathcal{N}$ do

　　计算占用信道k的时延成本；

　　构建时延成本队列q_i；

indicator = 1,request = 0;

while indicator = 1 and request = 0 do

　　for $i\in\mathcal{N}$ do

　　　　提出计算卸载请求$q_i[1]$；

　　　　request = 1;

for $k\in\mathcal{K}$ do

　　if $\varsigma_k\leqslant Q$ then

　　　　接受利润最高的车辆；

　　　　拒绝其他车辆；

　　else

　　　　if $\mathcal{U}^{\text{delay}}((\zeta_k/\{i'\})\cup\{i\})<\mathcal{U}^{\text{delay}}(\zeta_k)$ then

　　　　　　接受车辆i；

　　　　　　拒绝其他车辆；

　　直到没有车辆提出计算卸载请求；

　　end for

end while

本章提出的基于双边匹配的传输调度算法可以在有限的迭代次数内收敛到最优的传输调度。时间复杂度是 $O(K(N+K))$，其中 K 是可用信道的总数，N 是车辆总数。$O(K(N+K))$ 是多项式级别的，一般情况下，可用信道数总数 K 远小于车辆总数 N，算法执行所耗费的时间随着车辆数的提升呈近似线性增长，算法在网络规模上的扩展性较好。

9.4.2　最优卸载比率

基于最优传输调度，卸载比率可以通过解决以下系统利润最大化问题来确定。

$$
\begin{aligned}
\text{P9.2}: &\max_{\Xi} \lambda_i \cdot \mathbb{E}[v_i] - (1-\xi_i)\lambda_i \mathbb{E}[c_i]\varphi_i - \\
&\mathcal{U}_{\Xi}^{\text{delay}}(\Theta) - \mu^{\text{cell}}((1-\xi_i)\lambda_i) - \mu_j^{\text{RSU}}(\xi_i\lambda_i) \qquad (9\text{-}20)\\
\text{s.t.}\quad &\text{C9.11}: 0 \leqslant \xi_i \leqslant 1, \forall i \in \mathcal{N}
\end{aligned}
$$

其中，$\mathcal{U}_{\Xi}^{\text{delay}}(\Theta)$ 表示在给定任何卸载比 Ξ 的情况下，基于双边匹配的传输调度算法得出的最小时延成本。

令 $\Xi^* = \left\{\xi_1^*, \xi_2^*, \cdots, \xi_N^*\right\}$（$\xi_i^* \in [0,1]$）表示任务调度子问题的最优解。$\Xi^*$ 满足以下等式：

$$
\frac{\partial \lambda_i \cdot \mathbb{E}[v_i] - (1-\xi_i)\lambda_i \mathbb{E}[c_i]\varphi_i}{\partial \xi_i} - \frac{\partial \mathcal{U}_{\Xi}^{\text{delay}}(\Theta)}{\partial \xi_i} - \frac{\partial \mu^{\text{cell}}((1-\xi_i)\lambda_i)}{\partial \xi_i} - \frac{\partial \mu_j^{\text{RSU}}(\xi_i\lambda_i)}{\partial \xi_i} - a_i + b_i = 0,
$$

$$
\begin{aligned}
&\lambda_i \mathbb{E}[c_i]\varphi_i - \sum_{j=1}^{M}\sum_{i=1}^{N} \lambda_i p_{i,j} \mathbb{E}\left[\frac{s_i}{r_{i,j,k}}\right]\psi_i - \sum_{j=1}^{M}\left(\xi_i^* \lambda_i p_{i,j} \frac{\partial \mathbb{E}\left[\dfrac{s_i}{r_{i,j,k}}\right]}{\partial \xi_i}\psi_i + \frac{\mathcal{L}_i\left(\mathbb{E}\left[\dfrac{s_i}{r_{i,j,k}}\right] - T_i^{\max}\right)}{\partial \xi_i}\right) - \\
&\frac{\partial \mu^{\text{cell}}((1-\xi_i)\lambda_i)}{\partial \xi_i} - \frac{\partial \mu_j^{\text{RSU}}(\xi_i\lambda_i)}{\partial \xi_i} - a_i + b_i = 0 \qquad (9\text{-}21)
\end{aligned}
$$

其中，a_i 和 b_i 是拉格朗日乘子，$a_i\xi_i^e = 0, b_i(\xi_i^e - 1) = 0$。

9.4.3　计算卸载服务定价

在通过双边匹配算法和凸优化得出信道资源分配和卸载比率之后，应确定卸载服务定价 $\boldsymbol{\pi}$，以保证车辆的激励兼容性和个体理性。车辆可以独立确定其卸载比率，该比率可能与网络运营商得出的最优解决方案不同。为了使所有车辆遵循最优任务调度，需要通过合理定价计算卸载服务来最大化车辆的利润。考虑到任务执行时延约束，引入拉格朗日函数 $\mathcal{L}_i^{\Theta}(T_i - T_i^{\max})$。给定所有其他用户的策略 $\xi_{-i} = \Xi / \xi_i$，函

数 $U_i(\xi_i,\xi_{-i})$ 表示车辆 i 关于策略 ξ_i 的利润：

$$U_i(\xi_i,\xi_{-i}) = \mathcal{V}(\xi_i) - \mathcal{L}_i^{\Theta}(T_i - T_i^{\max}) - \xi_i\lambda_i\left(\mathbb{E}[c_i]\pi_i^{\text{pro}} + \sum_{j=1}^{M} p_{i,j}\mathbb{E}\left[\frac{s_i}{r_{i,j}}\right] + \mathbb{E}[s_i]\pi_i^{\text{tran}}\right) \tag{9-22}$$

车辆通过调整卸载比率相互竞争以最大化个人利润，该过程可以建模为以下非合作博弈：

$$\mathcal{G} \triangleq \left\{\mathcal{N}, \Xi, \left\{U_i\left(\xi_i,\xi_{-i}\right)\right\}_{i\in\mathcal{N}}\right\} \tag{9-23}$$

其中，车辆集合 $\mathcal{N}$ 为博弈参与者，策略集合为 Ξ，则该博弈的纳什均衡条件 $\Xi^e = \{\xi_1^e, \xi_2^e, \cdots, \xi_N^e\}$ 满足以下不等式：

$$U_i(\xi_i^e, \xi_{-i}^e) \geqslant U_i(\xi_i, \xi_{-i}^e), \forall \xi_i \in [0,1], i \in \mathcal{N} \tag{9-24}$$

当给定传输调度策略，上述博弈的纳什均衡主要取决于计算卸载服务定价 $\boldsymbol{\pi} = \{\pi^{\text{pro}}, \pi^{\text{tran}}\}$。由于每辆车都期望最大化个人利润，因此只有在第二个子问题获得最优卸载比率的同时最大化系统利润的情况下，所有参与者才可以接受该最优解决方案。该方案同时也是博弈的纳什均衡，表示为

$$\xi_i^* = \xi_i^e, \forall i \in \mathcal{N} \tag{9-25}$$

定理 9.1 给定最优卸载比率 Ξ^*，最优计算卸载服务定价 $\boldsymbol{\pi}^* = \left\{\pi_1^*, \pi_2^*, \cdots, \pi_N^*\right\}$ 可通过式（9-26）计算。

$$\begin{aligned} \pi_i^{\text{tran}} &= \frac{1}{\lambda_i \mathbb{E}[s_i]} \cdot \sum_{z=1, z\neq i}^{N} \left(\frac{\partial \mathcal{L}_z^{\Theta}}{\partial \xi_i} + \sum_{j=1}^{M} \xi_z^* \lambda_z p_{z,j} \frac{\partial \mathbb{E}\left[\frac{s_z}{r_{z,j,k}}\right]}{\partial \xi_i} \right) \\ \pi_i^{\text{pro}} &= \frac{1}{\lambda_i \mathbb{E}[c_i]} \cdot \sum_{j=1}^{M} \frac{\partial \mathcal{C}^{\text{MEC}}(\xi_i \lambda_i)}{\partial \xi_i} \end{aligned} \tag{9-26}$$

其中，π_i^{tran} 和 π_i^{pro} 由 λ_i 和 Ξ^* 共同决定。

9.5 实验评估

9.5.1 实验环境及参数设置

本章使用了 Anaconda 4.3 在 64 位 Windows 10 操作系统计算机上进行实验性能评估，实验使用的计算机的 RAM 为 16 GB，频率为 3.20 GHz，CPU 为 Intel(R) Core(TM) i7-8700。根据蜂窝网络通信的特性，每辆车的传输功率设置为 100 mW。此外，每辆车的卸载任务的生成速率设定为每分钟 2～5 个。考虑到用户和任务的异构性，任务数据设定在 40～60 MB，完成任务所需的 CPU 周期为 800～1 200 Megacycles。拉格朗日函数 $\mathcal{L}(\Delta t)=\epsilon\Delta t^2$，其中 Δt 是实际时延与时延约束之间的时间差。系数 ϵ 是边际时延灵敏度，$\epsilon\in[1,6]$。仿真实验参数如表 9.1 所示，系统性能指标为系统利润和受益于边缘计算的用户数量。本章基于杭州下城区出租车的真实轨迹，对 POETS 算法进行性能评估。

为了验证 POETS 算法的有效性，将其与以下算法进行比较。

① MECO 算法[73]：考虑车辆用户的优先级、能耗和信道状态，基于 OFDMA 进行通信资源分配。

② POETS w.o. NOMA：去掉 NOMA 通信的 POETS 算法。

③ 本地计算：所有车辆都通过宏蜂窝基站执行任务。

表 9.1　仿真实验参数

变量符号	变量含义	变量取值
M	边缘服务器数量	5
$p_{i,j}$	车辆 i 的传输功率	100 mW
f_i^h	车辆 i 的 CPU 频率	5～10 GHz
f^e	边缘服务器的 CPU 频率	20 GHz
λ_i	车辆 i 的任务到达速率	2～5
$s_{i,l}$	车辆 i 的任务数据大小	40～60 MB
$c_{i,l}$	完成任务所需 CPU 周期数	800～1 200 Megacycles
B	通信信道带宽	2 MHz

9.5.2　系统性能分析

图 9.2（a）证明了 POETS 算法在系统利润方面的有效性。系统利润随着车辆数量的增加而增加。在没有边缘计算的帮助下，车辆会消耗过多的能源，因此，本地计算的系统利润最低。由于可以采用 NOMA 技术来降低通信信道占用成本，因此 POETS 算法的性能优于 MECO 算法。当车辆数量增加时，系统利润的增长会减慢，这是因为通信资源有限，过多的车辆加剧了信道资源竞争，阻碍了系统利润的增加。与 MECO 和 POETS w.o. NOMA 算法相比，POETS 算法的平均系统利润分别可提升 16%和 37%。

图 9.2（b）展示了不同信道数量对系统利润的影响。当信道资源不足时，边缘服务器仅能向少数车辆提供服务，使大多数车辆选择本地计算，因此，系统利润很低。随着信道数量的增加，共享同一个信道的车辆数量会减少。相应地，任务传输速率提高，使更多的车辆选择边缘计算而不是本地计算，从而使系统利润逐渐增长。没有 NOMA 技术，MECO 算法的频谱效率低。就系统利润而言，POETS 算法的性能比 MECO 算法高出 25%。

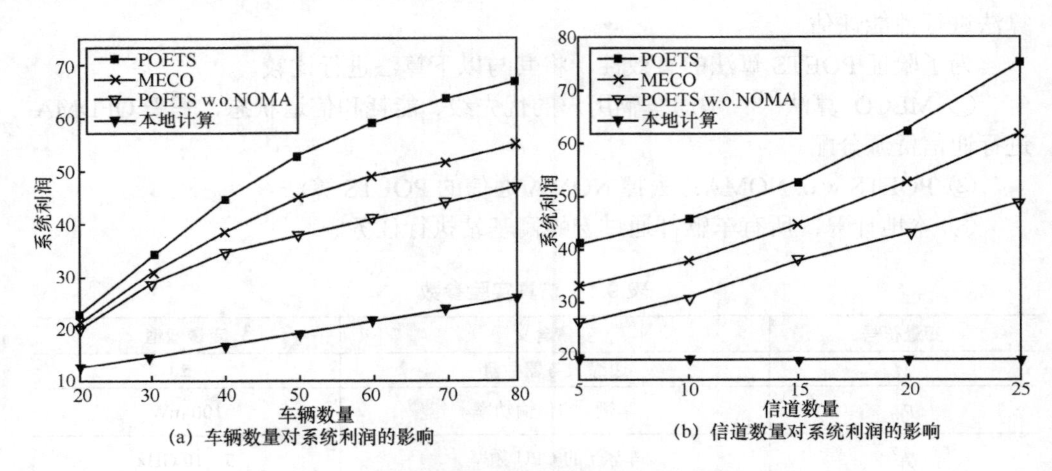

(a) 车辆数量对系统利润的影响　　(b) 信道数量对系统利润的影响

图 9.2　不同车辆数量和信道数量对系统利润的影响

具有不同边际时延敏感性的车辆对系统利润的影响如图 9.3 所示。随着边际时延敏感性的增加，系统利润下降，这是因为当边际时延灵敏度增加时，车辆的抗干扰能力减弱。相对较小的干扰都会产生较大的时延，进而降低系统利润。利润的下降是非线性的，即当边际时延灵敏度从 1 增加到 4 时，系统利润下降速率快，而当边际时延灵敏度从 4 增加到 6 时，下降速率逐渐变慢。原因是当边际时延敏感性相对较小（1～4）时，大部分车辆选择边缘计算进行任务处理；但随着边际时延灵敏度的提高，一些车辆选择本地计算来避免较大的时延成本。但是，本地计算消耗大量能量，导致利润迅速下降；但当边缘时延灵敏度较大（4～6）时，尽管边缘时延灵敏度的提高增加了时延成本，但选择边缘计算的车辆数量很少，系统利润的下降速度逐渐变慢。

图 9.4 证明了 POETS 算法在受益于边缘计算的车辆数量的高效性。对于 POETS 算法，受益于边缘计算的车辆数量随着信道数量的增加而增加，这是因为充足的信道资源使大量车辆能够以较低的干扰将任务传输到边缘服务器。对于 MECO 和 POETS w.o. NOMA 算法，受益于 MEC 的车辆数量随着信道数量的增加而线性增加，始终等于信道数量，这是因为 MECO 和 POETS w.o. NOMA 算法基于 OFDMA 传输任务，每个信道只能被一辆车占用，频谱效率低，其性能不如 POETS 算法。

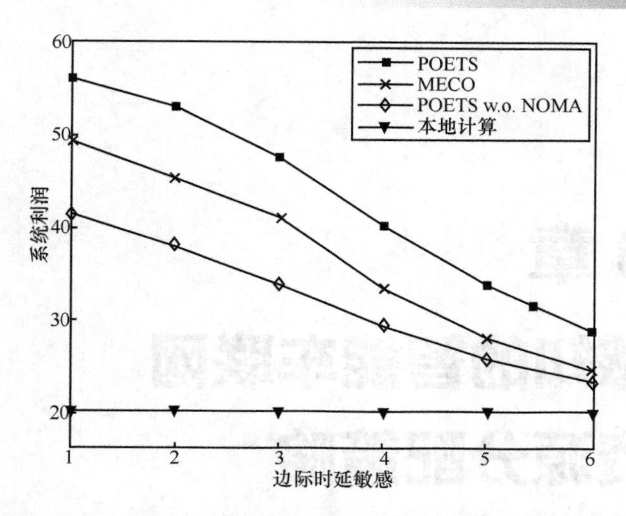

图 9.3　具有不同边际时延敏感性的车辆对系统利润的影响

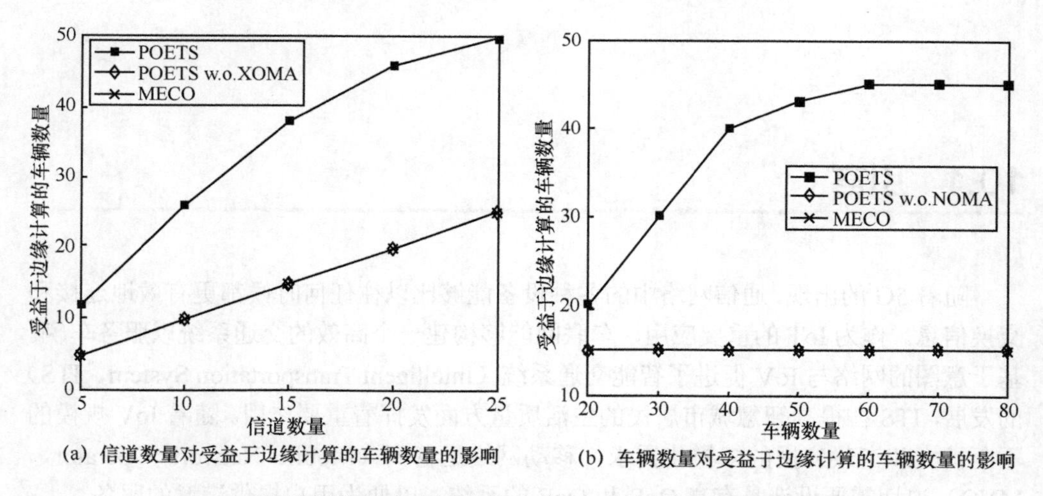

(a) 信道数量对受益于边缘计算的车辆数量的影响　　(b) 车辆数量对受益于边缘计算的车辆数量的影响

图 9.4　不同信道数量和车辆数量对受益于边缘计算的车辆数量的影响

第 10 章 迁移感知的智能车联网联合资源分配策略

10.1 引言

随着 5G 的出现，通信网络中的各种设备能够比以往任何时候都更有效地连接和交换信息。作为 IoT 的重要应用，车联网能够构建一个高效的交通系统以服务车辆。基于意图的网络与 IoV 促进了智能交通系统（Intelligent Transportation System，ITS）的发展，ITS 在提高智慧城市居民的生活质量方面发挥着重要作用。随着 IoV 规模的不断扩大和车载应用的多样化需求，移动网络运营商（Mobile Network Operator，MNO）迫切需要设计具有高 QoS 和 QoE 的系统，以便为用户提供满意的服务。

在众多应用中，IoV 之间的交通控制一直是 ITS 中的一个关键问题，IoV 动态调度交通信号可以缓解交通拥堵并改善驾驶体验。在基于 IoV 的交通控制系统中，车辆可以通过 5G 通信技术支持的无线链路 V2V 或 V2I 通信。与基于检测器的交通控制系统相比，基于 IoV 的交通控制系统可以将车辆状态和设施的运输信息整合到交通信号调度中。然而，由于智慧城市的交通流量不断增加，MNO 很难调度有限的资源来收集和处理实时交通状况以保证灵活高效的交通控制。因此，为了提高效率并确保对不断增长的数据的有效处理，需要设计一个能够以最小时延处理数据的基于意图的交通控制系统。

MEC 不仅可以满足用户严格的期限限制，而且可以充分利用网络资源。随着越来越多的车辆被 5G 网络所覆盖，ITS 将部分存储、通信和计算资源放置在 RSU 配备的 MEC 服务器上，以便它们以分布式的方式执行任务来节省回程带宽。与 BS 相比，RSU 配备的 MEC 服务器重量轻，资源有限。因此，需要一种可行的资源分配方案，以便 ITS 在边缘服务器上执行时延敏感和计算密集型任务。一方面，5G 虽然有望保证网络的 QoS 和用户的 QoE，但如何充分利用信道资源和带宽仍然具有挑战性。NOMA 技术是一种很有前景的解决方案，它使多个用户能够重用一些未占用的子信道以获得复用优势[74]。另一方面，基于意图的网络将自动化与智能化相结合，能够将 ITS 的网络策略提升到更高水平，从而有效地处理爆炸性数据。

人工智能（Artificial Intelligence，AI）具有动态环境的认知能力，有望解决交通控制和资源分配问题[75]。与 AI 技术相结合，基于意图的网络能够有效简化网络运营并提供可扩展的服务。DRL 是人工智能的一个重要分支，在许多领域取得了巨大的成功。一些研究已经应用了包括 Q-learning 和 DQN 等的传统 DRL 算法来为用户调度资源，证明了它在联合资源管理[76]中的有效性。然而，由于 ITS 资源分配策略往往是连续动作空间，这些算法对于实际的 ITS 可能并不可行。

提升用户的 QoE 是 ITS 的一个重要目标，有研究通过最小化执行时间来保证用户的 QoE[77]；还有研究将计算速率作为用户的 QoE 来构建优化目标[78]。满足用户 QoE 的要求，能够为 MNO 带来良好的信誉。然而，MNO 的主要目的是通过提供任务计算和内容下载服务获取利益。因此，应在系统用户的 QoE 与 MNO 的运营收入之间进行权衡，以使用户和 MNO 都受益。

本章研究 IoV 中的边缘计算和缓存问题，其中 MNO 在 ITS 上采用基于意图的网络范例来处理用户的请求并在 IoV 中分配资源。为了协调网络流量和动态分配有限的资源，将 DRL 算法与分层 IoV 相结合，以最大化 MNO 的利润函数。首先，本章构建了通信、计算和缓存的集成架构，充分考虑了 IoV 的移动性和时变性；然后，提出一个联合任务调度和资源分配问题，以最大化 MNO 的利润为目标，在用户的 QoE 与 MNO 的收益之间进行权衡。在此基础上，利用改进的 DRL 算法求解所提出的优化问题。本章的主要贡献可以概括为以下 4 个方面。

① 本章构建了 5G 通信环境下时变的 IoV 的分层边缘计算和缓存模型，BS 和 RSU 可以协同为车辆提供内容并协同执行任务。

② 本章设计了一个利润函数来衡量 MNO 的绩效，该函数综合考虑了 MNO 的收入和用户的 QoE 水平。在此基础上，本章提出了一种基于意图的流量控制方案，在 IoV 中进行任务分配和资源分配，建立了 MNO 效益最大化的联合优化问题。

③ 考虑到车辆和 MEC 服务器之间的动态通信条件，本章设计了一种基于移动感知的边缘计算和缓存方案，可以在连续空间中联合优化任务分配和资源分配。该方案基于深度确定性策略梯度（Deep Deterministic Policy Gradient，DDPG）的模型可以有效解决所提出的问题。

④ 本章利用杭州的真实交通数据对系统性能进行了测试。实验结果表明，基于 DDPG 改进的方案可以有效分配资源，与典型的算法相比，其在提高 MNO 的利润方面取得了更好的性能。

与现有研究不同，本章设计了一种新的基于意图的网络流量控制系统，该系统在 IoV 中构建了一个层次结构来协调网络流量并动态分配有限的资源，同时构建了优化问题来最大化 MNO 的利润。由于所提出的优化问题包含大量连续变量，服务器与车辆之间切换频繁，本章设计了一种基于 Actor-Critic 的 DRL 模型，有效地解决了这一问题。

10.2 迁移感知的资源分配模型

迁移感知的资源分配模型包括多辆处于行驶状态中的车、几个装配边缘服务器的 RSU 以及一个资源丰富的 BS，其中边缘服务器能为车辆提供通信、计算和缓存服务。网络运营商将中心控制系统部署在 BS 上用来处理 RSU 收集到的数据并计算出最优的任务分配策略和资源分配方案；然后由中心控制系统将相应的方案以操作信号的方式发送给 RSU，使 RSU 和车辆之间进行交互以完成车载应用。本章研究的车载应用由计算任务和内容下载任务两部分组成。在车辆自动驾驶相关应用中，车辆需要上传其通过传感器收集到的道路环境信息，然后网络运营商分析环境信息并计算出合适的行驶动作发送给车辆来避免碰撞；同时，车辆需要下载局部区域地图和交通状况来选择最优的路线前往预先设定的目的地[79]。显然，这种车载应用对于系统算力和网络时延都有较高的要求。在本章设计的智能化迁移感知资源分配模型中，BS 拥有大量的计算和存储资源，它的无线通信范围可以覆盖一个区域内的所有车辆，因此，BS 和 RSU 可以协同处理车辆用户的任务请求。随着无线通信技术的发展，车辆可以运用全双工信道同时从（向）RSU 和 BS 上下载（上传）内容。SDN 技术逐渐成熟，因此车辆用户的任务可以分成任意多部分从而保证其能够在多个服务器上进行处理，当所有部分的计算任务都完成后，车载应用执行完成。

将车辆在 BS 和 RSU 通信范围内的行驶时间划分成多个离散的时隙。假设车辆在每一个时隙中状态不变，并且需要运营商决定每辆车的计算卸载和内容下载的比例。根据当前服务器和车载任务的完成状态，中心控制系统动态地调度 RSU 上的资源来执行车载任务。智能化迁移感知资源分配模型如图 10.1 所示，图的左半部分表示车联网组成，右半部分为布置在 BS 上的中心控制器，负责车联网运营，由车联网环境信息和智能体（Agent）组成。车联网环境信息包括车辆速度、用户任务请求等实时信息；智能体根据当前车联网状态和奖励设计相应操作方案，包括车辆的卸载和缓存决策以及服务器对车辆的资源分配方案。当离车辆最近的 RSU

的可用资源不能满足用户请求时，车辆将任务发送给 BS 进行协同完成。在每一个时隙内，BS 或 RSU 分配给车辆的资源大小由中心控制器决定。

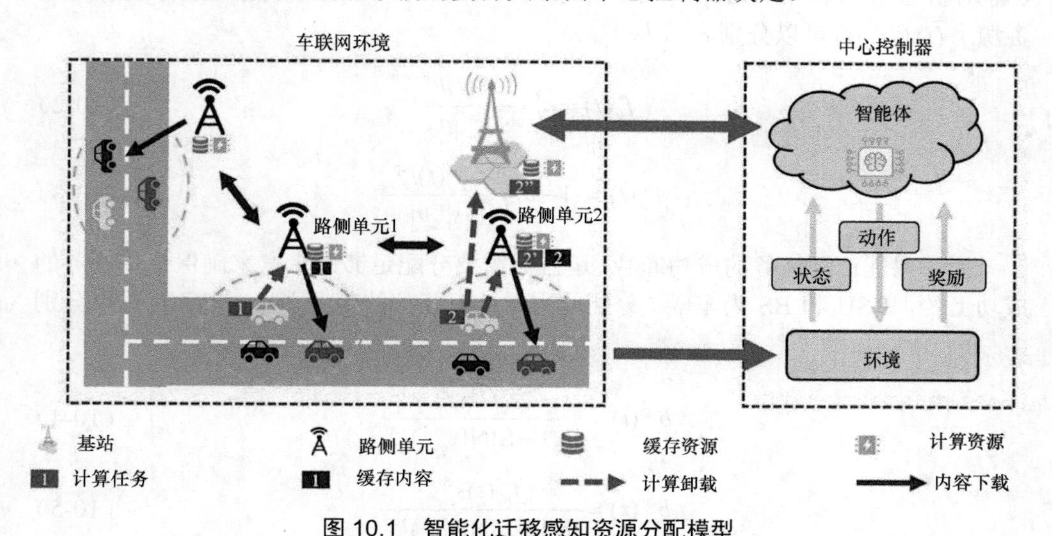

图 10.1　智能化迁移感知资源分配模型

10.2.1　通信模型

当车辆行驶在某个 RSU 覆盖范围时，车辆可以与 RSU 建立稳定的信道进行数据传输，当车辆需要同时卸载计算任务和下载请求资源时，车辆与 RSU 之间信道的所需带宽包括计算数据上传所需的带宽 $b_{ij}^{\mathrm{cp}}(t)$ 和内容下载所需的带宽 $b_{ij}^{\mathrm{ca}}(t)$，因此车辆向服务器请求的带宽 $b_{ij}(t)=b_{ij}^{\mathrm{cp}}(t)+b_{ij}^{\mathrm{ca}}(t)$。当车辆用户需要下载或者上传数据时，服务器会分配 OFDMA 信道，车辆 i 与 RSU 的服务器 j 之间的数据传输速率为

$$R_{ij}^{\mathrm{comm}}=b_{ij}(t)\mathrm{lb}(1+\mathrm{SINR}_{ij}^{t}) \tag{10-1}$$

其中，$b_{ij}(t)$ 是服务器 j 为车辆 i 分配的频谱带宽，SINR_{ij}^{t} 为服务器 j 与车辆 i 之间在时隙 t 内的信噪比。

10.2.2　计算模型

车辆向网络运营商发送计算任务请求，网络运营商根据车联网中的可用资源状况为车辆分配计算资源以保证车辆能够在其可接受时延范围内完成计算。设定 BS 可以覆盖到网络中的任一车辆，BS 和离车辆最近的 RSU 将采用合作的方式对任务进行共同计算。设车辆 i 在时隙 t 内完成计算任务大小为 $C_i^{\mathrm{cp}}(t)$，时隙 t 的长度为 $|t|$，

a_i^t 表示在 RSU 上计算，$(1-a_i^t)$ 表示在 BS 上计算。计算任务所需的 CPU 周期为 l_i^{cp}，车辆计算任务的总大小为 s_i^{cp}，则在时隙 t 内，RSU 和 BS 分别为车辆 i 分配的 CPU 资源 $f_{ij}(t)$和$f_{i0}(t)$ 可以分别表示为

$$f_{ij}(t) = a_i^t \cdot \frac{C_i^{\text{cp}}(t) l_i^{\text{cp}}}{s_i^{\text{cp}} |t|} \tag{10-2}$$

$$f_{i0}(t) = (1-a_i^t) \cdot \frac{C_i^{\text{cp}}(t) l_i^{\text{cp}}}{s_i^{\text{cp}} |t|} \tag{10-3}$$

为了保证计算任务的成功卸载，运营商需要分配足够的带宽来确保计算任务的成功上传，RSU 和 BS 为车辆 i 分配的用于计算任务的带宽 $b_{ij}^{\text{cp}}(t)$和$b_{i0}^{\text{cp}}(t)$ 可以分别表示为

$$b_{ij}^{\text{cp}}(t) = \frac{f_{ij}(t) s_i^{\text{cp}}}{\text{lb}(1+\text{SINR}_{ij}^{\text{cp},t}) l_i^{\text{cp}}} \tag{10-4}$$

$$b_{i0}^{\text{cp}}(t) = \frac{f_{i0}(t) s_i^{\text{cp}}}{\text{lb}(1+\text{SINR}_{i0}^{\text{cp},t}) l_i^{\text{cp}}} \tag{10-5}$$

其中，$\text{SINR}_{ij}^{\text{cp},t}$ 表示 RSUj 与车辆 i 之间在时隙 t 内用于传输计算任务的信道的信噪比，$\text{SINR}_{i0}^{\text{cp},t}$ 表示 BS 与车辆 i 在时隙 t 内用于传输计算任务的信道的信噪比。

10.2.3 缓存模型

车辆下载任务包括下载内容的总大小 c_i 和下载内容的流行度 p_i。设车辆 i 在时隙 t 内请求下载的内容大小为 $D_i^{\text{ca}}(t)$，时隙 t 的长度为 $|t|$，b_i^t 在 RSU 上下载，$(1-b_i^t)$ 在 BS 上下载。在时隙 t 内，RSU 和 BS 为车辆 i 分配的缓存资源 $g_{ij}(t)$和$g_{i0}(t)$ 可以分别表示为

$$g_{ij}(t) = b_i^t \cdot D_i^{\text{ca}}(t) \tag{10-6}$$

$$g_{i0}(t) = (1-b_i^t) \cdot D_i^{\text{ca}}(t) \tag{10-7}$$

RSU 和 BS 为车辆 i 分配的用于下载缓存任务的带宽 $b_{ij}^{\text{ca}}(t)$和$b_{i0}^{\text{ca}}(t)$ 分别表示为

$$b_{ij}^{\text{ca}}(t) = \frac{g_{ij}(t)}{\text{lb}(1+\text{SINR}_{ij}^{\text{ca},t})|t|} \tag{10-8}$$

$$b_{i0}^{\text{ca}}(t) = \frac{g_{i0}(t)}{\text{lb}(1+\text{SINR}_{i0}^{\text{ca},t})|t|} \tag{10-9}$$

其中，$\text{SINR}_{ij}^{\text{ca},t}$ 表示 RSUj 与车辆 i 之间在时隙 t 内用于传输下载缓存信息的信道的信噪比，$\text{SINR}_{i0}^{\text{ca},t}$ 表示 BS 与车辆 i 之间在时隙 t 内用于传输下载缓存的信道的信噪比。

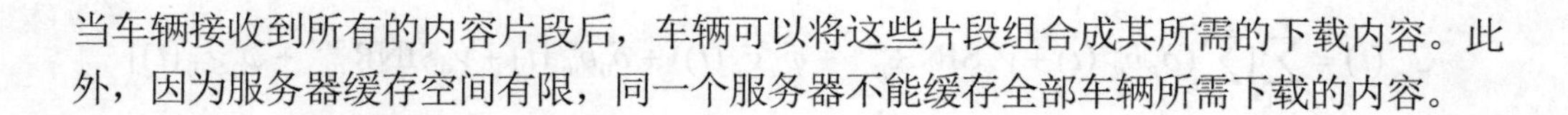

当车辆接收到所有的内容片段后，车辆可以将这些片段组合成其所需的下载内容。此外，因为服务器缓存空间有限，同一个服务器不能缓存全部车辆所需下载的内容。

10.3　问题描述

本章定义了一个效益函数来表示车联网运营商为车载应用提供服务的收益，该函数同时考虑了运营商利润和车辆用户 QoE。根据设计的效益函数，将车联网中任务调度和资源分配建模成一个联合优化问题，并通过求解优化问题来提升车联网系统服务性能。

10.3.1　效益函数

综合网络运营商对计算服务和缓存服务的收入以及用户的 QoE 影响建立运营商效益函数。运营商效益函数包括：服务收入、计算任务开销、缓存任务开销、用户 QoE 惩罚。

服务收入为网络运营商向服务请求用户收取的费用，设用户每需要完成 1 GB 的计算任务需要向运营商支付的费用为α，完成 1 GB 的下载任务需要支付的费用为β，则在时隙 t 内的服务收入可以表示为

$$R_{\text{rev}}(t)=\sum_{i=1}^{V}\Big(\sum_{j=0}^{M}\alpha\frac{f_{ij}(t)s_i^{\text{cp}}}{l_i^{\text{cp}}}|t|+\beta p_i g_{ij}(t)\Big) \tag{10-10}$$

其中，V 是车联网中的车辆集合，M 是车联网中服务器的集合，M 包括 BS 的服务器（j=0）和 RSU 上的边缘服务器。

计算任务开销为网络运营商完成车辆用户计算任务的开销，其包括通信开销和 CPU 计算开销，通信开销包括请求数据传输信道带宽的开销和车辆接入服务器虚拟网络的信道开销，则时隙 t 内的总计算任务开销为

$$C_{\text{cp}}(t)=\sum_{i=1}^{V}\Big[\sum_{j=1}^{M}(\delta_R b_{ij}^{\text{cp}}(t)+\nu_R\text{SINR}_{ij}^{\text{cp},t}+\eta_R l_i^{\text{cp}}\omega_R)+\delta_0 b_{i0}^{\text{cp}}(t)+\nu_0\text{SINR}_{i0}^{\text{cp},t}+\eta_0 l_i^{\text{cp}}\omega_0\Big] \tag{10-11}$$

其中，δ_R和δ_0分别为 RSU 和 BS 的带宽开销，ν_R和ν_0分别为 RSU 和 BS 接入虚拟网络的开销，η_R和η_0分别为 RSU 和 BS 完成一个 CPU 周期的单位能耗，ω_R和ω_0表示 RSU 和 BS 的计算能耗开销。

时隙 t 内的缓存任务开销包括通信开销和缓存开销，其中通信开销的计算方法与所述计算任务开销中的通信开销相同，缓存开销为使用服务器缓存所需支付的开销。时隙 t 内的总缓存任务开销为

$$C_{\text{ca}}(t)=\sum_{i=1}^{V}[\sum_{j=1}^{M}(\delta_R b_{ij}^{\text{ca}}(t)+\nu_R \text{SINR}_{ij}^{\text{ca},t}+\varphi_R g_{ij}(t))+\delta_0 b_{i0}^{\text{ca}}(t)+\nu_0 \text{SINR}_{i0}^{\text{ca},t}+\varphi_0 g_{i0}(t)] \tag{10-12}$$

其中，φ_R和φ_0分别表示 RSU 和 BS 的缓存开销。

用户 QoE 惩罚表示车联网中车辆用户对网络运营商的满意程度。显然，当用户任务被完成时，运营商能够获得更高的满意程度从而在同行业中具有更高的竞争力；反之，如果运营商无法完成用户任务，则可能带来用户的流失，从而导致效益下降。因此，在运营商效益中加入用户 QoE 惩罚，其计算如式（10-13）所示。

$$\sigma(i,T_i)=\sigma^{\text{ca}}\left(c_i-\sum_{t=1}^{T_i}D_i^{\text{ca}}(t)\right)+\sigma^{\text{cp}}\left(s_i^{\text{cp}}-\sum_{t=1}^{T_i}C_i^{\text{cp}}(t)\right) \tag{10-13}$$

其中，σ^{ca}和σ^{cp}分别是请求任务和计算任务的惩罚系数，T_i为车辆i通过车联网系统覆盖区域的时间。如果当前的资源分配方案不能在车辆离开前完成计算或下载缓存任务，惩罚项$\sigma(i,T_i)$将是负数；反之，惩罚项$\sigma(i,T_i)$将等于 0。

综合上述 4 项，运营商效益函数P_{MNO}可以表示为

$$P_{\text{MNO}}=\sum_{t=1}^{T_i}(R_{\text{rev}}(t)-C_{\text{ca}}(t)-C_{\text{cp}}(t))+\sum_{i=1}^{V}\sigma(i,T_i) \tag{10-14}$$

10.3.2 目标函数

联合考虑计算卸载、边缘缓存和带宽资源分配决策，目标优化函数可以表示为

$$\begin{aligned}
\text{P10:}\quad & \max_{f_{ij},g_{ij},b_{ij}} P_{\text{MNO}}\\
\text{s.t.}\quad & \text{C10.1}: 0\leqslant b_{ij}\leqslant B_j,\forall i\in V,\forall j\in M\\
& \text{C10.2}: \sum_{i=1}^{V}b_{ij}\leqslant B_j,\forall j\in M\\
& \text{C10.3}: 0\leqslant f_{ij}\leqslant F_j,\forall i\in V,\forall j\in M\\
& \text{C10.4}: \sum_{i=1}^{V}f_{ij}\leqslant F_j,\forall j\in M\\
& \text{C10.5}: 0\leqslant g_{ij}\leqslant G_j,\forall i\in V,\forall j\in M\\
& \text{C10.6}: \sum_{i=1}^{V}g_{ij}\leqslant G_j,\forall j\in M\\
& \text{C10.7}: \sum_{t=1}^{T_i}D_i^{\text{ca}}(t)\leqslant c_i,\forall i\in V\\
& \text{C10.8}: \sum_{t=1}^{T_i}C_i^{\text{ca}}(t)\leqslant s_i^{\text{cp}},\forall i\in V
\end{aligned} \tag{10-15}$$

其中，B_j、F_j和G_j 分别表示服务器 j 的带宽、计算资源和缓存资源大小；约束条件 C10.1、C10.3 和 C10.5 对分配给车辆用户的带宽、计算资源和缓存资源大小分别进行限制；约束条件 C10.2、C10.4 和 C10.6 保证了分配给车辆用户的带宽、计算资源和缓存资源总和不超过服务器所能提供的最大值；约束条件 C10.7 保证了服务器为车辆 i 提供的缓存资源不超过车辆的需要；约束条件 C10.8 保证了服务器为车辆 i 提供的计算资源不超过车辆的计算需要。

10.4　基于 DRL 的资源分配算法

凸优化[80]和博弈论[81]是两种广泛应用于车联网系统来解决计算卸载和协同缓存问题的方法。对于本章设计的模型，这两种方法存在如下不足。

① 这两种方法以已知某些车联网中的关键因素为前提，如无线信道状态和内容流行程度等。然而，这些因素实际上是时变并且难以获得的。

② 车辆的移动性导致车联网具有复杂和高动态的网络拓扑，因此，如何保证可靠、有效的数据传输对这两种方法来说是一个挑战。

③ 这两种方法只能实现某一个时间点中的最优或接近最优的结果，然而它们忽略了当前决策和资源配置对后续时间点的长远影响。

基于 DRL 的算法采用神经网络与车联网融合的方式，进行车联网中的动态资源分配。此外，本章提出的迁移感知资源分配模型面临着大量的连续变量处理和频繁的服务器与车辆之间的切换的挑战，基于值（Value-based）的强化学习方法（如 Q-learning 和 DQN），在处理高维状态空间和连续动作的问题上存在效率低、不易收敛的缺点。因此，本章设计了一种基于 Actor-Critic 架构的 DRL 模型来解决这一问题。

10.4.1　基于 DRL 的车联网系统框架

布置在 BS 上的车联网中心控制器接收由 RSU 收集到的车辆信息和服务器的状态为当前的环境信息，其中包括车辆的移动信息、车辆计算任务和内容下载的相关信息以及服务器可用资源的相关信息。在得到上述环境信息后，建立 DRL 中的三要素：状态、动作和奖励。

在时隙 t 内的车联网系统的状态（车辆和服务器的状态）空间 $s_t=\{D_i(t),F_j(t),G_j(t),B_j(t)\}$，其中 $D_i(t)$ 为车辆用户的状态集合，包括车辆的移动速度、车辆所在位置、下载内容的流行程度、所需下载内容的大小、所需计算内容的大小、请求缓存资源大小、请求计算资源大小和计算任务所需的 CPU 周期数；其余三项为服务器状态，$F_j(t)$、$G_j(t)$和$B_j(t)$ 分别表示服务器的可用计算资源、可用缓存资源和可用带宽。

车联网系统中的动作决定不同的服务器为车辆分配各项资源的数量，中心控制器接收到来自不同车辆的请求后，调度不同的服务器资源为车辆用户进行任务计算和内容下载。在时隙 t 内，车联网系统的动作空间 $a_t = \{f_{ij}(t), g_{ij}(t), b_{ij}(t)\}$，其中 $f_{ij}(t)$、$g_{ij}(t)$和$b_{ij}(t)$ 分别表示服务器 j 为车辆 i 分配的计算资源、缓存资源和带宽的大小，需要注意的是，$f_{ij}(t)$、$g_{ij}(t)$和$b_{ij}(t)$ 都是连续变量以保证车联网系统中准确的资源分配。

基于当前的状态和采取的动作，车联网系统会获得一个奖励值，奖励值与目标优化函数相关，采用 $P(t) = R_{\text{rev}}(t) - C_{\text{ca}}(t) - C_{\text{cp}}(t)$ 作为车联网系统的奖励函数，目标优化函数是奖励函数的累计值。

10.4.2　基于策略梯度的 DRL 算法

基于车联网系统的状态空间、动作空间和奖励函数，采用 DRL 算法进行智能化的任务调度和资源配置。本章采用一种基于策略梯度的 DRL 算法——DDPG 来进行车联网系统资源分配，其算法框架如图 10.2 所示。

DDPG 算法框架中包含“演员”网络和“评价”网络，每一个网络（在线深度神经网络（Online Network）和目标深度神经网络（Target Network））用来处理车联网信息的处理；还包含一个经验重放池（Replay Memory），用于存储训练数据。DRL 的智能体布置在中心控制器上，根据收集到的车联网环境信息计算出最佳动作，并将此动作发送给车辆和对应的服务器配合完成相应的车载应用，基于 DRL 的资源分配算法如算法 10.1 所示。

算法 10.1　基于 DRL 的资源分配算法

初始化“评价-在线”网络参数 θ^{Q}，“演员-在线”网络参数 $Q^{\mu'}$ 和经验重放 $K \neq \varnothing$；

初始化“评价-目标”网络参数 $\theta^{Q'} \leftarrow \theta^{Q}$ 和“演员-目标”网络参数 $\theta^{\mu'} \leftarrow \theta^{\mu}$；

for episode=1,2,$\cdots$,M do

　　初始化状态空间 s_0, P_{MNO}=0；

　　随机选取 N_t 为动作探索；

　　for t=1,2,$\cdots$,T do

　　　　控制系统接收观察状态 s_t，并根据 $\alpha_t = \mu(s_t, \theta^{\mu}) + N_t$ 选取动作；

　　　　基于动作 a_t 和状态 s_t 计算当前奖励值 R_t，并更新状态 $s_t \rightarrow s_{t+1}$；

　　　　更新收益 $P_{\text{MNO}} \leftarrow P_{\text{MNO}} + R_t$ 并将转换元组 (s_t, a_t, R_t, s_{t+1}) 存入 K；

　　　　从 K 中随机取一小批 N 个转换元组；

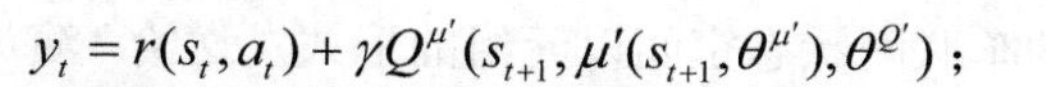

$y_t = r(s_t, a_t) + \gamma Q^{\mu'}(s_{t+1}, \mu'(s_{t+1}, \theta^{\mu'}), \theta^{Q'})$；

根据式（10-16）更新“评价”网络；

根据式（10-17）更新动作策略；

根据式（10-18）更新“目标”网络；

end for

执行 Ω 中的相应策略；

$P_{\text{MNO}} \leftarrow P_{\text{MNO}} + \sum_{i=1}^{V} \sigma(i, T_i)$；

end for

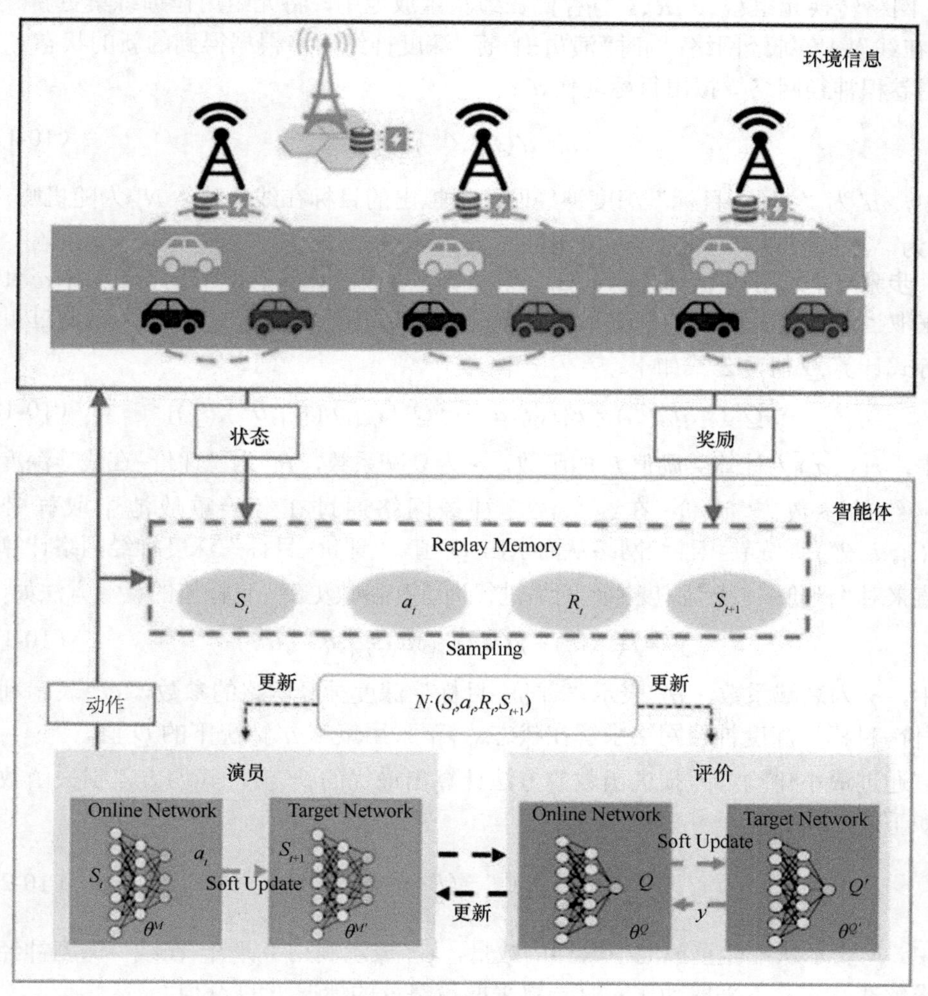

图 10.2　DDPG 算法架构

步骤 1 将收集得到的车联网状态空间以元组的形式发送给“演员”网络，“演员”网络根据当前的动作策略 Ω 选择出当前的动作：

$$a_t = \Omega(t) = \mu(s_t, \theta^\mu) + N_t \tag{10-16}$$

其中，s_t 为当前的状态，μ 为卷积神经网络模拟出的当前在线策略，N_t 为随机噪声，θ^μ 为“演员–在线”深度神经网络的参数。

步骤 2 状态空间根据步骤 1 产生的动作进行更新从而得到新的状态 s_{t+1}，车辆按照步骤 1 中的动作进行计算卸载和缓存下载，同时服务器为车辆分配相应的计算、缓存资源以及通信带宽；根据状态空间和动作空间计算 t 时隙的奖励值 R_t，“演员”网络转换元组 (s_t, a_t, R_t, s_{t+1}) 存储在经验重放池中，将元组用作训练集更新“演员–在线”深度神经网络；同时“演员–目标”深度神经网络根据得到的新的状态 s_{t+1}，利用卷积神经网络模拟出目标动作 a_t'：

$$a_t' = \mu'(s_{t+1}, \theta^{\mu'}) + N_t' \tag{10-17}$$

其中，μ' 为“演员–目标”深度神经网络模拟出的目标在线策略，N_t' 为随机噪声，$\theta^{\mu'}$ 为“演员–目标”深度神经网络的参数。

步骤 3 采用 Q 值评估当前在线策略 μ，以表示在状态 s_t 下，采取动作 a_t 且一直采取当前在线策略 μ 的情况下所获得的奖励期望值；利用“评价”网络通过贝尔曼等式计算 Q 值，公式如下：

$$Q^\mu(s_t, a_t, \theta^\mu) = E[r(s_t, a_t) + \gamma Q^\mu(s_{t+1}, \mu(s_{t+1}, \theta^Q), \theta^\mu)] \tag{10-18}$$

其中，$r(s_t, a_t)$ 为计算奖励值 R_t 的函数，γ 为衰减系数，θ^Q 为“评价–在线”深度神经网络的参数。“评价–在线”深度神经网络通过在经验重放池中取样带入 $Q^\mu(s_t, a_t, \theta^\mu)$ 训练卷积神经网络从而求出 Q 值、“评价–目标”深度神经网络计算目标值来对“评价–在线”深度神经网络进行训练和参数更新，目标值的计算方法如下：

$$y_t = r(s_t, a_t) + \gamma Q^{\mu'}(s_{t+1}, \mu'(s_{t+1}, \theta^{\mu'}), \theta^{Q'}) \tag{10-19}$$

其中，γ 为衰减系数，$\theta^{Q'}$ 表示“评价–目标”深度神经网络的参数，$Q^{\mu'}$ 表示利用“评价–目标”深度神经网络求解在状态 s_{t+1} 下采用策略 μ' 情况下的 Q 值。

通过最小化均方差损失函数的方法计算出最优的 θ^Q 值，其均方差损失函数定义如下：

$$\text{Ls} = \frac{1}{N}\sum_t (y_t - Q^\mu(s_t, a_t, \theta^Q))^2 \tag{10-20}$$

其中，N 表示从经验重放池中取样的数量，Q^μ 表示利用“评价–在线”深度神经网络求解在状态 s_t 下采取动作 a_t 且一直采取策略 μ 的情况下的 Q 值。

步骤 4 基于步骤 3 求解得到的最优 θ^Q 参数以及从经验重放池中取出的训练

数据，采用函数 $J(\mu)$ 来衡量策略 μ 的表现，通过最大化 $J(\mu)$ 来寻找最优策略；采用蒙特卡洛法求解函数 $J(\mu)$ 策略梯度：

$$\nabla_{\theta^\mu} J(\mu) = \frac{1}{N}\sum_t^N (\nabla_a Q(s,a,\theta^Q)|_{s=s_t,a=\mu(s_t)} \cdot \nabla_{\theta^\mu} \mu(s,\theta^\mu)|_{s=s_t}) \qquad (10\text{-}21)$$

其中，∇ 表示函数的梯度，N 表示训练数据的数量。利用软更新的方法使用“评价–在线”深度神经网络的参数和“演员–在线”深度神经网络的参数分别更新“评价–目标”深度神经网络的参数和“演员–目标”深度神经网络的参数：

$$\theta^{Q'} \leftarrow \tau\theta^Q + (1-\tau)\theta^{Q'} \qquad (10\text{-}22)$$

$$\theta^{\mu'} \leftarrow \tau\theta^\mu + (1-\tau)\theta^{\mu'} \qquad (10\text{-}23)$$

其中，τ 为更新系数，取 0.001。目标优化函数是车联网系统中的奖励函数的累计值，该值在进行网络训练时收敛，所得到的目标优化函数的最优解即为最优的资源分配方案。

10.5 实验评估

10.5.1 实验环境及参数设置

在本章仿真实验中，车辆网系统覆盖的服务区域内包括 1 个 BS 和 4 个 RSU，其中 BS 可以覆盖整个服务区域，每一个 RSU 覆盖 250×250 m^2 的正方形区域，且每一个 RSU 覆盖的区域不重合。为了保证车联网系统的实用性，本章采用真实交通数据进行实验，选取杭州 S2 杭甬高速路上的 5 个区域来统计车辆数目和车辆速度。基于 2017 年 9 月的交通流数据，选取车辆密度较大的晚高峰（下午 5 时—7 时）时段统计，车辆的平均行驶速度大约为 30 km/h，车辆在车联网服务系统中的停留时间大约为 2 min，车流量大约为每 2 分钟 20 辆。因此，在进行仿真实验时，车流量设为 20，车辆平均速度设为 30 km/h。计算任务和下载任务的大小从 [0.15, 0.25, 0.3, 0.4, 0.45, 0.6] GB 中随机选取，计算任务所需的 CPU 周期数从 [0.5,0.6,0.7,0.8,0.9,1.2] Gcycles 中随机选取，下载任务的流行程度在[1,6]中均匀分布。本章实验参数如表 10.1 所示。

本章实验的硬件环境为拥有 16 GB 内存和 Core i7-8700 处理器的计算机，软件版本为 Python 3.5 和 TensorFlow 1.12.0。强化学习中用到的具体参数设置如表 10.2 所示。

为了证明本章提出的迁移感知的智能车联网联合资源分配策略的性能，将其与以下三种基准策略进行对比。

① 非合作策略（Non-Cooperative Scheme）：车辆只选择 BS 或 RSU 进行计算

卸载或者内容缓存。

② 单一计算卸载策略（Computing Offloading Scheme）：车辆只进行计算卸载而请求内容全部从 BS 下载。

③ 单一边缘缓存策略（Edge Caching Scheme）：车辆只进行边缘缓存而计算任务全部在 BS 进行。

表 10.1　实验参数

参数	定义	数值
F_0/F_j	BS/RSU 计算能力	10/5 GHz
G_0/G_j	BS/RSU 存储空间	10/5 GB
B_0/B_j	BS/RSU 带宽	20/10 MHz
α	计算任务收费	200 unit/GB
β	下载任务收费	100 unit/GB
δ_0/δ_R	带宽开销	10/20 unit/MHz
v_0/v_R	信道开销	4/20 unit/dB
φ_0/φ_R	缓存开销	2/10 unit/GB
η_0/η_R	能耗开销	3/30 unit/W
ω_0/ω_R	计算能耗	2/5 W/GHz
σ^{cp}/σ^{ca}	计算/下载 QoE 惩罚系数	−60/−30 unit/GB

表 10.2　DRL 参数设置

参数	定义	数值
M	最大训练步数	10 000
T	训练中评估步数	2 000
LR_A	“演员”网络学习率	0.001
LR_C	“评价”网络学习率	0.002
GAMMA	奖励折扣	0.9
TAU	软更新参数	0.001
MEMORY_CAPACITY	经验重放池大小	5 000
BATCH_SIZE	最小批量样本大小	32

10.5.2　收敛性分析

本章提出的迁移感知智能车联网联合资源分配策略与其他三种策略的收敛性分析如图 10.3 所示。从图 10.3（a）中可以看出本章提出的策略在运营商收益和收敛速度方面远优于其他基准策略。从图中可以看出，本章提出的策略可以为运营商带来更多的收益，这是因为本章提出的策略利用 BS 和 RSU 协作进行计算卸载和边缘缓存，同时基于策略梯度的 DRL 算法拥有更强大的数据处理能力，从而能够更高效地利用网络资源，提高运营商收益。此外，从图中也可以看出所有策略的运营商收益在训练过程开始时较低，随着训练步数的逐渐增加，收益迅速增加，当训练步数达到 1 500 左右时收益波动趋于平稳。运营商收益的收敛意味着本章提出的深度强化的智能体可以更好地学习到资源分配策略。

图 10.3（b）展示了本章提出的策略在不同探索衰减情况下的收敛性能。探索率的值表示强化学习中动作的选取对动作空间的探索概率，在本章提出的策略中表示执行“演员”网络产生的动作的概率。初始的探索率设置成一个很大的值用来广泛搜寻最优动作，然后以不同的速度衰减来平衡动作选择中的探索和开发行为。可以看出，较大的探索衰减导致算法具有较好的收敛性和更优的结果，同时较大的探索衰减可以获得更好的收敛速度，因此本仿真实验将探索衰减数值设置成 0.1。

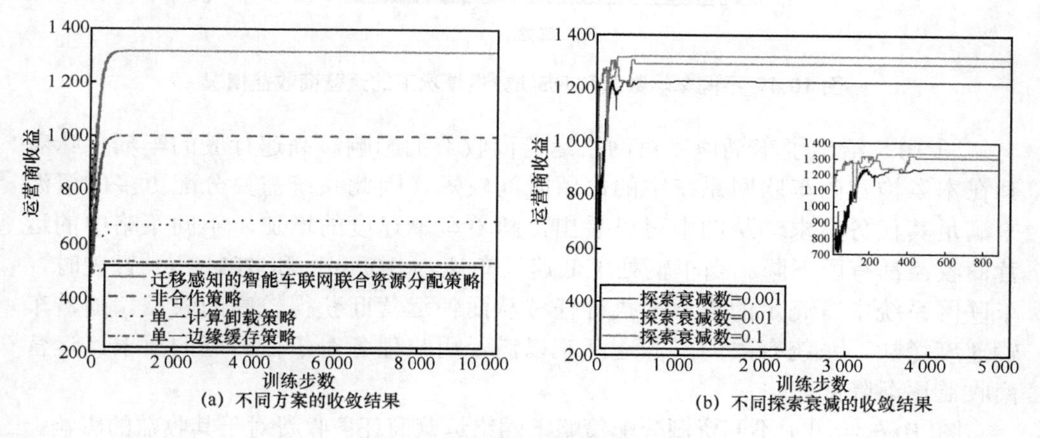

图 10.3　不同策略收敛性分析

10.5.3　系统性能分析

图 10.4 展示了不同车辆数量和 RSU 数量情况下的运营商收益情况。本章设置 RSU 数量为 0 到 4，车辆数量为 10 到 20。其中，RSU 数量为 0 时表示车联网系统中只有 BS 为车辆服务。从图 10.4 中可以看出，在 RSU 数量相同和服务器资源数量相同的情况下，车辆数量越多，运营商收益越低。这是因为在资源有限的情况下，车辆数量增加，网络运营商难以满足车辆用户的低时延需求，运营商收益中的 QoE 惩罚值增加从而降低收益。同时，车联网系统中部署越多的 RSU 将为车辆用户提

供更多的带宽、计算和缓存资源，从而增加运营商收益。在实际情况中，RSU 数量的增加需要更多的基础设施建设费用，因此车联网系统中部署的 RSU 数量需要综合考虑多方面因素。

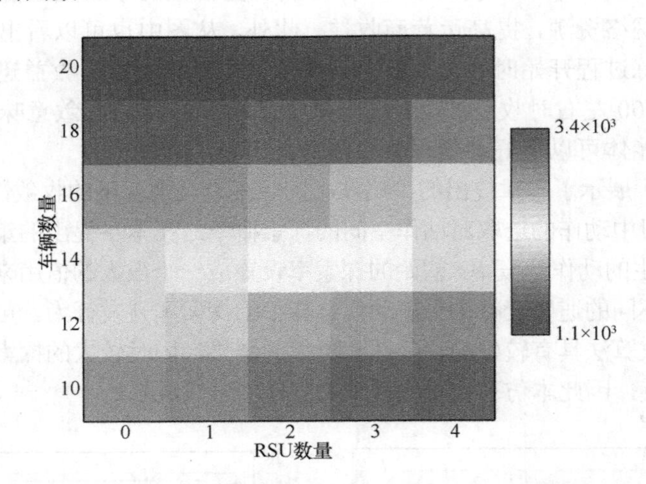

图 10.4 不同车辆数量和 RSU 数量情况下的运营商收益情况

图 10.5 给出了车辆速度对网络运营商收益的影响。高速行驶的车辆意味着其在本章构建的车联网系统中的停留时间较短，因此系统需要分配更多的资源来满足其任务需求。从图中可以看出，随着车辆速度的增加，不同策略中的运营商收益都有所下降。当车辆处于低速（车速为 10km/h 和 20km/h）行驶时，车联网系统中有充足的资源来执行任务从而使运营商获得较高的收益。随着车辆速度增加，系统有限的资源逐渐难以满足用户任务对于低时延的要求，运营商收益逐渐降低。

图 10.6 给出了不同资源分配策略下网络运营商任务收费对于其收益的影响。从图 10.6（a）中可以看出，随着计算任务收费的增加，本章提出的资源分配策略可以为运营商带来较高的收益，这是因为当计算任务的收费增加时，系统执行计算卸载的收益也随之增加，在进行资源分配时，车联网系统倾向于执行计算密集型任务。同时可以看出，在不进行计算卸载的情况下，不同的计算任务收费价格对于边缘缓存策略基本没有影响。图 10.6（b）说明在不同缓存任务收费情况下，与其他策略相比，本章提出的资源分配策略能为运营商带来更多的收益。从图中的曲线增长趋势可以看出非合作策略和本章策略随着缓存收费上涨的增长趋势几乎是平行的，这是因为内容缓存为他们带来的收益相差无几。在这几种策略中，边缘缓存策略随着缓存收费增加的变化趋势更为迅猛，因为它更加关注缓存内容的放置问题；此外，计算卸载策略则基本上没有受到缓存收费的影响。

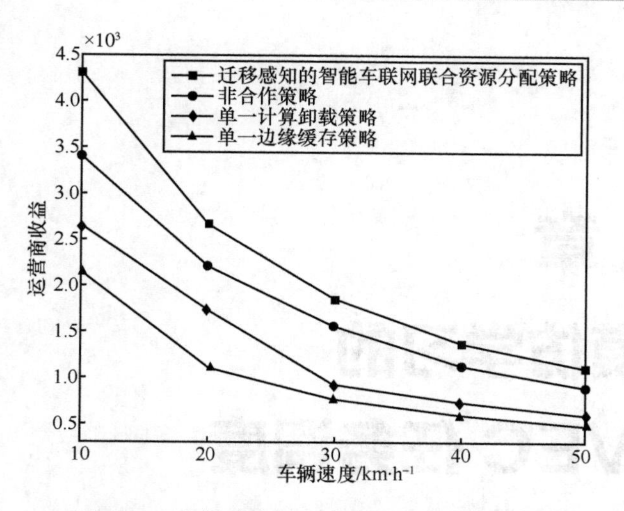

图 10.5　车辆速度对网络运营商收益的影响

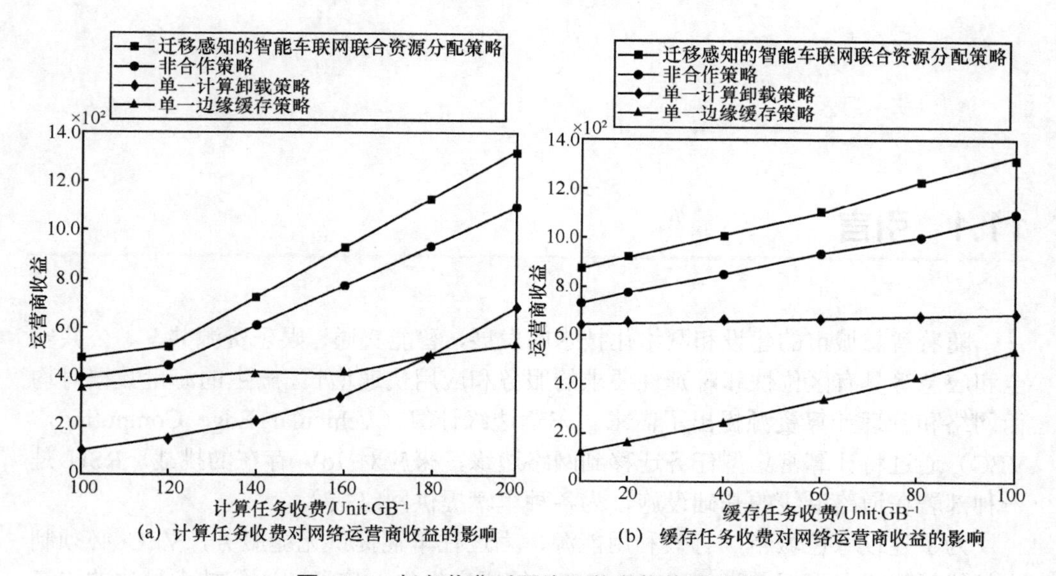

(a) 计算任务收费对网络运营商收益的影响　　(b) 缓存任务收费对网络运营商收益的影响

图 10.6　任务收费对网络运营商收益的影响

第 11 章 基于模仿学习的在线 VEC 任务调度

11.1 引言

随着智慧城市的建设和网络化技术的发展，智能交通、娱乐资源共享、公共安全和应急等具有区位性和时延性要求的服务和应用快速增长，产生的海量数据对均衡网络和管理计算资源提出了需求。车辆边缘计算（Vehicular Edge Computing，VEC）通过将计算密集型任务迁移到网络边缘，来应对 IoV 存在的挑战。RSU 是一种部署在道路沿线的基础设施，为各种车辆提供网络接入。

为了建设绿色城市，有效利用能源，为过往车辆提供无缝服务，VEC 必须制定低能耗策略。根据名为 SMARTer2030 的研究报告，信息和通信技术导致的二氧化碳排放量正以年均 6%的速度增长。此外，纯电动汽车和混合动力汽车将主导汽车市场。因此，网络运营商和车辆的巨大能源需求促使人们研究关于 VEC 网络的节能策略。

VEC 的框架可分为两类，即基于基础设施的 VEC 和无基础设施的 VEC。对于前者，VEC 服务器常与路边单元协同以缓存内容或提供计算资源。对于后者，可以利用移动和停放车辆中的空闲资源来支持 VEC。由于无基础设施的 VEC 不需要额外的网络部署，能够有效地整合闲置的网络资源，近年来受到越来越多的关注。

虽然无基础设施的 VEC 可以为道路上的用户提供卸载服务，但在高度动态的车辆网络中，任务调度策略需要详细设计。这是因为车辆应用需要实时响应，需要考虑如何在有限的服务时间内满足 VEC 网络中的时延敏感任务，以及在动态服务器间调度这些任务。然而，考虑到动态定制服务器的服务时间有限，为无基础设施的 VEC 设计解决方案相当困难。

一般来说，参与网络的车辆可以分为两类，即服务提供车辆（Service Providing Vehicle，SPV）和服务需求车辆（Service Demanding Vehicle，SDV）。前者作为资源提供者提供计算服务；后者可以访问网络服务并将任务卸载到 SPV。由于在本章设计的算法中，VEC 服务器是由 SPV 组成的，因此本章可以互换地提到“SPV”和“VEC 服务器”这两个术语。无基础设施 VEC（包括多个 SPV 和 SDV）面临的挑战总结如下。

① 高效利用 SPV 具有的现有资源是非常困难的。现有的研究允许 SDV 将其任务卸载到相邻的 SPV 上，或者将多个副本发送给 SPV 进行处理，以保证满足任务的时延约束。然而，一方面，被卸载的任务可能仅仅将任务卸载到邻居 SPV 而导致 SPV 的负载不平衡和资源利用率低。另一方面，发送多个副本会造成网络资源的极大浪费。因此，如何有效地管理 SPV 上的空闲资源是研究的重点。

② 在无基础设施的 VEC 中，SPV 定期向周围的 SDV 广播其信息，其中包括位置、速度和移动方向，SDV 根据这些信息来安排任务。然而，频繁的信息交换必然会造成巨大的通信开销，为了提高通信效率，必须降低通信开销。

③ 对于在线任务调度，传统算法通常采用启发式搜索策略。然而，在这种高度动态的网络拓扑中，启发式搜索策略的搜索效率可能较低但计算复杂度高。此外，有限的服务时间、不稳定的 VEC 服务和动态的车辆运动使得在线任务调度具有很大的挑战性。因此，有必要考虑这些参数的变化，找到一种灵活的策略来解决任务调度问题。

④ DRL 一般用于解决复杂环境下的任务调度问题。然而，基于 DRL 的算法通常收敛速度较慢。此外，角色的易变性、运动的不确定性以及大量车辆的存在性，使得 DRL 的网络状态演化频繁，从而导致过大的状态空间和行为空间。在学习过程中，学习算法的计算时延过大，具有数百万步的算法网络性能极差，这对于在线调度是不可接受的。因此，有必要设计一种收敛速度快的基于学习的算法来保证在线系统的性能。

为了解决上述问题，本章提出了一种基于模仿学习的在线向量机任务调度算法（Imitation lEarning enabLed Task Scheduling algorithm，IELTS）。对于第一个挑战，本章建立了 VEC 模型，并将任务调度问题描述为一个优化问题。RSU 被用来协助不同服务器之间的任务调度，充当路由器或网关的角色。本章的解决方案基于无基础设施的 VEC，因为它不需要 RSU 为 SDV 缓存或处理计算任务。在此基础上，分析了 SPV 在 RSU 覆盖范围内的服务能力，并结合 SPV 的空闲资源对其进行聚类。为了应对第二个挑战，每个 RSU 被用来维护集群信息，而 SPV 信息被维护在其集群内，因此，可以大大降低 SPV 与 RSU 之间的通信开销。

为了解决后两个挑战，本章设计了一种基于模仿学习的算法，克服了传统算法搜索效率低、收敛速度慢的缺点。实际上，模仿学习是一种机器学习算法，让智能体对原始问题有效解决方案的参考策略（或专家的演示轨迹）进行模仿。由于时间复杂度高，不能直接在线执行引用策略。因此，学习策略应该设计成通过训练过程来实现模仿。本章的贡献总结如下。

① 首先考虑通信和计算资源建立系统模型，本章将任务调度问题转化为优化问题。为了解决该问题，本章将其分解为两个子问题，即资源聚合和任务调度，目的是将任务分配给合适的 SPV 集群。

② 为了解决第一个子问题，本章分析了本地 SPV 在 RSU 覆盖范围内的服务能力，发现了集群 SPV 在服务时间内可以建模为 $M/G/K/N$ 排队系统。在此基础上，提出的优化问题可以转化为考虑形成的集群。第二个子问题通过模仿专家的聚类任务调度策略来求解，大大缩短了算法的收敛时间。

③ 本章从理论上分析了所提算法的性能，并证明了本章的算法与专家提供的算法相比可以达到可接受的性能差距。此外，本章还推导了所设计的任务调度算法的能量消耗上限。在利用模仿学习算法解决 VEC 网络中的任务调度问题方面做出了努力。

④ 本章实验在包含真实世界出租车轨迹的数据集上进行。性能测试结果表明，本章所提算法在平均能耗、本地 SPV 的任务处理率、平均任务执行时延等方面均优于基于 VEC 服务器和远程云的启发式任务调度基准算法，平均任务执行时延提高了 50%以上。

11.2 系统模型与问题表述

11.2.1 系统概述

本章设计的系统模型如图 11.1 所示，当车辆进入 RSU 的无线通信覆盖范围时，它可以将任务上传到 RSU，然后 RSU 将这些任务分发给 SPV 进行处理。在不失一般性的前提下，假设进入 RSU 无线通信覆盖的车流服从到达率 λ[82]的泊松分布。λ_d 和 λ_p 分别表示 SDV 和 SPV 的达到速率，并且满足 $\lambda_d + \lambda_p = \lambda$。

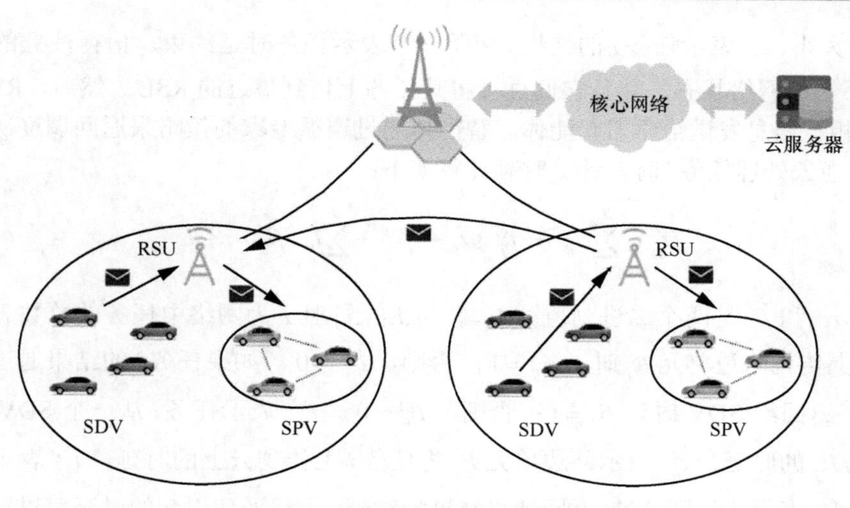

图 11.1　系统模型

本章将部署在一条道路上的一组 RSU 用 $R=\{R_1,\cdots,R_j,\cdots,R_J\}$ 表示，其中 J 表示 RSU 的总数。它们都通过蜂窝通信或光纤链路连接到后端智能交通系统中心，该中心可以作为学习智能体。另外，邻近的 RSU 周期性地连接、定期广播其当前状态信息（如局部集群的计算能力）。路边单元 R_j 无线覆盖范围内的 SPV 可以表示为 $S=\{S_1,\cdots,S_k,\cdots,S_{K_j}\}$，其中 K_j 表示 S 中 SPV 的数量。

由于 SPV 的不稳定性，本章设计一个远程云服务器，它可以与一个宏单元集成以提供高计算能力。任务优先由 SPV 处理，因为它们接近 SDV，而如果 SPV 不能满足它们的时延限制，则将它们上传到云服务器。由 SPV 引起时延的原因有：可用 SPV 的数量不足，计算能力不足，卸载任务过载。当车辆移动到另一个 RSU 的覆盖范围时，可将其角色改变为 SPV 或 SDV，并保持其作用直到离开。

学习智能体可以部署在附近车辆和 RSU 的边缘服务器上。例如，图 11.1 中连接核心网络和 RSU 的 BS 可以用作学习智能体[83]。与 RSU 和车辆相比，BS 始终具有强大的计算能力，因此可以忽略决策过程的时延[84]。同时，本章的主要关注点是实现在线任务调度，因此本章不考虑在 SPV 的任务处理期间发生断开连接的情况。对于车辆网络中的容错问题，详细解决方案可以参考 Wang 等[85]的研究。

11.2.2　服务时延和能源消耗模型

任务 i 可以由元组 $(c_i,d_i,r_i,t_i^{\max})$ 表示，其中 c_i 表示任务所需的 CPU 周期，d_i 表

示任务大小，r_i 表示任务 i 的结果大小，$t_i^{\max}$ 表示任务时延约束。值得注意的是，SDV 不知道网络状态，并且它们直接将其任务上传到最近的 RSU。然后，RSU 将任务 i 相关信息发送给学习智能体。智能体通过遵循专家的策略来返回调度决定。因此，当云处理任务 i 时，计算时延计算如下：

$$t_i^c = \sum_{j=1}^{J}(t_{ij}^{v2r} + t_{ij}^{c,t})\alpha_{ij} + t_i^{c,\ p} + \sum_{j=1}^{J} t_{ij}^{c2v}\beta_{ij},\ \ i \in I \tag{11-1}$$

其中，α_{ij} 和 β_{ij} 是两个二进制值。$I = \{1,\cdots,i,\cdots,\tilde{i}\}$ 且 I 为网络中任务的总数。如果任务 i 上传到路边单元 R_j 时，$\alpha_{ij}=1$；否则，$\alpha_{ij}=0$。如果任务 i 的结果通过路边单元 R_j 返回给 SDV 时，$\beta_{ij}=1$；否则，$\beta_{ij}=0$。t_{ij}^{v2r} 表示任务 i 从一个 SDV 到路边单元 R_j 的时延，$t_{ij}^{c,t}$ 表示路边单元 R_j 将任务 i 上传到云上的时延；$t_i^{c,p}$ 表示处理时延；t_{ij}^{c2v} 表示从云到 SDV 返回计算结果的时延。无线通信引起的时延可以通过任务大小除以无线信道的可实现传输速率来计算[86]。计算时延可以通过基于所需的 CPU 周期 c_i 除以服务器的 CPU 频率来获得。

类似地，云处理的任务 i 消耗的能量可以按式（11-2）计算。

$$e_i^c = \sum_{j=1}^{J}(e_{ij}^{v2r} + e_{ij}^{c,t})\alpha_{ij} + e_i^{c,p} + \sum_{j=1}^{J} e_{ij}^{c2v}\beta_{ij},\ \ i \in \mathcal{J} \tag{11-2}$$

其中，e_{ij}^{v2r} 表示从 SDV 到路边单元 R_j 消耗的传输能量，$e_{ij}^{c,t}$ 表示路边单元 R_j 到云消耗的传输能量；$e_i^{c,p}$ 表示任务 i 的传输能耗，e_{ij}^{c2r} 表示在路边单元 R_j 的帮助下，将结果从云传输到 SDV 所消耗的能量。

当任务 i 由 SPV 执行时，其时延表示为

$$t_i^m = \sum_{j=1}^{J} t_{ij}^{v2r}\alpha_{ij} + \sum_{j=1}^{J}\sum_{k=1}^{K_j}\left(t_{ijk}^{m,t} + t_{ijk}^{w,m}\right)\epsilon_{ijk}\mu_{ij} + \sum_{j=1}^{J}\sum_{k=1}^{K_j}\left(t_{ijk}^{m,p} + t_{ijk}^{m,b}\right)\epsilon_{ijk}\beta_{ij}, i \in \mathcal{J} \tag{11-3}$$

其中，$t_{ijk}^{m,t}$ 表示在路边单元 R_j 的无线通信覆盖范围内从 SDV 到 SPV 的传输时延，$t_{ijk}^{w,m}$ 表示任务 i 在等待 SPV $\mathbb{S}_k$ 队列执行的等待时间，$t_{ijk}^{m,p}$ 表示在 $\mathbb{S}_k$ 执行任务 i 所消耗的时间，$t_{ijk}^{m,b}$ 表示从 SPV $\mathbb{S}_k$ 到 SDV 返回任务 i 的时延。如果任务 i 由路边单元 R_j 覆盖中的 k_{th} SPV 所执行，$\epsilon_{ijk}=1$；否则，$\epsilon_{ijk}=0$。如果任务 i 传输到路边单元 R_j 中执行，$\mu_{ij}=1$；否则，$\mu_{ij}=0$。

基于 V2R 上传能量，由 SPV 执行的任务 i 所消耗的能量为 e_{ij}^{v2r}，传输能耗为 $e_{ijk}^{m,t}$，执行能耗为 $e_{ijk}^{m,p}$，回传能耗为 $e_{ijk}^{m,b}$。

$$e_i^m = \sum_{j=1}^{J} e_{ij}^{v2r} \alpha_{ij} + \sum_{j=1}^{J}\sum_{k=1}^{K_j} e_{ijk}^{m,t} \epsilon_{ijk} \mu_{ij} + \sum_{j=1}^{J}\sum_{k=1}^{K_j} (e_{ijk}^{m,p} + e_{ijk}^{m,b}) \epsilon_{ijk} \beta_{ij}, \quad i \in \mathcal{J} \tag{11-4}$$

所以，任务 i 的总执行时间可以表示为

$$t_i = \gamma_i t_i^c + (1-\gamma_i) t_i^m \tag{11-5}$$

其中，γ_i 是一个二进制变量。如果任务 i 在云服务器执行，$\gamma_i = 1$；否则，$\gamma_i = 0$。任务 i 的能耗可以表示为

$$e_i = \gamma_i e_i^c + (1-\gamma_i) e_i^m \tag{11-6}$$

11.2.3　问题规划

当 SDV 到达 RSU 的通信覆盖范围时，它将计算任务上传到 RSU。任务 i 可以由云处理，也可以由 SPV 制定的集群处理。SDV 的目标是保证其任务执行时延，而网络运营商的目标是最小化系统能耗。为了协调它们不同的目标，本章通过最小化卸载计算任务的平均消耗能量，同时保证它们的执行时延来制定任务调度问题，如式（11-6）所示。

$$\begin{aligned}
\text{P11.1:} \quad & \min_{\alpha_{ij},\beta_{ij},\mu_{ij},\epsilon_{ijk},\gamma_i,t_{ijk}^{w,m},t_{ijk}^{m,p}} \frac{1}{I}\sum_{i=1}^{I} e_i, \ j \in \mathcal{J}, \ k \in \mathcal{K} \\
\text{s.t.} \quad & \text{C11.1}: t_i \leqslant t_i^{\max}, \ i \in \mathcal{J} \\
& \text{C11.2}: t_k^{\text{ser}} \geqslant t_{ijk}^{m,p} + t_{ijk}^{w,m} + t_{ijk}^{m,b}, \ k \in \mathcal{K} \\
& \text{C11.3}: \sum_{j=1}^{J} \alpha_{ij} = 1, \ \alpha_{ij} \in \{0,1\}, \ i \in \mathcal{J} \\
& \text{C11.4}: \sum_{j=1}^{J} \beta_{ij} = 1, \ \beta_{ij} \in \{0,1\}, \ i \in \mathcal{J} \\
& \text{C11.5}: \sum_{j=1}^{J} \mu_{ij} = 1, \ \mu_{ij} \in \{0,1\}, \ i \in \mathcal{J} \\
& \text{C11.6}: \sum_{j=1}^{J}\sum_{k=1}^{K_j} \epsilon_{ijk} = 1, \ \epsilon_{ijk} \in \{0,1\}, \ i \in \mathcal{J}
\end{aligned} \tag{11-7}$$

其中，$\mathcal{J} = \{1,\cdots,j,\cdots,J\}$ 并且 $\mathcal{K} = \{1,2,\cdots,K_j\}$。约束 C11.1 和 C11.2 保证任务 i 的时延低于其时延约束，以及 SPV $\mathbb{S}_k$ 的剩余服务时间不超过执行任务 i 的剩余服务时间。约束 C11.3 和 C11.4 保证任务 和它的计算结果只能由一个 RSU 上传和返回。同样地，约束 C11.5 和 C11.6 确保任务 i 仅由一个 SPV 处理。

11.3 基于模仿学习的任务调度算法

11.3.1 算法概述

P11.1 是一个 MINLP 问题，其参数是耦合的、相互依赖的，SDV 和 SPV 的移动导致动态网络拓扑、不稳定的 VEC 服务和有限的服务时间，所以不能直接求解问题 P11.1。RSU 接受的任务处理请求不能直接调度到负载不足的 SPV，因为 SPV 可能移出 RSU 的覆盖范围，并且不能保证足够的服务时间。本章分两步解决问题 P11.1：首先，在每个 RSU 的无线通信覆盖范围内对 SPV 进行建模，估计任务的等待时延和 SPV 的处理时延；在此基础上，本章提出了一种基于模拟学习的任务调度算法，该算法通过专家的演示和少量的样本来实现。

本章通过将 SPV 聚合到集群中来揭示服务能力。集群可以聚合空闲资源，为卸载任务提供服务。通过形成集群，SPV 的移动性可以由集群头部在每个集群中本地记录和管理，因此 RSU 不需要频繁更新来记录 SPV 的状态。集群头部是集群中的 SPV，可以通过已有的聚类算法来确定[87-89]。在每个时隙开始时，RSU 更新其所形成集群的本地信息，并估计其未来状态。集群 SPV 可以建模成一个 $M/G/K/N$ 排队系统，将问题 P11.1 中松弛并转化为问题 P11.3。

本章首先用分支定界算法求解松弛后的问题 P11.3，并进行少量迭代，得到专家论证。然后，在时隙 h，当任务 i 到达时，学习智能体通过模仿学习解决问题 P11.3。如果能找到合适的解决方案，可以根据任务的二进制值将任务 i 分配给相应的集群 $\alpha_{ij},\beta_{ij},\mu_{ij},\epsilon'_{ijk},\gamma_i$，并且目标值可以通过 F^* 获得；否则，任务 i 被传输到云服务器进行处理。本章提出的 IELTS 如算法 11.1 所示。

算法 11.1 IELTS

输入 路边单元组 R 的状态，云服务器，车流量到达速率 λ

输出 任务分配策略 $\alpha_{ij}^*,\beta_{ij}^*,\mu_{ij}^*,\epsilon_{ijk}^{'*},\gamma_i^*$

初始化排队缓冲区和训练数据集 $D \leftarrow \varnothing$；

将 Π 中任何策略都初始化为 $\hat{\pi}_1$；

for 每一个时隙 $h=1,2,\cdots,H$， do

  在每个 RSU 覆盖范围内更新本地 VEC 集群；

  for 任务 $i=1,2,\cdots,I^h$ do

    $r=r+1$；

```
            if  r%m = 0  then
                D ← D ∪ D_l ;
                l = l + 1;
                训练分类器 π̂_l  on D ;
                初始化子数据集 D_l ← ∅;
                设置策略 π_mix = η_l π* + (1 − η_l) π̂_l ;
            end
        形成当前问题 P11.3;
        F_q, α_ij, β_ij, μ_ij, ϵ'_ijk, γ_i ← 解决松弛问题 P11.3';
        while  子问题集 L ≠ ∅  do
            F_q, α_ij, β_ij, μ_ij, ϵ'_ijk, γ_i ← 解决当前子问题 L(0) ;
            F* = min(F*, F_q) ;
            a_q = π_mix (L(0)) ;
            if a_q = A_2  then
                通过 L ← {L(0,0), L(0,1)} 加入两个子问题到 L;
            end
            L.pop(0) ← 从 L 中删除已经解决的子问题;
        end
        α*_ij, β*_ij, μ*_ij ← α_ij, β_ij, μ_ij | F* ;
        D_l ← D_l ∪ < s_q, π*(s_q) > ;
    end
end
```

11.3.2　SPV 聚类

进入 RSU 无线通信覆盖范围的车流在短时间内被认为是稳定的[90]。时隙 h 中的任务调度问题可以用固定到达率 λ^h 来处理，并且 $\lambda_d^h + \lambda_p^h = \lambda^h$。在时隙 t 路边单元 R_j 的无线通信覆盖范围内 SPV $\mathbb{S}_k$ 的位置可以表示为 $p_i(t)$[1]，并且两个 SPV 之间的最大通信范围为 d_0。有关聚类算法的研究有很多[87-89]，此处不再赘述。本章提出的算法与这些聚类算法是兼容的。因此，本章只需考虑 SPV 如何加入现有的集群，并估计集群的服务时间和能力。当 SPV 准备加入集群时，应满足定理 11.1。

定理 11.1　当 SPV $\mathbb{S}_i$ 移动到路边单元 R_j 的无线通信范围时，如果 $\mathbb{S}_i$ 和 $\mathbb{S}_k$ 在

$\mathbb{C}_k$ 的连接时间满足 $t_{i,k}^{\text{link}} \geqslant t_{i,k}^{\text{in}}$，它会加入集群 $\mathbb{C}_k$ 中。在这里，$t_{i,k}^{\text{link}} = (d_0 - |p_i(t) - p_k(t)|)/|v_i - v_k|$，$t_{i,k}^{\text{in}} = *\min\left\{(p_{r_j} + r - p_i(t))/v_i, (p_{r_j} + r - p_k(t))/v_k\right\}$，$|p_i(t) - p_k(t)| \leqslant d_0$，并且 v_i 是 $\mathbb{S}_i^2$ 的速度。

在定理 11.1 的基础上，本章得到了 SPV 是否可以加入一个集群中形成 VEC 集群的条件，即准备加入集群的 SPV 在离开 RSU 的覆盖范围之前，应该与集群中的一个成员距离足够近，也就是说，如果不能满足上述条件，SPV 就不能加入集群。然后，学习本地集群的服务时间以满足任务时延约束。每个集群的服务时间可以通过推论 11.1 来估计。

推论 11.1 在时隙 h 开始时间为 τ_0 的大小为 n_k^h，集群 $\mathbb{C}_k$ 的平均服务时间 $E(t_k^{\text{service}}) = \sum_{i=1}^{n_k^h} t_i^{h,in} / n_k^h$，其中 $t_i^{h,\text{in}} = *\min\left\{\tau^h - (t - \tau_0),\ t_i^{\text{in}}\right\}$，并且 $\tau_0 \leqslant t < \tau_0 + \tau^h$。

在得到 SPV 加入现有集群的条件和集群的服务时间后，还要估计每个集群的服务能力，以便合理分配任务。因此，本章提出定理 11.2 来估计集群的服务能力。

定理 11.2 在时隙 h 集群 $\mathbb{C}_k$ 中 SPV 的平均数量 $E(n_k^h) = n_k^{h-1} + E(n_k^{h,j})$，其中 n_k^{h-1} 表示在时隙 $h-1$ 集群 $\mathbb{C}_k$ 中 SPV 的数量。$E(n_k^{h,j})$ 表示时隙 h 中 $\mathbb{C}_k$ 集群新加入的 SPV 的数量，其中 $E(n_k^{h,j}) = \sum_{i=1}^{\Delta n_k^h} i\mathbb{P}_{i,k}$。$\mathbb{P}_{i,k}$ 表示车辆 v_i 加入集群 $\mathbb{C}_k$ 的概率，并且 Δn_k^h 是在时隙 h 集群范围内 $\mathbb{C}_k$ 到达路边单元 R_j 覆盖范围的平均车辆数量。

基于上述定理，本章可以得到 SPV 的服务时间、服务能力和加入集群的条件。本章假设每个 SPV 可以提供相等的空闲资源 c^s 形成集群。集群 SPV 可以通过定理 11.3 建模。

定理 11.3 在路边单元 R_j 范围内的集群可以建模成为一个在时隙 h 下的 $M/G/K/N$ 排队系统，其中，$K = E(n_k^h)$ 并且 $N = c^s E(t_k^{\text{service}} n_k^h / c_i)$。

在定理 11.3 的基础上，将集群的聚集计算资源建模为 $M/G/K/N$ 排队系统。因此，集群信息包括集群大小和服务时间，只需要在每个时隙的开始处更新。基于上述定理，RSU 可以估计其服务能力，从而大大降低 RSU 的通信开销和维护成本。然后，RSU 可以根据其制定的排队模型为每个集群分配任务。任务 i 在集群队列中等待的时延可以通过 Nozaki 等[91]的研究中的等式来计算。因此，问题 P11.1 可以转化为

$$\begin{aligned}
&\text{P11.2:} \min_{\alpha_{ij},\beta_{ij},\mu_{ij},\epsilon'_{ijk},\gamma_i} \frac{1}{I^h}\sum_{i=1}^{I^h} e_i,\ j \in \mathcal{J},\ k \in \mathcal{K}' \\
&\text{s.t. C11.1, C11.2, C11.3, C11.4, C11.5} \qquad (11\text{-}8) \\
&\text{C11.7:} \sum_{j=1}^{M}\sum_{k=1}^{n_j} \epsilon'_{ijk} = 1,\ \ \epsilon'_{ijk} \in (0,1),\ \ n_j \in \mathcal{N},\ \ i \in \mathcal{J}
\end{aligned}$$

其中，I^h 表示在时隙 h 的计算任务总数。本章使用 ϵ'_{ijk} 来代替 ϵ_{ijk}，代表集群 $\mathbb{C}_k$ 在路边单元 R_j 的范围内是否可以被任务 i 选中。$\mathcal{K}'=\{1,\cdots,C\}$ 是集群组，C 表示集群的总数量。当任务 i 到达时，问题 P11.3 需要解决任务调度：

$$\text{P11.3: } \min F(\alpha_{ij},\beta_{ij},\mu_{ij},\epsilon'_{ijk},\gamma_i),\ j\in\mathcal{J},\ k\in\mathcal{K}' \tag{11-9}$$

$$\text{s.t. C11.1，C11.2，C11.3，C11.4，C11.5，C11.7}$$

其中，$F(\alpha_{ij},\beta_{ij},\mu_{ij},\epsilon'_{ijk},\gamma_i)=e_i$。在本章的系统中，如果满足集群 SPV 的时延约束，则可以在集群 SPV 之间调度计算任务，否则选择云服务器。因此，当任务 i 到达时，首先初始化 $\gamma_i=0$，通过模仿学习求解 P11.3；如果找不到合适的结果，则 $\gamma_i=1$，任务 i 传输到云服务器计算。

11.3.3　专家模仿学习

对于问题 P11.3，最优解是利用分支定界算法得到到达任务 i 的 e_i 的最小值。然而，多个未知变量及其大小使得标准分支定界算法非常耗时，其时间复杂度随分支数呈指数增长。本章采用标准分支定界算法调度任务 i 的时间复杂度为 $O(2^{J^2C})$。例如，道路长度为 2 000 m，并且 RSU 平均部署为 200 m。即使每个 RSU 的覆盖范围内只有一个 SPV 集群，调度一个任务的时间复杂度也是 $O(2^{100})$。因此，本章在一开始几个迭代中利用分支定界算法，其结果可以作为专家的轨迹；然后利用模仿学习进行在线训练，学习智能体通过模拟专家的演示轨迹，做出正确的任务调度决策。

本章将任务调度问题建模为一个由状态空间 S、动作空间 A 和策略空间 Π 组成的序列决策过程。学习智能体采用策略 $\pi\in\Pi$ 确定在给定状态 s 中应采取的动作 A。然后，可获得一步损失函数 $L(s,a)\in[0,1]$，根据转移概率 $P(s'|s,a)$ 将状态转换为 s'。d_π^t 可以用来表示从策略执行第 1 步到 $t-1$ 步时第 t 步的状态分布 π，而 $d_\pi=\sum_{t=1}^{T}d_\pi^t$ 表示 T 步上的平均状态分布。在 T 步执行策略 π 的相应的预期成本 $\mathbb{J}(\pi)$ 为

$$\mathbb{J}(\pi)=\sum_{t=1}^{T}E_{s\sim d_\pi^t}\left[L(s,\ \pi(s))\right] \tag{11-10}$$

定义 11.1　对于专家来说，其策略 $\pi^*(\alpha_{ij}^*,\beta_{ij}^*,\mu_{ij}^*,\epsilon'_{ijk},\gamma_i^*)$ 可以通过离线学习解决问题 P11.3 得到，满足 $\pi^*=\arg\min_{\pi\in\Pi}\mathbb{J}(\pi)$。

对于离线学习，本章可以采用分支定界的方式进行。为了求解问题 P11.3，本

章将其整数约束松弛为非整数约束，即：

$$\begin{aligned}
&\text{P11.3}':\min F(\alpha_{ij},\beta_{ij},\mu_{ij},\epsilon'_{ijk},\gamma_i),\ j\in\mathcal{J},\ k\in\mathcal{K}' \\
&\text{s.t.}\ \text{C11.1},\ \text{C11.2} \\
&\quad \text{C11.8}:\sum_{j=1}^{J}\alpha_{ij}=1,\ \alpha_{ij}\in[0,1],\ i\in\mathcal{J} \\
&\quad \text{C11.9}:\sum_{j=1}^{J}\beta_{ij}=1,\ \beta_{ij}\in[0,1],\ i\in\mathcal{J} \\
&\quad \text{C11.10}:\sum_{j=}^{J}\mu_{ij}=1,\ \mu_{ij}\in[0,1],\ i\in\mathcal{J} \\
&\quad \text{C11.11}:\sum_{j=1}^{J}\sum_{k=1}^{n_j}\epsilon_{ijk}=1,\ n_j\in\mathcal{N},\ \epsilon_{ijk}\in[0,1],\ i\in\mathcal{J}
\end{aligned} \tag{11-11}$$

可以利用内点法[92]来解决问题 P11.3′。如果整数结果 α_{ij}，β_{ij}，μ_{ij}，ϵ'_{ijk}，γ_i 能被找到，那么过程停止；否则，问题 P11.3 将被分支。

（1）分支和标记状态

本章选择非整数解决方案，如值为 $\bar{a}$ 的 α_{ij} 可以产生两个额外的条件：$0\leqslant\alpha_{ij}\leqslant\lfloor\bar{a}\rfloor$ 和 $\lceil\bar{a}\rceil\leqslant\alpha_{ij}\leqslant 1$。因为 $0\leqslant\alpha_{ij}\leqslant 1$，那么保持 $\lfloor\bar{a}\rfloor=0$ 和 $\lceil\bar{a}\rceil=1$。因此两个子问题 $L(0,0)$ 和 $L(0,1)$ 可以通过问题 P11.3′ 求解。其中，问题 $L(0,0)$ 带有额外约束 $\lfloor\bar{a}\rfloor=0$，问题 $L(0,1)$ 带有额外约束 $\lfloor\bar{a}\rfloor=1$，此外，可以通过式（11-12）提取特征以表示搜索树中节点 N_q 的状态。

$$s_q=\{D_q^N,D_q^P,F_q,\alpha_{ij},\beta_{ij},\mu_{ij},\epsilon'_{ijk},\gamma_i,\alpha_{ij}^*,\beta_{ij}^*,\mu_{ij}^*,\epsilon_{ijk}'^*,\gamma_i^*,F^*\} \tag{11-12}$$

其中，D_q^N 和 D_q^P 分别表示 N_q 的深度和送进深度，F_q 是 P11.3 在 N_q 处松弛问题的最优目标值。变量 $\alpha_{ij},\beta_{ij},\mu_{ij},\epsilon'_{ijk},\gamma_i$ 是 N_q 处获得的松弛可行解，$\alpha_{ij}^*,\beta_{ij}^*,\mu_{ij}^*,\epsilon_{ijk}'^*,\gamma_i^*$ 是所有搜索过程中的最佳解决方案，F^* 表示最佳目标值。

（2）定界和标记操作

通过求解子问题 $L(0,0)$ 和 $L(0,1)$，可以得到是否存在整数解。如果可以得到整数解 F，则将其与曾经发现的最小解 F^* 进行比较；如果 $F<F^*$，则 $F^*=F$。如果存在一个非整数解 Z 使 $Z<F^*$，则应基于当前子问题添加新分支。这样，就可以形成一个搜索树，每个分支子问题及其解都可以记录其节点。节点 N_q 搜索树的搜索空间可以用状态 s_q 表示。动作空间 A={$A1$，$A2$}，其中 N_q 表示修剪动作，A 表示保存动作。上述过程继续进行，直到找到问题 P11.3 的最小整数解。本章可以得到包含状态和动作的数据集 D 来描述每个决策的最佳选择，这些数据集可用于专家轨迹。因此，本章可以得出推论 11.2。

推论 11.2　通过离线学习过程得到的专家策略是最优的，其性能在理论上是最优的。

对于在线学习，学习智能体模仿专家的策略，通过学习哪些节点需要修剪来加速搜索过程，而不是搜索树中所有可能的节点。因此，学习智能体可以通过以下等式[19]学习策略。

$$\hat{\pi}=\arg\min_{\pi\in\Pi} E_{s_q\sim d_\pi}\left[L\left(s_q,\ \pi,\ \pi^*(s)\right)\right],\ q\in\{1,\cdots,|Q|I\} \tag{11-13}$$

其中，$\pi^*(s)$是专家在 s 状态下采取的行动，$L(s_q,\pi,\pi^*(s))$是在状态s_q策略π产生的智能体损失。$|Q|I$是到达任务的所有搜索过程的节点总数。

定义 11.2　本章定义损失函数$L(s_q,\pi,\pi^*(s))$等于$E_\pi\left[(\pi_\epsilon(s_q)-a_q)^2\right]$，其中$\epsilon$是神经网络准备优化的参数，$\pi_\epsilon(s_q)$表示神经网络的输出，$a_q$是节点$N_q$在搜索树中的实际操作。

在线学习过程与离线学习过程相似。二者主要区别在于，学习智能体在计算每个子问题的解后，可以利用训练好的策略来决定是否对搜索树中的当前节点进行分枝或剪枝，从而减少计算时延和资源。对于模仿学习的任务调度，训练策略$\hat{\pi}_1,\hat{\pi}_2,\cdots,\hat{\pi}_{\lceil u/m\rceil}$迭代如下：由 m 个任务收集 m 个轨迹，用于培训数据集D_r；然后通过添加D_r和训练策略$\hat{\pi}_{r+1}$更新数据集D_r。为了解决问题 P11.3 中每个任务i的公式化问题，本章改进了标准分支定界算法如下：对于搜索过程中的每个节点，可以在每个节点N_q通过混合策略$\pi_{\text{mix}}=\eta_l\pi^*+(1-\eta_l)\hat{\pi}_l$获得预测的动作$a_q$，其中$\eta$是一个混合参数。因此，在专家论证的基础上，通过对不需要的分支进行剪枝，可以加快分支和定界的速度。

11.3.4　算法分析

本节对设计的基于模仿学习的任务调度算法进行了全面分析。

本章将 SPV 聚合到不同的集群中，为 SDV 提供计算资源，这可以大大减少 RSU 与 SPV 之间的通信开销。SPV 的状态是在每个集群中维护的，RSU 只需要定期记录集群的状态，而不需要管理每个 SPV 的状态。因此，本章可以得出定理 11.4。

定理 11.4　在时隙h中，集群 SPV 减少的通信开销可由$(E(n_k^h)-1)\lambda_p^h\tau^h\mathbb{O}/E(n_k^h)$计算，其中$\mathbb{O}$是一对 RSU 与 SPV 之间的每个时隙中的通信频率，τ^h是时隙h的持续时间。

本章利用模拟学习进行任务调度，确定可以选择哪个 SPV 集群来处理卸载的任务。可以在几个时间段内通过离线学习获得专家策略。可以发现，基于分支定界的专家策略在理论上是最优的，而基于聚类 SPV 的专家策略的性能是最优的。在线学习智能体来总是模仿专家的行为，在理论上与专家的性能有一定的差距。相关定理如下。

定理 11.5 $E_{\hat{\pi}}(\mathcal{F})$ 是策略 π 下长期任务的平均能耗，$E(\mathcal{F}_i \mid F^* \notin \mathcal{F}_i) \leqslant u$ 表示用于调度任务 i 除最优解 F^* 外所有可能的 VEC 解的平均能耗。在云上执行任务的预期平均能耗小于 κ，则 $E_{\hat{\pi}}(\mathcal{F}) \leqslant E_{\pi^*}(\mathcal{F}) + \mathcal{E}^s\kappa + \mathcal{E}^n u$。

当策略 $\hat{\pi}$ 至少有一个错误分别导致分支定界算法的无解和次优解时，κ 和 u 是平均能耗的两个上界。

可以通过全局搜索找到本章所考虑的任务调度问题的最优解，即搜索所有可用的 SPV 并找到最适合处理任务的 SPV。然而，由于每个任务都需要进行全局搜索，这不仅耗时而且计算量大，不适合在线调度。因此，本章提出了一种基于模仿学习的任务调度算法，该算法效率高，能够通过学习智能体及时做出调度决策。由于专家策略已被证明是最优的集群 VEC 网络，本章比较了它与理论上的最优解所达成的全球搜索制定的任务调度问题。可以得到定理 11.6。

定理 11.6 专家策略 E 的预期平均能耗 $E_{\pi^*}(\mathcal{F})$ 被定界为 $E_{\pi^*}(\mathcal{F}) \leqslant \frac{2}{3}E_{\text{opt}}(\mathcal{F}) + \frac{1}{3}E_b(\mathcal{F})$，其中 $E_{\text{opt}}(\mathcal{F})$ 表示通过全局搜索获得的最优解的平均消耗能量，$E_b(\mathcal{F})$ 表示将任务调度到满足问题 P11.1 约束的 RSU 最远 SPV 的平均消耗能量。

基于定理 11.6，可以得到定理 11.7。

定理 11.7 在基于模仿学习的任务调度算法中，学习智能体的期望平均消耗能量满足 $E_{\hat{\pi}}(\mathcal{F}) \leqslant \frac{2}{3}E_{\text{opt}}(\mathcal{F}) + \frac{1}{3}E_b(\mathcal{F}) + \mathcal{E}^s\kappa + \mathcal{E}^n u$。

11.4 性能评估

为了验证 IELTS 的网络性能，本章使用 Python3.7 和 TensorFlow 1.13.1 对杭州出租车的真实轨迹进行了模拟。

11.4.1 仿真设置

本章采用的真实数据集采集了 2018 年 9 月 1 日至 2018 年 9 月 30 日杭州出租车的速度和 GPS 位置。为了简单起见，本章只考虑一条主干道上的任务调度问题，这样很容易将本章所提算法推广到其他干道上。本章提取所选主干道路上的交通流，并从数据集中计算每辆车的平均速度。根据真实地图，本章在该道路上虚拟部署 RSU，并根据表 11.1 总结的代表性参考[93-94]设置相应的参数。对于从真实数据集中提取的道路上的车辆，当它们进入 RSU 的无线覆盖范围时，会随机充当 SDV 或 SPV，其中 SDV 定期生成任务。本章认为当到达时间间隔时，每个 SDV 生成一个任务。当生成周期变小时，任务总数会增加。SPV 通过聚类算法[87]进行聚类。执行任务的能量可以通过 c_i 和云的 CPU 周期频率 f^c 的函数来计算[86]，即 $e_i^p = \zeta(f^c)^2 c_i$ 并且 $\zeta = 1$。参考文献[95]，从发送 r_i 到接收器 r_i 的消耗发射功率可通过式（11-14）计算。

$$P(x_{ij}) = P_i^t(1 - \Upsilon_{ij}^S \Upsilon_{ij}^F (x_{ij})^{-\omega}) \tag{11-14}$$

其中，x_{ij} 表示发送方 r_i 和接收方 r_i 的距离，P_i^t 表示发送方 r_i 的传输能量，Υ_{ij}^S 和 Υ_{ij}^F 分别表示小时间尺度信道衰落和大时间尺度阴影引起的信道增益；ω 是路径衰减因子。发送方与接收方之间消耗的传输能量等于消耗的传输功率乘以其传输时延。此外，本章还提供了 2 000 个训练专家策略的例子。

表 11.1 仿真参数

参数描述	值
两个 RSU 之间的距离	150 m
RSU 的无线通信覆盖 r	150 m
任务的大小 d_i	[100, 300, 500, 700, 900] kB
任务所需要的 CPU c_i	[50, 60, 70, 80, 90] Megacycles
从车辆到 RSU 的上行链路带宽	10 MHz
车辆的传输功率	10 dBm
噪声功率	−172 dBm
从 RSU 到车辆的下行链路传输速率	3 Mbit/s
任务时延约束	[0.05, 0.1, 0.15, 0.2, 0.25] s
任务生成周期	[0.2, 0.4, 0.6, 0.8, 1] s
云的计算能力	30 GHz
SPV 的计算能力	[1.5, 2.5] GHz

本章将所提出的算法与 4 种代表性算法进行比较。

① 基于 DQN 的算法（后简称 DQN）[96]：用于在不同 SPV 之间调度任务。

② DATE-V[88]：它将任务副本发送给由闲置车载资源组成的多个 SPV，并通过基于学习的方法选择服务器。

③ 局部优化策略（Local）[97]：在 RSU 覆盖范围内找到满足问题 P11.1 约束的可用 SPV。任务由可用的 SPV 处理，当不存在可用的 SPV 时，需要上传到云服务器进行处理[97]。

④ FORT[86]：一种车辆网络中的任务卸载算法，目的是通过使用启发式算法最小化任务执行时延。

11.4.2 仿真结果

（1）任务时延约束的影响

图 11.2 表示具有不同任务时延约束的网络性能。平均能耗如图 11.3（a）所示。可以观察到 IELTS 的能耗比其他算法的能耗要低得多，当任务时延约束为 0.1 s 时，IELTS、DQN、DATE-V、Local 和 FORT 的平均能耗分别为 73 J、114 J、215 J、142 J 和 173 J。原因是 IELTS 采用模仿学习来模仿专家的策略，具有可接受的性能差距。DQN 采用试错学习的方式，在训练过程中性能不高，往往不能找到很好的解。DATE-V 将多个副本传输给 SPV 进行处理，大大增加了计算和通信的能耗。而 Local 并不总是能找到一个合适的 SPV，必须将其局部任务上传到云中进行计算，并消耗额外的能量。FORT 是一种启发式算法，通过在 SPV、Cloudlet 与云服务器之间调度任务来最小化任务执行时延。因此，任务执行时延是其最关注的目标，而忽略能量消耗。当任务时延约束变大时，这 4 种算法的性能都会变好。当任务时延约束为 0.15 s 时，IELTS、DQN、DATE-V、Local 和 FORT 的平均能耗分别为 57 J、88 J、193 J、123 J 和 156 J。当任务时延约束为 0.2 s 时，5 种算法的平均能耗分别下降到 50 J、71 J、174 J、99 J 和 139 J。这是因为在有限的时间内可以找到更多可用的 SPV，并且可以选择更多的选择来降低能耗。

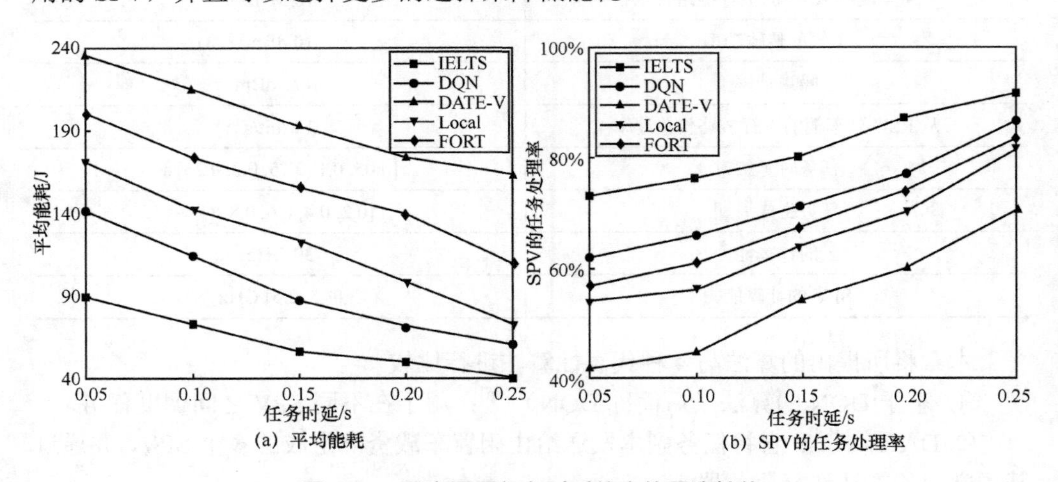

(a) 平均能耗　　(b) SPV的任务处理率

图 11.2　具有不同任务时延约束的网络性能

SPV 的任务处理率如图 11.3（b）所示，它表示 SPV 处理的任务与在网络中完全生成的任务的比率。显然，IELTS 的任务处理率高于其他 4 种算法。当任务时延约束为 0.1 s 时，IELTS 的任务处理率为 76%，其他 4 种算法的任务处理率分别为 66%、45%、56%和 61%。IELTS 可以找到一个可行的策略，在 SPV 之间安排更多的任务，这与云处理的任务相比，大大降低了能耗。DATE-V 将任务的多个副本传递给 SPV，这样会消耗更多的资源，并将更多的任务发送到云。5 种算法的任务处理率随着任务时延约束的增加而增大，原因是任务在其时延限制之前有更多的可用时间进行处理，并且它们有更多的机会在 SPV 之间进行调度。

（2）任务生成时期的影响

不同任务生成周期对性能的影响如图 11.3 所示。平均能耗随着任务生成周期变化的性能趋势如图 11.3（a）所示，可以看出 IELTS 比其他算法消耗的能量更少。当任务生成周期为 0.4 s 时，与 DQN、Local、FORT 和 DATE-V 相比，IELTS 分别节省了 38%、48%、57%和 65%的能耗。这是因为与其他算法相比，IELTS 中的 SPV 可以在本地处理更多的任务。当任务生成周期变大时，每个时隙中每个车辆生成的任务总数变小，原因是 VEC 具有相对充足的任务卸载资源，因此不需要上传到云端的任务。当任务生成周期为 0.2 s 时，IELTS 的能量消耗是 108 J，而当周期为 0.8 s 时，则减少到 56 J。

不同任务生成周期对 SPV 的任务处理率的影响如图 11.3（b）所示。与其他三种算法相比，IELTS 的任务处理率最高，因为它可以借助学习智能体来模拟最优策略，在不同的 SPV 之间调度更多的任务。SPV 的任务处理率随着任务生成周期的增加呈上升趋势。当任务生成周期为 0.4 s 时，IELTS、DQN、Local、DATE-V 和 FORT 的任务处理率分别为 78%、67%、49%、60%和 63%。当任务生成周期增加到 0.6 s 时，5 种算法的任务处理率分别为 82%、73%、61%、67%和 69%。因为当任务生成周期变大时，生成的任务数量较少，因此，SPV 有更多的可用资源来处理任务。

不同任务生成周期的平均任务执行时延如图 11.3（c）所示。当任务生成周期变大时，平均任务时延降低。因为当任务生成周期变大时，与生成周期较小时相比，一个时隙中的任务数量较少，因此，SPV 要处理的任务数量较少，等待任务的时间也变短。相应地，当任务生成周期变大时，平均任务时延下降。Local 只检查 RSU 覆盖范围内的局部可用 SPV，不允许将任务调度到其他 RSU 覆盖范围内的 SPV。如果本地 SPV 不能满足任务时延要求，任务则会上传到云端。因此，Local 的平均任务执行时延比 IELTS 要低，但要消耗更多的能量。DATE-V 向 SPV 发送多个副本，其时延取决于最早返回的结果，这可以保证相对较低的时延。但是，多个副本会增加每个 SPV 中任务的等待时延。FORT 的平均任务时延是最小的，因为它的目的是尽可能地减少任务执行时延，并且通过可行的任务调度来平衡 SPV、Cloudlet 和远程云之间的负载。

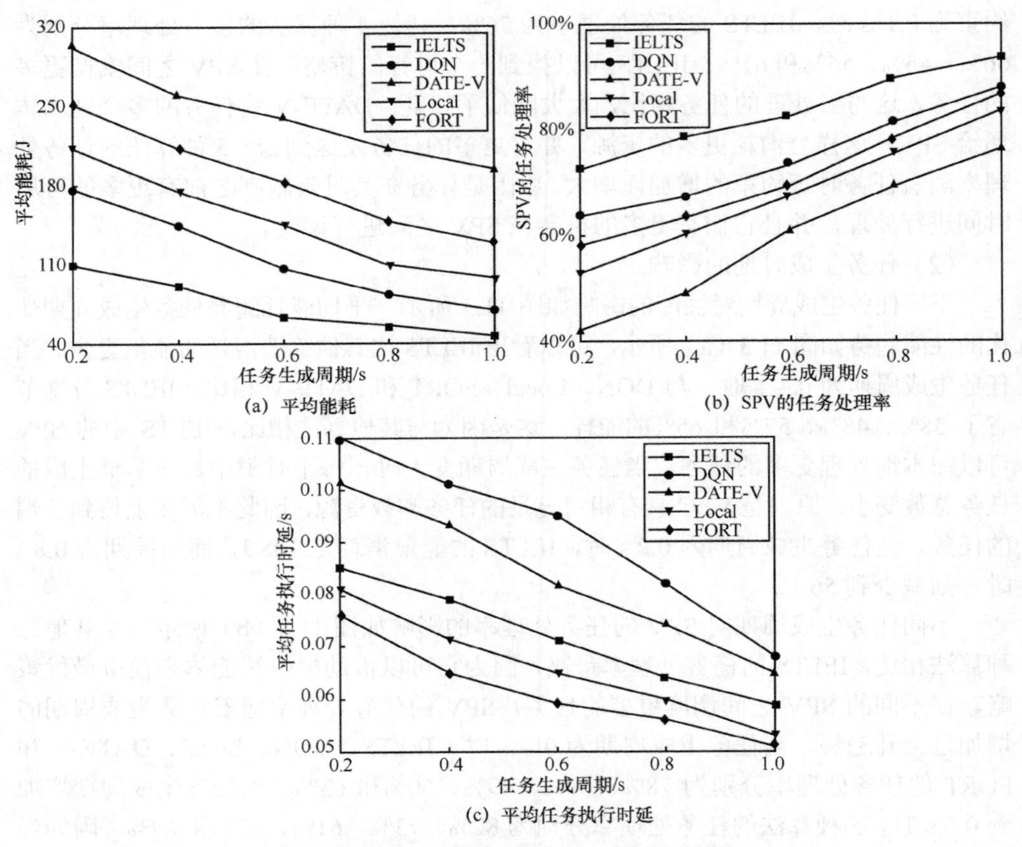

(a) 平均能耗

(b) SPV的任务处理率

(c) 平均任务执行时延

图 11.3 不同任务生成周期对性能的影响

（3）训练次数的影响

图 11.4 从训练次数的角度评价了 SPV 在平均能耗、平均任务执行时延和任务处理率方面的表现。平均能耗对比如图 11.4（a）所示，从图中可以看出，IELTS 的表现更稳定更好。在最初的 10 000 轮次中，DQN 和 DATE-V 的性能较差，因为它们都基于 DRL，没有系统的先验知识，并且基于与环境的交互学习策略，收敛时间很长。DATEV 在大约 15 000 轮次之后开始收敛，DQN 直到大约 20 000 轮次才收敛。相比之下，IELTS 总是遵循专家的策略，性能稳定。

不同训练次数下平均任务时延的性能趋势如图 11.4（b）所示。可以看出，与其他算法相比，IELTS 在训练次数较少时具有较低的平均任务时延。这种优势是模仿学习带来的，它允许学习智能体从训练开始就模仿专家的行为。也就是说，学习智能体具有从专家那里获得的关于系统的先验经验，而其他基于学习的方法不需要通过多次迭代来学习环境。因此，IELTS 的性能优于其他基于学习的算法。通过足够的训练，DQN 和 DATE-V 的性能会更好，这是因为 DATE-V 的时延取决于所有副本的最早返回结果。SPV 的任务处理率的性能趋势如图 11.4（c）所示。IELTS 从实验一开始就表现得比其他实验好。

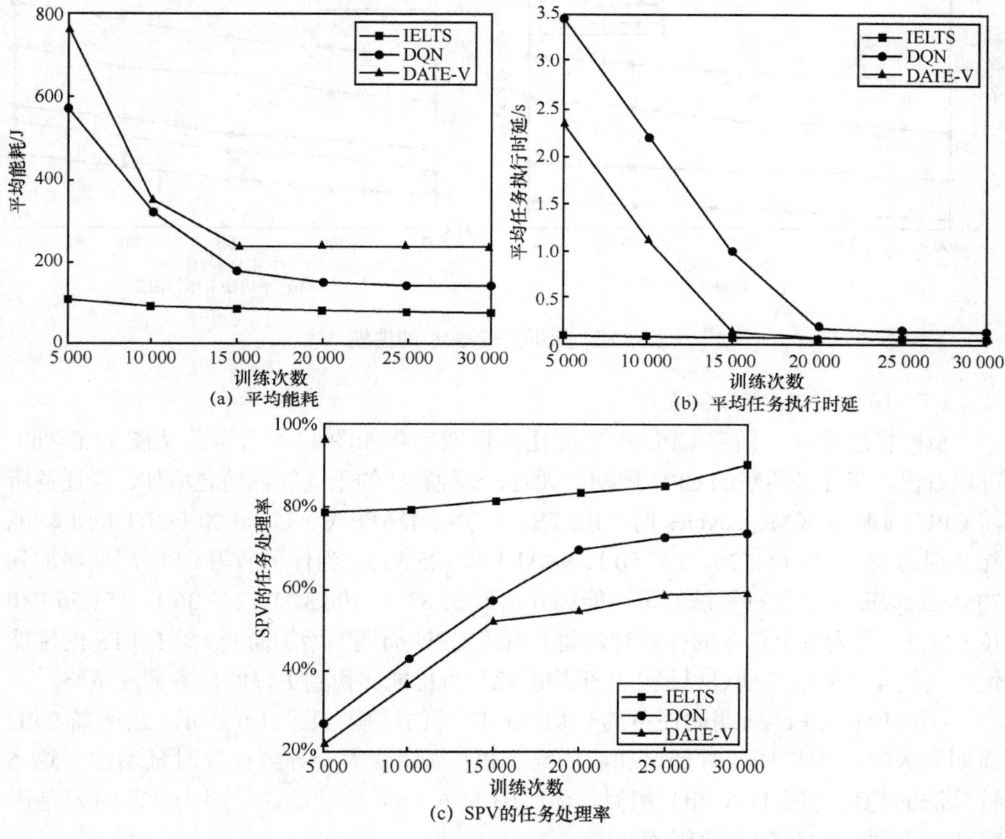

图 11.4　不同训练次数对性能的影响

（4）任务大小的影响

图 11.5 表示 5 种算法基于任务大小变化的性能。从图 11.5（a）可以看出，当任务规模变大时，5 种算法的平均能耗随之增加。因为每个任务的传输时延随着任务大小的增加而变大。IELTS 的性能优于其他 4 种算法，因为 IELTS 可以找到更好的任务调度策略。基于不同任务大小的平均任务时延的性能如图 11.5（b）所示。当任务大小变大时，平均任务时延增加，因为任务大小变大会导致传输时延增加。IELTS 的平均任务时延低于 DQN 和 DATE-V，高于 Local 和 FORT，因为 FORT 的目标是使任务执行时延最小化，它试图通过任务调度来寻找合理的解决方案。Local 利用 RSU 覆盖范围内的单个 SPV，当找不到合理的本地 SPV 时，它总将任务上传到云端。然而，DQN 和 DATE-V 都是基于无模型学习的，在收敛前性能较差。

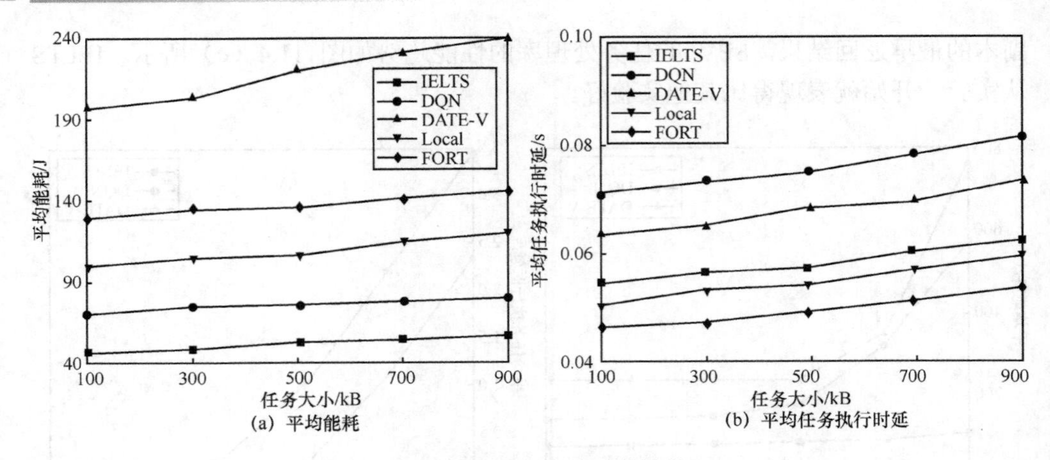

(a) 平均能耗　　(b) 平均任务执行时延

图 11.5　不同任务大小的性能

（5）所需 CPU 周期的影响

5 种算法随任务所需 CPU 周期变化的性能趋势如图 11.6 所示。从图 11.6（a）可以看出，当任务所需的 CPU 周期变大时，5 种算法的平均能耗随之增加。当任务所需 CPU 周期为 50Megacycles 时，IELTS、DQN、DATE-V、Local 和 FORT 的平均能耗分别为 45.13 J、68.32 J、197.50 J、98.31 J 和 125.36 J。当任务所需 CPU 周期增加到 70Megacycles 时，5 种算法的平均能耗分别为 65.81 J、106.37 J、243.36 J、151.56 J 和 189.26 J。因为每个任务的计算时延随着所需 CPU 周期的增加而变大。IELTS 的性能优于其他 4 种算法，通过以最小化平均能耗为目标能够找到更好的任务调度策略。

不同所需 CPU 周期的任务的平均执行时延的性能如图 11.6 所示。当所需 CPU 周期变大时，平均任务时延增加，所需 CPU 周期变大会导致计算时延增加。这 5 种算法的趋势与图 11.6（b）相似，但比图 11.6（b）更陡，这是因为计算时延是影响任务总执行时延的主要因素。

（6）SPV 占比的影响

基于 SPV 占比变化的性能结果如图 11.7 所示。SPV 占比是指 SPV 数量与系统中车辆总数的比率。基于不同 SPV 占比的平均能耗趋势如图 11.7 所示。可以从图中看出，当 SPV 占比增加时，平均能耗降低。当 SPV 占比为 30%时，IELTS、DQN、DATE-V、Local 和 FORT 的平均能耗分别为 76.31 J、109.22 J、260.52 J、149.34 J 和 189.37 J。当 SPV 占比为 50%时，5 种算法的平均能耗分别为 51.61J、75.34 J、218.24 J、115.42 J 和 145.58 J。因为当系统中有更多 SPV 时，任务有更多的机会被卸载到 SPV 而不是远程云。IELTS 的能耗在 5 种算法中是最小的。基于不同 SPV 占比的平均任务执行时延变化如图 11.7（b）所示。当 SPV 占比变大时，平均任务执行时延减小，原因是更多的 SPV 为任务卸载提供了更多的可用资源，并且可以将任务调度到最合适的 SPV 进行处理。

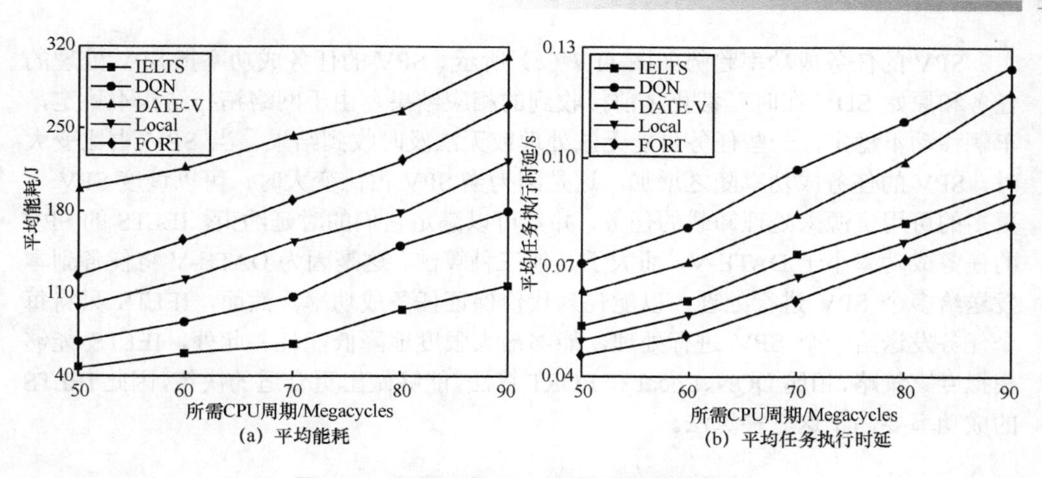

(a) 平均能耗　　(b) 平均任务执行时延

图 11.6　不同所需 CPU 周期对性能的影响

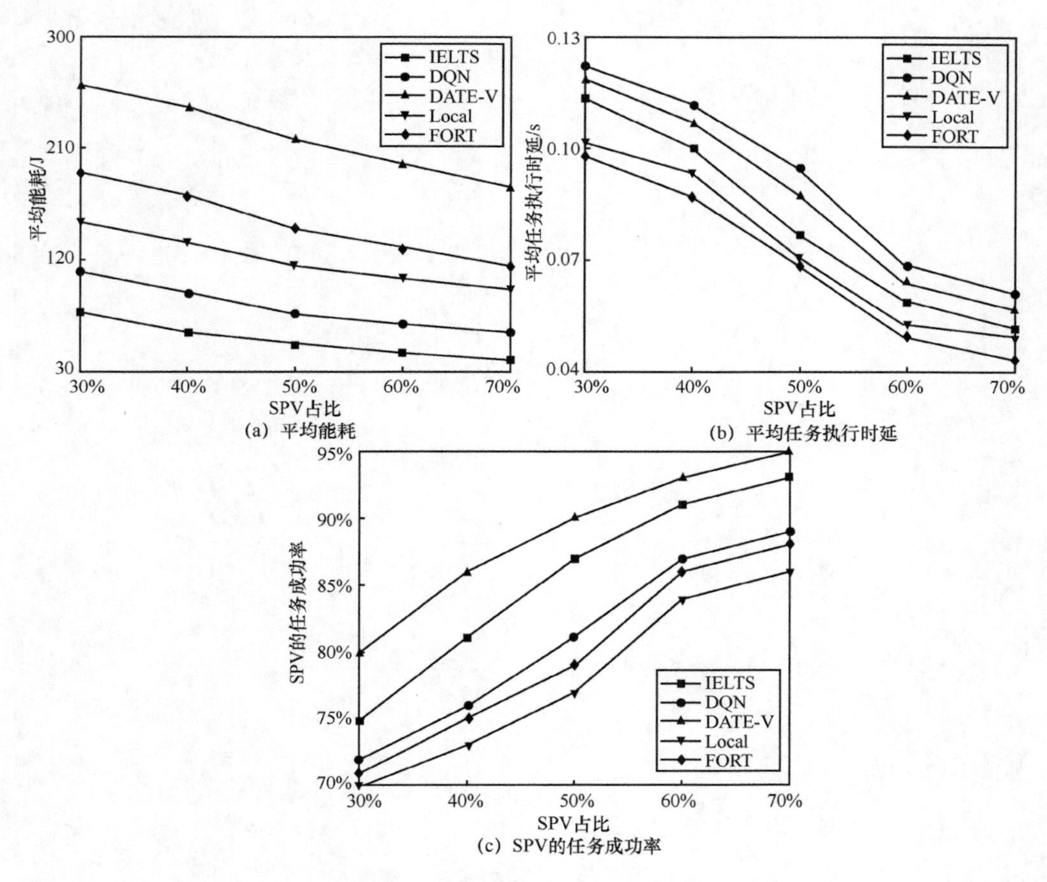

(a) 平均能耗　　(b) 平均任务执行时延

(c) SPV的任务成功率

图 11.7　不同 SPV 占比的性能

SPV 的任务成功率趋势如图 11.7（c）所示。SPV 的任务成功率指 SPV 处理的任务和原始 SDV 在时延截止之前接收到的相应结果。由于网络拓扑结构不稳定，车辆移动不稳定，一些任务可能无法处理或无法及时收到结果。当 SPV 占比变大时，SPV 的任务成功率随之增加，这是因为当 SPV 占比变大时，可以调度 SPV 上更多的可用资源来处理卸载的任务，并且可以满足它们的时延约束。IELTS 的 SPV 的任务成功率小于 DATE-V，而大于其他三种算法，这是因为 DATE-V 将任务副本发送给多个 SPV 进行处理，以能耗为代价保证任务成功率。然而，IELTS 只将每个任务发送给一个 SPV 进行处理，能够最大限度地降低能耗。此外，IELTS 能够模拟专家策略，相比 DQN、Local 和 FORT 算法，能够做出更合适的决策，因此 IELTS 的成功率要高于这三种算法。

第 12 章 边缘协同的 IoV 联合资源分配策略

12.1 引言

5G 通信网络和 IoV 的出现使许多车辆应用程序得以快速发展，如路线规划、视频压缩和增强现实导航，这些应用程序为驾驶员和乘客提供了舒适的出行体验。然而，个体车辆仅有有限的计算资源和存储能力来处理时延敏感的应用程序。如今，边缘智能将 AI 与边缘计算相结合，使得 IoV 能够进行合理的边缘服务部署和灵活的资源调度。边缘智能可以缓解回程链路的带宽负担，提供低时延的计算和缓存服务。边缘智能 IoV 框架利用边缘智能的认知能力可以实现对关键任务应用的高效处理、交互式娱乐的低时延内容交付和 QoS 感知信息的智能传输。

配备边缘服务器的 RSU 能够为覆盖范围内的车辆提供服务，这减轻了云服务器的计算和回程负载，而超过边缘服务器负载能力的计算任务可以卸载至云端服务器。基于此，研究人员构建了基于车辆、RSU 和云服务器的 IoV 三层卸载架构。但计算卸载通常忽略边缘服务器之间的协作。由于现实世界中流量分布的不对称性，网络运营商必须智能地将负载从过载的 RSU 分配到附近未充分利用的 RSU，以提高网络性能，并为用户提供高质量的服务。

IoV 实体的能源消耗对利益相关者来说是有意义的，这引起了各方的高度关注。全球许多汽车制造商都在开发电动汽车，以减少对不可再生资源的依赖。政府机构在5G时代提出了建设绿色城市的新标准，这激励了网络运营商有效利用有限的能源。根据分析[98]，交通部门的二氧化碳排放量占总排放量的32%。在资源有限的情况下，移动网络运营商需要利用网络中的闲置资源来提升网络性能，提高资源利用效率。因此，网络运营商和用户都需要一种节能的资源分配方案。

AI和机器学习成为解决边缘服务部署和资源调度问题的新兴技术[99-100]。作为AI的一个重要分支，基于DRL的解决方案在许多领域都有很好的应用前景。由于DRL算法具有对动态环境的认知能力，利用DRL使IoV在解决决策和资源分配问题时在准确性和效率上具有优势[101]。然而，它们中的大多数需要足够的训练数据来保证它们的性能，并且大多追求良好性能而忽略了时间复杂度。因此，模仿学习作为一种轻量级的实时处理框架被提出，它可以在少量的训练样本情况下获得接近最优的性能。

IoV的边缘计算面临三个主要的挑战。

① 随机流量导致IoV中的负载不均，使得RSU在一定的能量约束下消耗异构的能量资源；同时，网络运营商很难在IoV中获得未来的信息，这促使网络运营商做出跨时隙的在线卸载和缓存决策。

② 车辆应用在不同的普及程度和需求方面是不同的。为了满足时延敏感型任务的时延约束，应该考虑联合计算卸载和内容缓存。

③ 现有的AI方法通常需要足够的训练样本来保证其学习性能，但有时很难从用户那里获得足够的数据。因此，提出一种新的学习框架利用较少的训练样本获得最优解具有重要意义。

本章构建了一个边缘智能的IoV框架，该框架利用模仿学习的解决方案来优化计算卸载和内容缓存。本章提出了一种新的在线算法，利用Lyapunov（李雅普诺夫）优化算法来减少当前信息下的总网络时延。针对IoV的时变特性，设计了一种模拟学习的分支定界算法（Branch-and-Bound algorithm，B&B），将AI与传统的多目标优化算法相结合，利用较少的训练样本获得最优决策。具体内容概括如下。

① 本章构建了一种边缘智能的IoV的分层体系结构，该体系结构综合考虑了车辆到RSU计算卸载、RSU对等卸载和内容缓存；建立了MINLP优化问题，以最小化网络总时延。

② 本章提出了一种利用Lyapunov优化的在线多决策（简称OMEN）算法，该算法不需要获得未来信息即可实时制定卸载决策。在满足长期能量约束的前提下，本章证明了理论上OMEN算法在有界偏差范围内逼近最优性能，然后利用拉格朗日乘子法对不同RSU的作用进行了数学建模，确定了最优的对等卸载策略。

③ 本章提出了一种高效的基于B&B的模仿学习算法，通过使用较少的训练样本加快了求解过程。由于B&B中的剪枝过程可以表示为一个序列决策问题，因此

采用一种新的机器学习方法，即数据聚合，来学习最优的剪枝策略，该方法只需要很少的训练样本就能获得优异的学习效果。

④ 本章基于杭州的真实交通数据进行了实验。性能结果表明，在不同业务流的情况下，本章提出的方法显著降低了网络时延。此外，模仿学习使 B&B 在少数训练样本上执行的性能优于基线方法。

12.2 边缘协同资源分配模型

边缘协同资源分配模型由一个远程云服务器、N 个部署在十字路口附近的 RSU 以及车辆构成。远程云服务器负责控制整个 IoV 系统以及向车辆提供内容下载相关服务；RSU 的集合 $\mathcal{N}=\{1,2,\cdots,N\}$，且装配边缘服务器来处理车载任务。他们之间通过高速的局域网（Local Area Network，LAN）连接[102]。车辆与 RSU 之间的无线通信采用 OFDM 技术，这使得一个 RSU 可以与多个车辆之间建立无线连接，且相互之间没有信道干扰。设模型中有 M 辆到达十字路口区域的车辆，车辆集合可以表示为 $\mathcal{M}=\{1,2,\cdots,M\}$，它们均在 RSU 的覆盖范围并获取相应服务。将车辆在十字路口的行驶时间分成多个离散的时隙，在每一个时隙中，网络运营商决定车辆任务的分配和网络资源的调度。本章考虑车辆应用由两部分组成：计算任务，它可以在车辆端执行或者卸载到 RSU 上的边缘服务器执行；下载任务，需要从 RSU 所配备的边缘服务器处下载。参考现实生活中车辆的运行规律以及相关研究，模型中车辆应用的生成遵循泊松过程[103]，设该泊松过程的速率为 $\pi_i^t \in [0,\pi_{\max}]$。

边缘协同的资源分配模型如图 12.1 所示。车辆在行驶过程中可以与距离它最近的 RSU 建立数据传输连接来进行数据上传和下载，从而完成车辆应用的计算卸载和内容下载。对于下载内容来说，如果需要下载的内容已经在 RSU 上缓存，则车辆可以直接进行下载；如果没有缓存，RSU 需要先从云服务器上下载相应内容，然后车辆再进行下载。对于计算卸载来说，由于 RSU 之间通过 LAN 连接，因此计算任务可以在 RSU 之间进行转移，从而调动网络中的空闲资源来提升 IoV 性能。通过观察现实道路网中的交通情况可知，在十字路口中，来自不同方向的车辆数目分布通常是不均匀的。因此，不同 RSU 处理车辆任务流需要不同的能源消耗，这就导致一些 RSU 任务过载，而一些 RSU 资源闲置。针对这种情况，本章提出边缘协同的资源分配模型，它不仅能够进行车辆-RSU 计算卸载、RSU-车辆内容下载来满足车辆应用的时延需求，而且能够进行 RSU 协同计算卸载来提升 IoV 的服务效率。

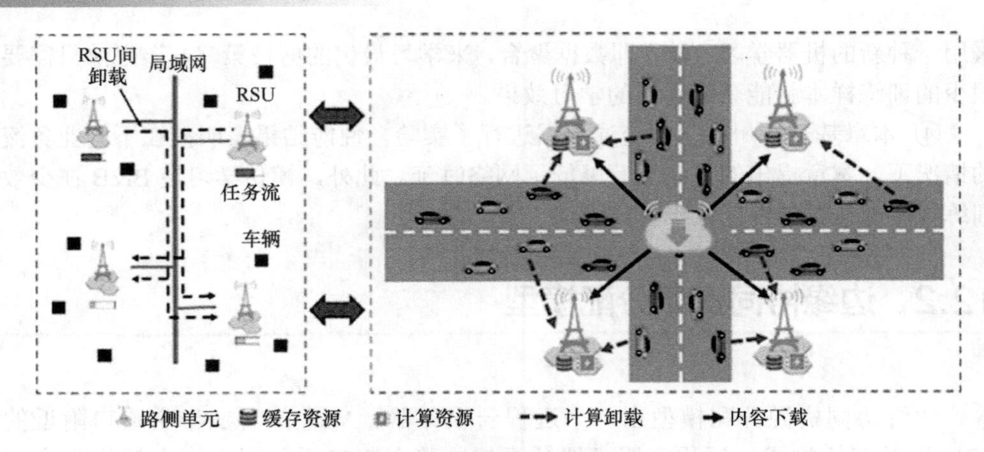

图 12.1 边缘协同的资源分配模型

12.2.1 通信模型

车辆 i 与 RSUm 之间在时隙 t 内（t 时刻）的数据传输速率可以由香农公式[104]计算得到，其计算公式如下：

$$r_{im}^{t}=B\mathrm{lb}\left(\frac{1+p_i h_{im}^{t}}{\sigma^2}\right) \tag{12-1}$$

其中，B 为 RSUm 的可用带宽，p_i 为车辆 i 的传输功率，h_{im}^{t} 为车辆 i 与 RSUm 之间的信道增益，σ^2 为噪声功率。在时隙 t 内，RSUm 的计算任务传输时间是其所有服务车辆的传输时间的总和，即：

$$T_{m,t}^{T}=\sum_{i\in M_m}\frac{\pi_i^t s}{r_{im}^{t}} \tag{12-2}$$

其中，i 表示车辆，M_m 表示 RSUm 覆盖区域内的车辆集合，π_i^t 为车辆 i 在 t 时刻产生的任务数量，s 为任务的大小，r_{im}^{t} 为车辆 i 与 RSUm 之间在 t 时刻的数据传输速率。

12.2.2 计算模型

车载任务可以由车辆进行本地计算或通过卸载的方式在部署在路边的 RSU 上执行，这取决于网络运营商根据 IoV 情况对计算任务的调度决策。在 t 时刻，如果车辆 i 的任务选择本地计算的方式，其计算时间可以表示为

$$T_{i,t}^{L} = \frac{\pi_i^t sl}{f} \tag{12-3}$$

其中，s 表示任务的大小，l 表示计算 1bit 任务所需的 CPU 周期数，f 表示车辆的计算能力。

当车辆任务卸载到 RSU 上进行计算，IoV 控制系统则会先执行相应的 RSU 协同计算卸载策略，而不是直接由车辆对应的 RSU 执行计算。通过调度低使用率的服务器来提升 IoV 效率可以缓解计算压力，降低高负载的边缘服务器的消耗，设 ϕ_i^t 为 t 时刻 RSUi 接到的所有计算任务，$\phi_i^t = \sum_{m \in M_m} \pi_{im}^t$ 。设 $\beta_{ij}^t (j \in \mathcal{N})$ 表示 t 时刻从 RSUi 卸载到 RSUj 的任务数量，其中 β_{ii}^t 表示 RSUi 自身处理的任务数量。因此，在经过 RSU 协同计算卸载策略后，RSUi 处理的数据量 $\omega_i^t = \sum_{j=1}^{N} \beta_{ji}^t$ ，为了方便表示，t 时刻 IoV 中 RSU 协同计算卸载策略 $\beta^t = \left\{\beta_{ij}^t\right\}_{i,j \in \mathcal{N}}$ 。

命题 12.1　当满足如下条件时，RSU 协同计算卸载策略 β^t 是可行的。

（1）守恒性：$\sum_{j=1}^{N} \beta_{ij}^t = \phi_i^t, \forall i \in \mathcal{N}$ 。

（2）稳定性：$\omega_i^t \leqslant F_i / sl, \forall i \in \mathcal{N}$ 。

守恒性保证每个 RSU 处理的任务总数（自身处理和协同卸载到其他服务器处理）等于其从车辆处接收到的任务数量；稳定性保证每个 RSU 处理的任务数量总和不超过其计算能力。

设定车辆任务的到达服从泊松过程，RSU 协同计算卸载策略可以采用 $M/M/1$ 排队模型[105]来表示。因此，RSUm 上的任务计算时间可以表示为

$$T_{m,t}^{E} = \frac{\omega_m^t}{\mu - \omega_m^t} \tag{12-4}$$

其中，μ 表示 RSU 的任务计算速率，即 $\mu = F / ls$ ，F 为 RSU 拥有的计算能力；ω_m^t 为在采取 β^t 的卸载策略时 RSUm 的任务处理数量。局域网带宽有限，多个 RSU 同时进行协同卸载导致网络中出现等待时延，设 $\lambda_i^t(\beta_t) = \sum_{j \in N-\{i\}} \beta_{ij}^t = \phi_i^t - \beta_{ii}^t$，则网络中的全部任务流可以表示为 $\lambda^t(\beta_t) = \sum_{i \in \mathcal{N}} \lambda_i^t(\beta_t)$ 。本章设车辆计算任务的大小服从指数分布[106]，结合 $M/M/1$ 排队模型相关理论，可以获得定理 12.1。

定理 12.1　RSU 进行协同计算卸载时，IoV 系统的等待时间为

$$T_t^{C} = \frac{\tau \lambda^t(\beta^t)}{1 - \tau \lambda^t(\beta^t)}, \tau \lambda^t(\beta^t) < 1 \tag{12-5}$$

其中，τ 为在局域网中无时延的发送和接收一个单位的计算任务的期望时间，λ^t 为 t 时刻局域网中的全部任务量。

证明 在构建的 $M/M/1$ 排队模型中，服务速率为$1/\tau$，任务到达速率为$\lambda^t(\beta^t)$。根据状态转换图，可以得到如下等式：

$$\begin{cases}\lambda P_0 = \dfrac{P_1}{\tau} \\ \lambda P_{n-1} + \dfrac{P_{n+1}}{\tau} = \left(\lambda^t(\beta^t) + \dfrac{1}{\tau}\right) P_n, n \geqslant 1\end{cases} \tag{12-6}$$

通过等式（12-6），计算状态转移概率如下：

$$\begin{cases}P_0 = 1 - \lambda^t(\beta^t)\tau \\ P_n = \left(1 - \lambda^t(\beta^t)\tau\right)\left(\lambda^t(\beta^t)\tau\right)^n, n \geqslant 1\end{cases} \tag{12-7}$$

根据期望的定义，等待时延的计算公式如下：$T_t^C = \sum_{n=0}^{\infty} n P_n = \sum_{n=0}^{\infty}\left(1 - \lambda^t(\beta^t)\tau\right)\left(\lambda^t(\beta^t)\tau\right)^n = \dfrac{\tau\lambda^t(\beta^t)}{1 - \tau\lambda^t(\beta^t)}, \tau\lambda^t(\beta^t) < 1$。

RSU 协同计算卸载的模型如图 12.2 所示，其中 RSU 首先接收其覆盖范围内车辆的计算任务 ϕ，然后根据任务负载情况，RSUi 和 RSUk 通过局域网分别向 RSUj 卸载 β_{ij} 和 β_{kj} 的任务量。以 RSUi 向 RSUj 之间的协同卸载过程为例，RSUi 接收到的全部任务一部分（β_{ii}）在本地执行，另一部分（β_{ij}）卸载到 RSUj 上执行，在卸载过程中局域网会产生数据拥塞，因此整个协同计算卸载时延包括计算时延和拥塞时延。设 IoV 系统中车辆 i 在时刻 t 的车辆–RSU 计算卸载决策为 $x_i^t \in \{0,1\}$，其中 $x_i^t = 0$ 表示车辆 i 产生的计算任务在车辆端处理，$x_i^t = 1$ 表示任务在 RSU 上进行处理。因此，IoV 系统中的总计算时延为

$$T_t^{\text{com}} = \sum_{i=1}^{M}\left\{(1 - x_i^t)T_{i,t}^L + x_i^t\left(T_t^C + \sum_{m=1}^{N}(T_{m,t}^T + T_{m,t}^E)\right)\right\} \tag{12-8}$$

12.2.3 缓存模型

本章研究的 IoV 系统中的下载任务流行程度服从齐普夫（Zipf）分布[107]，即第 i 个请求内容的流行程度可以表示为

$$\zeta_i^j = \frac{1}{\rho i^p} \tag{12-9}$$

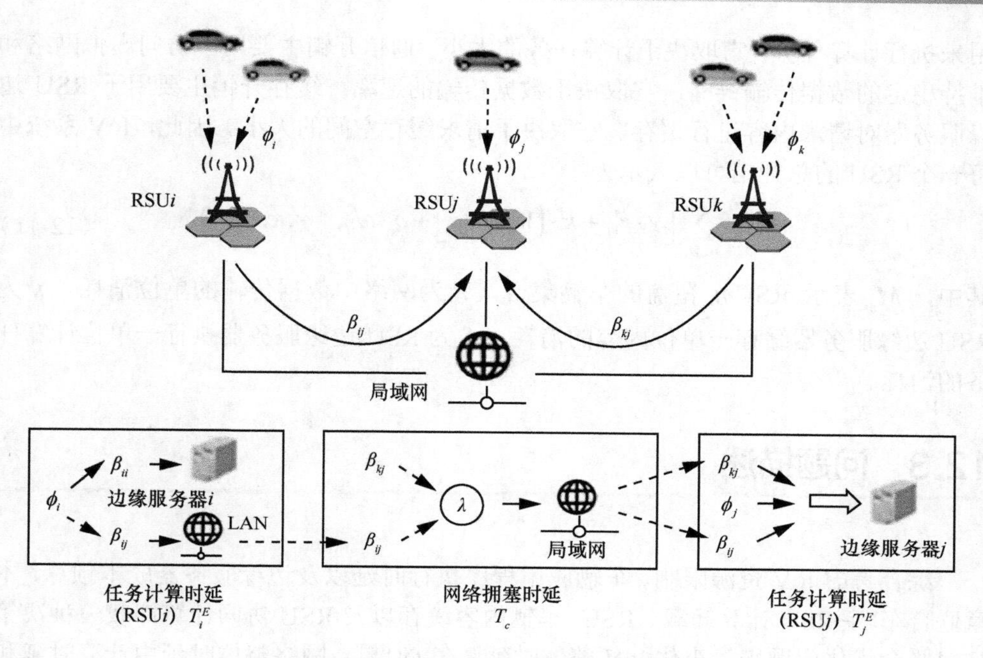

图 12.2　RSU 协同计算卸载的模型

其中，$\rho=\sum_{i=1}^{N_f} 1/i^p$，$N_f$ 为网络中内容的类别总数，$p \in (0,1)$ 为 Zipf 分布斜率。如果请求的内容已经被缓存在 RSU 上，IoV 系统就能够省去从云服务器处下载任务的时间。然而，由于 RSU 上的缓存空间有限，它不可能缓存全部内容。因此，需要制定相应缓存策略来提升缓存空间利用率从而减少系统时延。设 IoV 系统针对车辆 i 请求内容的缓存策略为 $y_i^t \in \{0,1\}$，其中 $y_i^t=0$ 表示内容缓存在 RSU 上，$y_i^t=1$ 表示没有缓存。当车辆任务需要在 RSU 上执行时，IoV 系统的缓存时延可以表示为

$$T_t^{\mathrm{ca}}=\sum_{i=1}^{M} x_i^t y_i^t \frac{s}{\zeta_i \overline{R}} \tag{12-10}$$

其中，s 表示请求内容的大小，$\overline{R}$ 表示云服务器与 RSU 之间的网络平均传输速率，ζ_i 表示车辆 i 请求内容的流行程度。

12.2.4　系统开销

混合卸载策略和智能缓存策略使得 IoV 系统能够提供令人满意的服务，然而这会给网络运营商带来额外的系统开销。在本章边缘协同的资源分配模型中，IoV 系统开销主要有三个方面：计算开销、缓存开销和通信开销。RSUm 的计算开销主要

用来执行计算任务，它取决于计算任务的大小；通信开销主要用于访问虚拟网络和维持稳定的数据传输链路，它取决于数据传输的速率；缓存开销主要用于 RSU 边缘服务器对请求内容进行缓存，它取决于请求缓存空间的大小。因此，IoV 系统中每一个 RSU 的总开销可以表示为

$$E_m^t = \sum_{i \in M_m} \left[\gamma \cdot r_{im}^t + \kappa \cdot \left(1 - y_i^t\right) s \right] + \delta \cdot \omega_m^t, \quad \gamma, \kappa, \delta > 0 \tag{12-11}$$

其中，M_m 表示 RSUm 覆盖的车辆集合，γ 为网络中数据传输的单位消耗，κ 为 RSU 边缘服务器缓存一单位内容的消耗，δ 为 RSU 边缘服务器执行一单位计算任务的消耗。

12.3 问题描述

综合考虑 IoV 资源限制、车辆应用程序执行时延以及边缘服务器成本预算，本章联合车辆–RSU 计算卸载、RSU–车辆内容缓存以及 RSU 协同计算卸载三种决策构建联合优化问题来最小化 IoV 整体时延。在 t 时刻，网络整体时延由计算时延和缓存时延两部分组成，即

$$T_t = T_t^{\text{ca}} + T_t^{\text{com}} \tag{12-12}$$

设 $\boldsymbol{X} = \{x_i^t\}_{i \in M, t \in T}$，$\boldsymbol{Y} = \{y_i^t\}_{i \in M, t \in T}$ 和 $\boldsymbol{B} = \{\beta_t\}_{t \in T}$ 分别表示系统中 RSU–车辆计算卸载、RSU–车辆内容缓存以及 RSU 协同计算卸载决策组成的向量。优化问题的目标函数可以表示为

$$\begin{aligned}
\text{P12:} \quad & \min_{\boldsymbol{X},\boldsymbol{Y},\boldsymbol{B}} \frac{1}{T} \sum_{t=0}^{T-1} E\{T_t\} \\
\text{s.t.} \quad & \text{C12.1:} \frac{1}{T} \sum_{t=0}^{T-1} E\left\{E_m^{c,t}\right\} \leqslant \bar{E}_m, \forall m \in \mathcal{N} \\
& \text{C12.2:} E_m^{c,t} \leqslant E_{\text{MAX}}, \forall m \in \mathcal{N}, \forall t \in \mathcal{T} \\
& \text{C12.3:} T_t \leqslant T_{\text{MAX}}, \forall t \in \mathcal{T} \\
& \text{C12.4:} \sum_{i \in M_i} \left(1 - y_i^t\right) s \leqslant C, \forall t \in \mathcal{T} \\
& \text{C12.5:} x_i^t \in \{0,1\}, \forall i \in \mathcal{M}, \forall t \in \mathcal{T} \\
& \text{C12.6:} y_i^t \in \{0,1\}, \forall i \in \mathcal{M}, \forall t \in \mathcal{T}
\end{aligned} \tag{12-13}$$

其中，$\mathcal{M}, \mathcal{N}$ 和 $\mathcal{T}$ 分别表示 IoV 系统中车辆、RSU 以及服务时间的集合。C12.1 表示对每个 RSU 的长期能耗约束，其中 $\bar{E}_m$ 为系统分配给 RSUm 的最大长期能耗；C12.2 和 C12.3 保证每个时刻的能耗和时延以确保系统的实时表现，其中 E_{MAX} 为每

一时刻 RSU 的最大能耗，T_{MAX} 为每一时刻系统允许的最大时延；C12.4 确保缓存内容的总和不超过 RSU 的存储能力，其中 C 表示 RSU 的最大存储能力；C12.5 表示车辆卸载策略，表明车辆计算任务只能在车辆端或 RSU 上执行；C12.6 表示车辆缓存策略，表明车辆请求的内容是否缓存在 RSU 上。

12.4 在线边缘协同卸载策略

在解决问题 P12 时，主要面临两个挑战。第一个是二进制变量 $\boldsymbol{X}$ 和 $\boldsymbol{Y}$ 和连续型变量 $\boldsymbol{B}$ 使得 P12 成为 MINLP 问题，该问题已被证明是一个 NP-hard 问题[108]；另一个是由于缺乏全局信息（所有时间段的车辆任务流）并且优化问题中存在长期成本约束，需要问题 P12 应该以在线的方式解决。因此，本章提出了一种基于李亚普诺夫优化的在线算法对原始优化问题进行转化并求解。

12.4.1 李雅普诺夫优化框架

本章采用李雅普诺夫优化方法来解耦长期成本约束，从而平衡当前的系统时延和能耗成本。根据李雅普诺夫优化理论，为 RSU 的能耗建立虚拟能耗队列 $\Theta(t)=\left\{q_m(t)\right\}_{m\in M}$，其中 $q_m(t)$ 为 RSUm 在 t 时刻的能量队列长度，表示当前能耗偏离能耗约束的大小；对于 RSUm，能量消耗队列的更新式为

$$q_m(t+1)=\max\left\{q_m(t)+E_m^t-\bar{E}_m,0\right\} \tag{12-14}$$

其中，$\bar{E}_m$ 为系统分配给 RSUm 的能耗。为了满足问题 P12 中的约束 C12.2，每一个 RSU 的能量队列都需要处于稳定状态，即 $\lim\limits_{T\to\infty}\mathrm{E}\left\{q_m(t)\right\}/T=0$。

构造二阶函数 $L(\Theta(t))\triangleq\dfrac{1}{2}\sum\limits_{m=1}^{N}q_m^2(t)$ 来表示虚拟队列的长度，$L(\Theta(t))$ 的值越小表明虚拟队列的长度越小，虚拟队列就越稳定，从而系统能耗约束就可以得到满足。为了使队列处于稳定状态，定义 $\Delta(\Theta(t))$ 为一步条件李雅普诺夫差来将二阶李雅普诺夫函数值推向更小的数值。基于一步条件李雅普诺夫差，可将原本的长期优化问题分解成一系列的实时优化问题。在此基础上，本章定义李雅普诺夫漂移惩罚函数 $\Delta(\Theta(t))+V\sum\limits_{m=1}^{N}\mathbb{E}\left\{T_t\middle|\ \Theta(t)\right\}$，其中 V 为正的控制系数用来权衡 IoV 系统的时延和能量虚拟队列的稳定性。

引理 12.1 对于所有的虚拟队列 $\Theta(t)$ 而言，其李雅普诺夫漂移惩罚函数存在上确界。

证明

$$\Delta(\Theta(t))+V\sum_{m=1}^{N}\mathbb{E}\{T_t|\ \Theta(t)\}\overset{\Delta}{=}$$
$$\mathbb{E}\{L(\Theta(t+1))-L(\Theta(t))|\ \Theta(t)\}+V\sum_{m=1}^{N}\mathbb{E}\{T_t|\ \Theta(t)\}\leqslant \tag{12-15}$$
$$H+\sum_{m=1}^{N}q_m(t)\mathbb{E}\{E_m^t-\bar{E}_m|\ \Theta(t)\}+V\sum_{m=1}^{N}\mathbb{E}\{T_t|\ \Theta(t)\}$$

其中，$H=\frac{1}{2}\sum_{m=1}^{N}\left(E_{\max}^2+\bar{E}_m^2\right)$，对于所有的 RSU 而言是一个常数。

通过引理 12.1，可将问题 P12 中的长期能耗约束解除，从而求解原问题上确界的最小值，即：

$$\text{P12.1:}\ \min_{(\boldsymbol{X},\boldsymbol{Y},\boldsymbol{B})^t}\left\{V\cdot T_t+\sum_{m=1}^{N}q_m(t)\cdot E_m^t\right\} \tag{12-16}$$
$$\text{s.t.}\quad \text{C12.2} \sim \text{C12.6}$$

其中，附加项$\sum_{m=1}^{N}q_m(t)\cdot E_m^t$用来满足问题 P12 中的约束 C12.1。基于以上理论，本章提出一种 OMEN 算法来制定实时策略，如算法 12.1 所示。

将各项的具体计算方式带入问题 P12.1 的优化目标函数中，可以得到：

$$V\cdot T_t(x^t,y^t,\beta^t)+\sum_{m=1}^{N}q_m(t)\cdot E_m^t=$$
$$\sum_{i=1}^{M}V\left\{(1-x_i^t)\cdot\frac{\pi_i^t sl}{f}+x_i^t\sum_{m=1}^{N}\left[\underbrace{\frac{V\omega_m^t(\beta^t)}{\mu-\omega_m^t(\beta^t)}+\frac{\tau\lambda^t(\beta^t)}{1-\tau\lambda^t(\beta^t)}+\delta q_m(t)\omega_m^t(\beta^t)}_{\text{RSU-RSU部分}}+\right.\right.$$
$$\left.\left.\gamma q_m(t)r_{im}^t+\kappa q_m(t)(1-y_i^t)s+\frac{\pi_i^t s}{r_{im}^t}+y_i^t\frac{s}{\xi_i\bar{R}}\right]\right\} \tag{12-17}$$

从式（12-17）中可以看出，虽然通过 OMEN 算法将原问题转为实时优化问题，但转化后的问题仍然是一个组合优化问题。为了求解问题 P12.1，本章将目标函数式（12-17）分解成为两部分：车辆–RSU 部分，这一部分本章采用基于模仿学习的分支定界法来进行求解得到最佳的车辆–RSU 计算卸载和车辆内容下载方案；RSU–RSU 部分，这一部分本章提出基于拉格朗日乘子法的边缘协同平衡算法进行求解得到最佳的 RSU 协同卸载方案。

算法 12.1　OMEN 算法

输入　正控制系数 V，能耗虚拟队列 $q_m = 0, m \in \mathcal{N}$

输出　车辆–RSU 计算卸载策略 $\boldsymbol{X}$、车辆–RSU 缓存策略 $\boldsymbol{Y}$、RSU 协同计算卸载决策 $\boldsymbol{B}$

for t=0,1,⋯,T−1do

　求解优化问题 P12.1 最优解 $(x^t, y^t, \beta^t)^*$：

$$\min_{x^t, y^t, \beta^t}\left(V \cdot T_t\left(x^t, y^t, \beta^t\right) + \sum_{m=1}^{N} q_m(t) \cdot E_m^t\right);$$

更新 RSU 的能耗虚拟队列：$q_m(t+1) = \max\left\{q_m(t) + E_m^t - \bar{E}_m, 0\right\}$；

end for

12.4.2　边缘协同平衡算法

为了简化公式表达，在同一时隙中，将式（12-7）中的 $\omega_m^t(\beta_t)$ 和 $\lambda^t(\beta_t)$ 分别计为 ω_m 和 λ。将 RSU–RSU 部分从原优化问题中剥离出来进行单独求解，可以得到如下优化问题：

$$\begin{aligned}
&\text{P12.1}': \min_{\omega_m, \lambda} \sum_{m=1}^{N}\left(\frac{\mathrm{V}\omega_m}{\mu - \omega_m} + \frac{\tau\lambda}{1 - \tau\lambda} + \delta q_m \omega_m\right) \\
&\text{s.t.}\quad E_m(\omega_m, \lambda) \leqslant E_{\max}, \forall m \in \mathcal{N} \\
&\qquad\;\; T_m(\omega_m, \lambda) \leqslant T_{\max}, \forall m \in \mathcal{N}
\end{aligned} \tag{12-18}$$

式（12-18）中的变量 ω_m 和 λ 都取决于协同卸载策略 $\boldsymbol{B} = \{\beta_{ij}^t\}_{i,j \in \mathcal{N}, t \in \mathcal{T}}$。此外，同一个 RSU 不会同时卸载和接收任务，这样会导致网络中额外的时延，与实际情况不符。根据命题 12.1 中的守恒性原则，网络中所有 RSU 接收到的任务量等于网络中所有 RSU 卸载的任务量。设 RSUm 的接收任务量为 I_m，卸载到其他 RSU 的任务量为 O_m，等式 $\omega_m = \phi_m + I_m - O_m$ 和 $\lambda = \sum_{m=1}^{N} I_m$ 成立。将 I_m 和 O_m 带入问题 P12.1′中，可以得到问题 P12.2。

$$\text{P12.2: } \min \sum_{m=1}^{N}\left[\frac{V(\phi_m + I_m - O_m)}{\mu - (\phi_m + I_m - O_m)} + \delta q_m(\phi_m + I_m - O_m) + \frac{\tau \sum_{m=1}^{N} I_m}{1 - \tau \sum_{m=1}^{N} I_m}\right] \tag{12-19}$$

$$\text{s.t. } \phi_m + I_m - O_m > 0, \forall m \in \mathcal{N} - \sum_{m=1}^{N} I_m + \sum_{m=1}^{N} O_m = 0$$

为了获取最优的 ω_m^* 和 λ^*，本章根据 RSU 处理任务的情况，将 RSU 划分为三类，分别是原始（路边）节点、中立（路边）节点和接收（路边）节点，定义如下。

① 原始节点：如果 RSU 将接收到的计算任务部分卸载到其他的 RSU，将剩余部分自己处理，即 $I_m = 0,\ \ O_m > 0$，这样的 RSU 被称为原始节点。

② 中立节点：如果 RSU 将接收到的计算任务全部由自己处理而不向其他节点卸载，即 $I_m = 0,\ \ O_m = 0$，这样的 RSU 被称为中立节点。

③ 接收节点：如果 RSU 不仅处理自己接收到的计算任务，同时处理卸载自其他 RSU 的任务，即 $I_m > 0,\ \ O_m = 0$，这样的 RSU 被称为接收节点。

由于优化问题 P12.2 的目标函数是凸函数，且其约束条件都是线性的，可以采用拉格朗日乘子法求其最优解。

定理 12.2 根据 RSU 类别的不同，优化问题 P12.1′ 的最优解分别为：

① 如果 RSU 为原始节点，$\omega_m^* = \left[d_m^{-1}\left(\frac{1}{V}\left(\vartheta + Vg\left(\lambda^*\right) - \delta q_m \right) \right) \right]^+$；

② 如果 RSU 为中立节点，$\omega_m^* = \phi_m$；

③ 如果 RSU 为接收节点，$\omega_m^* = d_m^{-1}\left(\frac{1}{V}\left(\vartheta - \delta q_m \right) \right)$。

其中，$d_m(\omega_m) \overset{\Delta}{=} \frac{\partial}{\partial \omega_m}(T_m^E) = \mu / (\mu - \omega_m)^2$，$g(\lambda) \overset{\Delta}{=} \frac{\partial}{\partial \lambda}(T_c) = \tau / (1 - \tau\lambda)^2$。变量 λ^* 和 ϑ 为网络工作流等式的解，即：

$$
\underbrace{\sum_{m \in \mathcal{N}} I_m = \sum_{m \in \mathcal{S}} \left(d_m^{-1}\left(\frac{1}{V}\left(\vartheta - \delta q_m \right) \right) - \phi_m \right) =}_{\text{接收任务总量 } \lambda_s}
$$

$$
\underbrace{\sum_{m \in \mathcal{N}} O_m = \sum_{m \in \mathcal{R}} \left(\phi_m - \left[d_m^{-1}\left(\frac{1}{V}\left(\vartheta + Vg\left(\lambda^*\right) - \delta q_m \right) \right) \right]^+ \right)}_{\text{卸载任务总量 } \lambda_R} \tag{12-20}
$$

其中，$\mathcal{N}$、$\mathcal{S}$ 为接收节点集合，$\mathcal{R}$ 为原始节点集合。

证明 将优化问题 P12.2 的目标函数表示为 $F(I,O)$，构建拉格朗日函数如下：

$$
L = F(I,O) + \vartheta\left(-\sum_{m=1}^{N} I_m + \sum_{m=1}^{N} O_m \right) + \sum_{m=1}^{N} a_m\left(\phi_m + I_m - O_m \right) + b_m \sum_{m=1}^{N} I_m + c_m \sum_{m=1}^{N} O_m \tag{12-21}
$$

其中，ϑ, a_m, b_m 和 c_m 为拉格朗日乘子，则最优解的一阶 KKT 条件为：

$$
\frac{\partial L}{\partial I_m} = Vd_m\left(\phi_m + I_m - O_m \right) + \delta q_m - \vartheta + a_m + b_m = 0 \tag{12-22a}
$$

$$
\frac{\partial L}{\partial O_m} = -Vd_m\left(\phi_m + I_m - O_m \right) - \delta q_m + Vg(\lambda) + \vartheta - a_m + c_m = 0 \tag{12-22b}
$$

$$\frac{\partial L}{\partial \vartheta} = -\sum_{m=1}^{N} I_m + \sum_{m=1}^{N} O_m = 0 \tag{12-22c}$$

$$\phi_m + I_m - O_m \geqslant 0, a_m\left(\phi_m + I_m - O_m\right) = 0, a_m \leqslant 0, \forall m \in \mathcal{N} \tag{12-22d}$$

$$I_m \geqslant 0, b_m I_m = 0, b_m \leqslant 0, \forall m \in \mathcal{N} \tag{12-22e}$$

$$O_m \geqslant 0, c_m O_m = 0, c_m \leqslant 0, \forall m \in \mathcal{N} \tag{12-22f}$$

将式（12-22a）和式（12-22b）相加，可以得到 $-Vg(\lambda) = b_m + c_m, \forall m \in \mathcal{N}$。因为 $V > 0$ 且 $g(\lambda) > 0$，可以得到 $b_m < 0$ 或 $c_m < 0$。根据式（12-22e）和式（12-22f），可将 I_m 和 O_m 分为三种情况讨论：

（a）$I_m = 0, O_m = 0$

将其带入等式 $\omega_m = \phi_m + I_m - O_m$ 可得 $\omega_m^* = \phi_m$；根据式（12-22d），可得 $a_m = 0$，将上述结果代入式（12-22a）和式（12-22b），可利用如下不等式搜索最优解：

$$\frac{\vartheta - \delta q_m}{V} \leqslant d_m\left(\omega_m^*\right) \leqslant \frac{\vartheta + g(\lambda) - \delta q_m}{V} \tag{12-23}$$

（b）$I_m = 0, O_m > 0$

为了满足式（12-22f），可以得到 $c_m = 0$ 和 $0 \leqslant \omega_m^* < \phi_m$；将上述结果代入式（12-22a）和式（12-22b），可得 $\omega_m^* = \left[d_m^{-1}\left(\frac{1}{V}\left(\vartheta + Vg\left(\lambda^*\right) - \delta q_m\right)\right)\right]^+$。为了得到最优解 ω_m^*，采用如下不等式进行搜索：

$$d_m(\omega_m^*) \geqslant \frac{\vartheta + g(\lambda^*) - \delta q_m}{V} \tag{12-24}$$

（c）$I_m > 0, O_m = 0$

为了满足式（12-22d）和式（12-22f），可以得到 $\omega_m^* > \phi_m, a_m = b_m = 0$；将上述结果代入式（12-22a），可得 $\omega_m^* = d_m^{-1}\left(\frac{1}{V}(\vartheta - \delta q_m)\right)$。为了得到最优解 ω_m^*，采用如下不等式进行搜索：

$$d_m(\omega_m^*) < \frac{\vartheta - \delta q_m}{V} \tag{12-25}$$

将情况（b）和情况（c）中的解代入式（12-22c），可以得到式（12-20）中的网络任务流等式。

根据定理 12.2，本章提出一种边缘协同平衡算法（Iterative Multi-RSU Balancing Algorithm，IAMB），采用二分搜索法来寻找问题 P12.1′的最优解 ω_m^* 和 λ^*，IAMB 如算法 12.2 所示。在每一次迭代过程中，首先根据变量 ϑ 确定接收节点的集合，然后基于式（12-12）计算网络中接收任务的总量λ_S。根据计算得到的网络接收任务的总量，确定在此情况下中立节点集合$\mathcal{U}(\vartheta)$和原始节点集合$\mathcal{R}(\vartheta)$，并计算网络中的卸载任务总量λ_R。接着判断λ_S是否等于λ_R，如果$\lambda_s=\lambda_R$，则此时变量ϑ为最优值；否则进入下一轮迭代寻找最佳ϑ。通过 IAMB 可以获得ω_m^*和λ^*，从而确定 IoV 中最佳 RSU 协同卸载决策。

算法 12.2　边缘协同平衡算法

输入　车辆上传到 RSU 的计算任务$\phi_m, m\in\mathcal{N}$；期望计算时延τ

输出　ω_m^*和λ^*

参数初始化　$\omega_m \leftarrow \phi_m, m\in\mathcal{N}$，$D=\varnothing$

计算每一个 RSU 的ε_m值：$\varepsilon_m \overset{\Delta}{=} Vd_m(\phi_m)+\delta q_m$；

设$\varepsilon_{\max}\leftarrow \max\varepsilon_m$；$\varepsilon_{\min}\leftarrow \min\varepsilon_m$；

if　$\varepsilon_{\min}+Vg(0)\geqslant\varepsilon_{\max}$　then

　系统不需要执行 RSU 协同卸载策略；

else

　$a\leftarrow\varepsilon_{\min}$，$b\leftarrow\varepsilon_{\max}$；

　$\vartheta\leftarrow\frac{1}{2}(a+b)$，$\lambda_R=\sum_{m\in\mathcal{N}}x_m$，$\lambda_S=\sum_{m\in\mathcal{N}}y_m$；

　repeat;

　$\lambda_S(\vartheta)\leftarrow 0, \lambda_R(\vartheta)\leftarrow 0$，$\vartheta\leftarrow\frac{1}{2}(a+b)$；

　依次计算$\mathcal{S}(\vartheta)$，$\lambda_S(\vartheta)$，$\mathcal{R}(\vartheta)$，$\mathcal{U}(\vartheta)$，$\lambda_R(\vartheta)$；

　　if　$\lambda_R(\vartheta)>\lambda_S(\vartheta)$　then

　　　$b\leftarrow a$；

　　else

　　　$a\leftarrow\vartheta$；

　until　$\lambda_R(\vartheta)-\lambda_S(\vartheta)\geqslant\tilde{v}$；

12.5 智能资源联合分配策略

12.5.1 分支定界优化框架

通过 IAMB 计算得到的问题 P12.1′的最小值为$P(B^*)$，将该值带入优化问题

P12.1 的优化目标函数中，得到新的优化问题 P12.3。

$$\begin{aligned}\text{P12.3: } \min_{X,Y}\frac{1}{T}\sum_{t=0}^{T-1}\sum_{i=1}^{M}\Bigg\{ & x_i^t\cdot\Bigg[P(B^*)+\gamma q_m(t)r_{im}^t+\kappa q_m(t)s+\frac{\pi_i^t s}{r_{im}^t}+ \\ & y_i^t\left(\frac{s}{\zeta_i\overline{R}}-\kappa q_m(t)s\right)\Bigg]+\left(1-x_i^t\right)\cdot\frac{\pi_i^t sl}{f}\Bigg\} \\ \text{s.t.}\ & \text{C12.3~C12.6}\end{aligned} \tag{12-26}$$

其中，包含车辆–RSU 计算卸载决策和 RSU–车辆内容下载决策。本章采用分支定界法来求解优化问题 P12.3。由于传统的分支定界算法计算复杂度为$O(2^{MT})$，这对其在现实中的应用带来了极大的挑战。分支定界算法中最耗时的部分是搜索所有可行的解决方案来保证当前解的最优性，因此本章设计一种基于模仿学习的分支定界算法，通过机器学习的方法来学习到最优的剪枝策略来简化搜索树，从而缩短求解时间。

在基于模仿学习的分支定界算法中，利用车辆–RSU 计算卸载决策x和 RSU–车辆内容下载决策y构建优化问题 P12.3 的二叉搜索树。在寻找最优解时，需要对二叉搜索树进行剪枝逐步寻找最优解，直到剪枝到叶子节点，因此二叉树从根节点到叶节点之间的路径为优化问题 P12.3 的最优解。考虑到模仿学习在解决连续决策问题方面的优势[109-110]，设搜索树中能取到最优解的节点为最优节点，其余的为非最优节点。状态空间$\mathcal{S}$为分支定界算法中解二叉树的节点特征集合；动作空间$\mathcal{A}$为对每个节点进行的操作，即剪枝或保留；策略空间为$\mathcal{P}$，其中的每一个策略表示状态和动作之间的映射，即$\pi(s)=a$。由于动作空间是二维的，因此可将问题转化为二分类问题，一类为剪枝，另一类为保留。由此，可将优化问题采用机器学习方法进行高效求解。

12.5.2　基于模仿学习的分支定界算法

基于模仿学习的分支定界算法主要分为特征设计、二元分类器学习、模仿学习三个步骤。

（1）特征设计

针对 IoV 中的优化问题，本章采用问题独立和问题相关两类特征作为学习二分类问题的标签。问题独立特征主要描述节点在分支定界算法构建的搜索树中的相关属性，它包括以下特征。

① 节点特征：模仿学习中节点特征与当前节点s在二叉树中的位置密切相关。本章采用节点s的深度、节点s的插入深度以及松弛的最优值b_U^s，即将当前决策带入问题 P12.3 的目标函数的取值。

② 分支特征：它用来探索当前节点的来源，即获得当前节点的分支变量情况。

本章将节点 s 的父节点的分支情况作为节点 s 的分支特征。

③ 搜索树特征：它用来捕捉搜索树的整体特征以描述当前状态，包括当前搜索树产生的最优解 b^* 以及当前可行解的数目。

问题相关特征主要用来反映搜索树建立时 IoV 的特征，它包括以下特征。

① 数据传输特征：搜索过程中节点（车辆）s 没有确定卸载决策时，车辆与 RSU 之间的数据传输速率会影响决策。因此，将车辆与 RSU 之间的传输速率作为数据传输特征。

② 存储特征：它主要关注节点（车辆）s 的缓存决策，与 IoV 中的 RSU 存储空间大小和内容属性相关。由于 RSU 缓存大小和任务到达情况不同，因此本章设计一个归一化的存储特征函数 $g(C,\pi_i,s)=NC/\sum_{i=1}^{M}\pi_i s$ 来表示存储特征，其中 N 为 RSU 数目，M 为车辆数目。

（2）二元分类器学习

在获得相应特征后，本章采用支持向量机（Support Vector Machine，SVM）[111]的方法来进行二元分类器的训练。SVM 的输入为每一个车辆节点的特征，输出为二元分类标签，即剪枝或保留。如果输出为剪枝，则该节点为非最优节点，如果输出为保留，则该节点为最优节点。

在进行分类训练时，有两点值得注意：深度较小的节点在搜索过程中占有相对重要的位置；最优节点的剪枝比非最优节点的保留对结果的影响更大。针对第一点，本章为针对第一点不同深度的节点设置不同的权重系数。本章采用指数级系数 ω_1 来进行权衡，其计算如下：

$$\omega_1 = P\mathrm{e}^{\frac{-Rd}{H}} \tag{12-27}$$

其中，d 表示节点的深度，H 表示搜索树的最大深度，P 和 R 则是为了得到更好的训练结果的适配参数，P 值越大表示深度越小的节点在训练中具有更高的优先级，R 值越大表示不同深度的节点区分度越大。针对第二点，本章为最优节点和非最优节点在训练时设置不同的权值，在进行训练时，本章设置最优节点的权值为 $\omega_2=1/D_{\mathrm{op}}$，其中 D_{op} 为训练数据中最优节点所占的比例，非最优节点的权值为 $\omega_2=1/(1-D_{\mathrm{op}})$。综上所述，每一个训练样本的权重为 $\omega=\omega_1\cdot\omega_2$。

（3）模仿学习

随着节点数目的增长，训练二元分类器会消耗大量的时间和空间。在保证分类学习性能的基础上，本章采用了一种模仿学习方法——数据聚合（Data Augmentation，DAgger）[112]来降低学习成本并加速学习过程。DAgger 采用迭代训练的方式，在每次迭代中使用当前策略收集数据，然后使用收集到的数据聚合来训练一个更优的新的策略，直到策略足够优秀。基于模仿学习的分支定界算法如算法 12.3 所示，首先将专家策略π^*作为初始学习策略并将训练集初始化为空集。在每一次迭代中，利用策略π^{m-1}和专家策略π^*在状态空间中搜索最优解并根据搜索策略将最优的数据存入训练集D；然后，利用训练集D来训练SVM分类器，从而学习到新的策略π^m。数据集收集过程如算法12.4所示，它根据数据的不同标签进行分类收集。

算法12.3　基于模仿学习的分支定界算法

输入　状态空间S，动作空间A和策略空间P

输出　问题搜索树的最佳策略π^+

初始化剪枝策略$\pi^0=\pi^*$，训练数据集$\mathcal{D}\leftarrow\{\}$，最优解$c^*\leftarrow\infty$，最优节点列表$\mathcal{N}_{\text{opt}}\leftarrow\{\}$；

for m=1,2,⋯,M　do

　for s in　$\mathcal{S}$:

　　$\{c^*,\mathcal{N}_{\text{opt}},\mathcal{D}^s\}\leftarrow\text{COLLECT}(\pi^{m-1},s,\mathcal{N}_{\text{opt}},c^*)$；

　　$D\leftarrow D\bigcup D^s$；

　end for

　$\pi^m\leftarrow$利用D基于SVM训练二分类器;

end for

return 最佳策略π^+

算法12.4　数据收集过程

$\text{COLLECT}(\pi,s,\mathcal{N}_{\text{old}},c^*_{\text{old}})$

初始化最优节点列表$\mathcal{N}_{\text{opt}}\leftarrow\{N_0\}$(根节点)，初始化数据集$\mathcal{D}\leftarrow\{\}$，$k=0$；

if $c^*<c^*_{\text{old}}$:

　将根节点到当前最优解节点的路径存入$\mathcal{N}_{\text{opt}}$；

else

　$\mathcal{N}_{\text{opt}}\leftarrow\mathcal{N}_{\text{old}},c^*\leftarrow c^*_{\text{old}}$；

end if

for j=1,2,⋯,$|\mathcal{D}|$　do

　if　$n(D_j)\in\mathcal{N}_{\text{opt}}$:

　　$D_j\leftarrow\{D_j,s,\text{ preserve }\}$；

　else:

　　$D_j\leftarrow\{D_j,s,\text{ prune }\}$；

　end if

end for

return　$c^*,\mathcal{N}_{\text{opt}},\mathcal{D}$

12.6 实验评估

12.6.1 实验环境及参数设置

本章仿真实验将 IoV 系统布置在一个 $200\times200\ \text{m}^2$ 的十字路口区域，其中 4 个 RSU 分别布置在每个路口的道路旁边。为了模拟更加真实的道路情况，本章选取杭州市中心的 50 个十字路口来统计晚高峰时段（下午 5 点至 7 点）的交通情况。在仿真实验中车辆数目 $M\in[50,450]$，根据不同的车辆数目，网络运营商为其分配不同数目的计算资源 $F\in[4,36]$ GHz。实验参数设置如表 12.1 所示。

表 12.1 实验参数设置

参数	定义	数值
π_i^t	任务到达泊松速率	[0,4]
s	计算任务大小	20 MB
l	计算资源需求	1 cycle/bit
τ	期望传输时延	0.2 s
$\bar{R}$	局域网传输速率	100 Mbit/s
p_i	车辆传输能耗	100 mW
h_{im}	信道增益模型	$L[\text{dB}]=128.1+37.5\log10(\text{d[m]})$
σ^2	噪声功率	−174 dBm/Hz
$\bar{E}_m$	RSU 能耗约束	$1\ \text{W}\cdot\text{h}/\text{GHz}$
N_f	请求内容种类	50
C	RSU 缓存空间大小	100 MB
δ	RSU 计算能耗	$9\times10^{-5}\ \text{W}\cdot\text{h}/\text{MB}$
γ	RSU 通信能耗	$6\times10^{-5}\ \text{W}\cdot\text{h}/\text{Mbit/s}$
κ	RSU 缓存能耗	$2\times10^{-5}\ \text{W}\cdot\text{h}/\text{MB}$

为了更好地展现边缘协同的 IoV 联合资源分配策略在 IoV 中的性能优势，本章将其与三种现有的基准策略进行对比。

① 无 RSU 协同卸载策略（No RSU Peer Offloading，NoRP）[113]：在此策略中，RSU 之间不执行协同卸载，从车辆接收到的任务直接交由其相应的 RSU 处理，并且该策略中不考虑 RSU 的能耗约束。

② 平均能耗限制策略（Average Energy Constraint，AEC）[114]：在此策略中，为了严格满足 RSU 的能耗限制，将所有的能耗平均到每个时隙，即 $E_m^t \leqslant \bar{E}_m / T$。

③ 时延贪婪优化策略（Delay-Greedy Optimization，DGO）：此策略目标是贪婪地最小化每个任务的时延。然而，它很难满足长期的能耗约束。

12.6.2 系统性能分析

不同策略下的 IoV 系统性能比较如图 12.3 所示，其中平均能量队列长度越大表示系统消耗更多的能量用于执行车辆计算任务。另外，如果能量平均消耗队列收敛于 0，则证明该策略的能耗满足系统设定的 RSU 能耗限制。从图中可以观察到，NoRP 下 IoV 系统时延最高，并且拥有第二高的系统能耗；由于 AEC 策略对于 RSU 能耗有着严格的控制，因此它在任何时刻都有着最低的系统能耗，但它的网络时延则是 4 种策略中第二高的；DGO 策略因为采用了贪婪的方式，所以获得最低的网络时延，然而它会消耗远高于能耗限制的能量来处理 IoV 应用。与上述三种策略相比，本章提出的边缘协同策略在满足系统时延约束和 RSU 能耗约束的情况下，牺牲了一定的网络时延，但相对其他策略而言，它有着较低的系统能耗。综合上述两方面，本章提出的策略在 IoV 系统中拥有更优的性能。

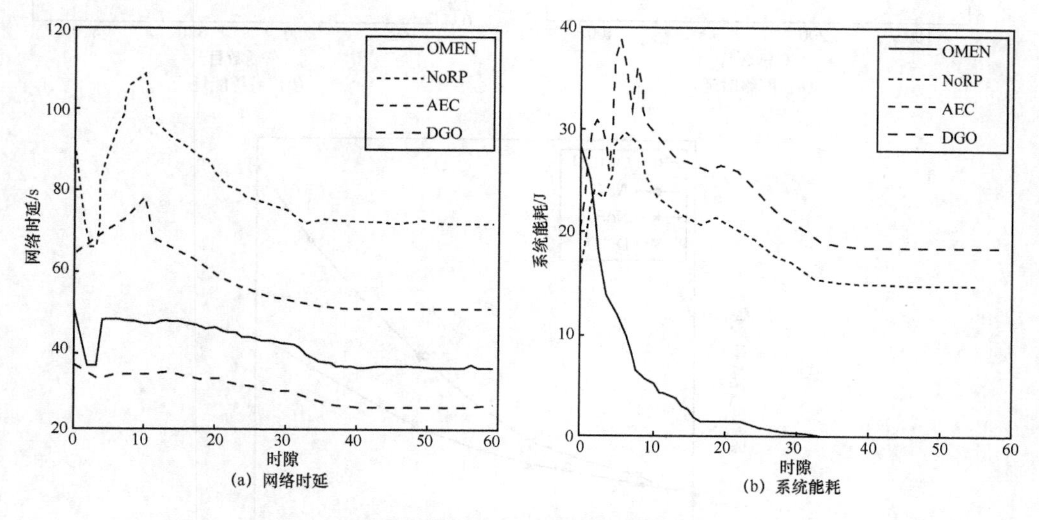

图 12.3 不同策略下的 IoV 策略系统性能比较

IoV 系统在车辆数目不同情况下的表现情况如图 12.4 所示。从图 12.4（a）中可以看出，当 IoV 系统服务更多的车辆时，所有策略的网络时延都会增加。与此同时，车辆增多需求的计算资源量随之增加，因此系统能耗也会有所增加。随着车辆数目的增加，OMEN 和 DGO 下的网络时延的增长趋势相对缓慢，说明这两种策略在处理密集交通流时具有更好的鲁棒性。然而，DGO 以消耗更多的能源为代价来获取更低的网络时延，这使得该策略无法满足系统为 RSU 预先设定的能耗约束。图 12.4（b）和图 12.4（c）表明 DGO 的系统能耗随着车辆数的增加，呈现比其他几种策略更加迅猛的增长趋势。相对 DGO 而言，OMEN 在满足 RSU 能耗的情况下，更能够适应密集交通流下的海量车辆应用请求。与其他两种策略比较，在能耗相当的情况下，OMEN 拥有更低的系统时延。

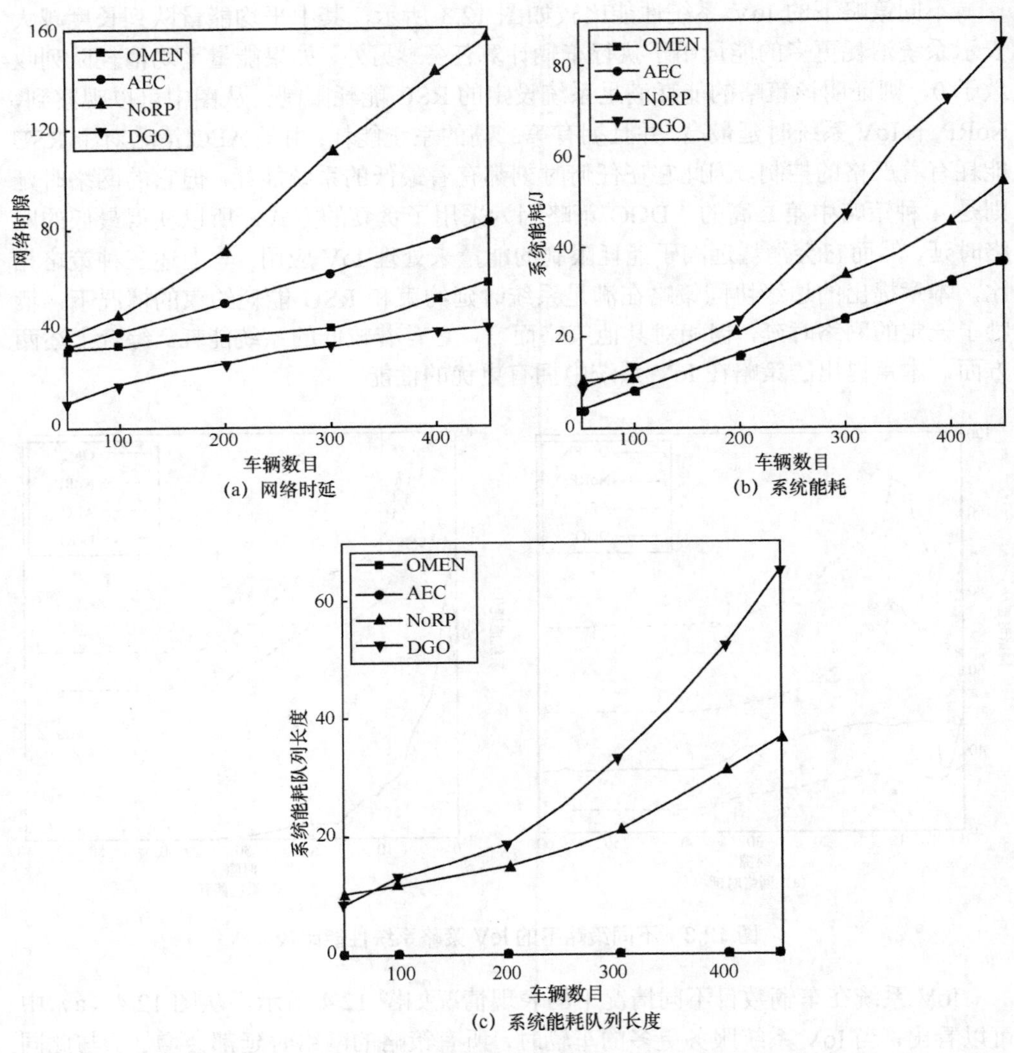

(a) 网络时延

(b) 系统能耗

(c) 系统能耗队列长度

图 12.4　IoV 系统在车辆数目不同时的表现情况

定理 12.3　在采用最佳决策 $(x^t, y^t, \beta^t)^*$ 时，IoV 系统时延与理论最优时延之间满足：

$$\lim_{T\to\infty}\frac{1}{T}\sum_{t=0}^{T-1}\mathbb{E}\left\{T_t\left(x^t, y^t, \beta^t\right)^*\right\} < T^{\text{opt}} + \frac{H}{V} \tag{12-28}$$

IoV 系统能耗满足：

$$\lim_{T\to\infty}\frac{1}{T}\sum_{t=0}^{T-1}\sum_{m=1}^{M}\mathbb{E}\left\{E_m^{c,t}\left(\beta^{*,t}\right) - \overline{E}_m\right\} \leqslant \frac{1}{\eta}\left(H + V\left(T^{\max} - T^{\text{opt}}\right)\right) \tag{12-29}$$

其中，$T^{\text{opt}} = \lim_{T\to\infty}\frac{1}{T}\sum_{t=0}^{T-1}\mathbb{E}\left\{T_t\left(x^t, y^t, \beta^t\right)^{\text{opt}}\right\}$ 为优化问题 P12 的理论最优解，$H = \frac{1}{2}\sum_{m=1}^{N}\left(E_{\max}^2 + \overline{E}_m^2\right)$，对于所有的 RSU 而言是一个常数。$T^{\max} = NT_{\max}$ 表示最大允许网络时延，$\eta > 0$ 是一个能够满足策略稳定的常数。

证明　此处通过引理 12.2 来证明 OMEN 的性能上界。

引理 12.2　针对优化问题 P12.1，对于任一稳定的随机策略 Π 存在一个相应实数 $\mathcal{V} > 0$，它们能够根据当前虚拟队列长度决定策略 $(x^t, y^t, \beta^t)^{\Pi}$，且策略满足如下不等式：

$$\sum_{m=1}^{N}\mathbb{E}\left\{T_t\left(x^t, y^t, \beta^t\right)^{\Pi}\right\} \leqslant T^{\text{opt}} + \mathcal{V} \tag{12-30a}$$

$$\mathbb{E}\left\{E_m^{c,t}\left(\beta^{\Pi,t}\right) - \overline{E}_m\right\} \leqslant \mathcal{V} \tag{12-30b}$$

$$\Delta(\Theta(t)) + V\sum_{m=1}^{N}\mathbb{E}\left\{T_t\left(x^t, y^t, \beta^t\right)^* \mid \Theta(t)\right\} \leqslant H + \mathcal{V}\Theta(t) + V\left(T^{\text{opt}} + \mathcal{V}\right) \tag{12-30c}$$

证明　参见 Xu 等[106]研究中的定理 2 可证。

将所有时间段中的式（12-30c）相加并设定 $\mathcal{V} \to 0$，可以得到

$$\frac{1}{T}\sum_{t=0}^{T-1}\mathbb{E}\left\{T_t\left(x^t, y^t, \beta^t\right)^*\right\} \leqslant \frac{H}{V} + T^{\text{opt}} - \frac{1}{TV}\mathbb{E}\{L(\Theta(t)) - L(\Theta(0))\} \tag{12-31}$$

其中，$L(\Theta(t)) \geqslant 0$ 且 $L(\Theta(0)) = 0$，因此系统时延上界为 $H/V + T^{\text{opt}}$；将 U 和 $(T^{\text{opt}} + \mathcal{V})$ 分别记为 $-\eta$ 和 $\Gamma(\eta)$，其中 $\Gamma(\eta) < T^{\text{opt}}$，将式（12-30a）和式（12-30b）代入引理 12.1 中可得

$$\Delta(\Theta(t)) + V\sum_{m=1}^{N}\mathbb{E}\left\{T_t\left(x^t, y^t, \beta^t\right)^* \mid \Theta(t)\right\} \leqslant H + V\Gamma(\eta) - \eta\Theta(t) < H + VT^{\text{opt}} - \eta\Theta(t) \tag{12-32}$$

将所有时间段中的式（12-32）相加，可以推导出长期系统能耗的边界值为

$$\frac{1}{T}\sum_{t=0}^{T-1}\sum_{m=1}^{M}\mathbb{E}\left\{E_m^{c,t}\left(\beta^t\right)-\bar{E}_m\right\}\leqslant\frac{1}{T}\sum_{t=0}^{T-1}\sum_{m=1}^{M}\mathbb{E}\left\{q_i(t)\right\}<\frac{1}{\eta}\left(H+V\left(T^{\max}-T^{\text{opt}}\right)\right) \tag{12-33}$$

定理 12.3 证明本章提出的 OMEN 和优化问题 P12 的理论最优解相比，有一个严格的性能上界。从式（12-28）可以看出，随着 V 值趋向无穷，OMEN 的性能越接近于优化问题的理论最优解。同时，式（12-28）和式（12-29）证明系统时延和系统能耗之间有着大小为 $[O(1/V),O(V)]$ 的权衡，这说明随着系数 V 的增长，系统时延会降低，系统能耗则会提高。同时系数 V 的值不能一味地减小，因为系统需要一定的能耗来保证策略的收敛性和网络的稳定性。

三个系统关键参数对 IoV 系统性能的影响如图 12.5 所示。图 12.5（a）表明参数 V 的变化与系统性能之间的关系，从图中可以看出系数 V 的值越大，系统时延越低，同时需要更多的系统能耗，因此运营商需要一个合适的 V 值来在系统时延表现和能耗之间进行权衡；从图 12.5（a）中可以看出，对运营商，$V=50$ 是最佳的系统参数，因为在 $V>50$ 的情况下，V 值的增加对网络时延改善不大。图 12.5（b）说明不同能量约束下的网络时延和能耗的表现情况，从图中可以看出，随着能量约束的增加，边缘协同策略的网络时延逐渐降低，消耗的能量逐渐增大，这是因为更高的能量约束意味着 RSU 有能力执行更多的计算任务；同时，从图中可以看出，本章的系统能耗严格低于预定的能耗约束。图 12.5（c）为不同 RSU 缓存能力下的系统时延表现情况，可以观察到网络时延随着存储容量的增加而减少，这是因为更多的内容可以被缓存在 RSU 中，从而减少 IoV 系统从云服务器下载内容的时延。由于缓存空间对能量约束的影响较小，这会让 RSU 能耗限制对 OMEN 的影响力下降，所以随着存储容量的增加，OMEN 的网络时延能够逐渐接近 DGO。

12.6.3 时间复杂度分析

为了突出本章提出的基于模仿学习的分支定界算法的性能表现，本章将该算法与 DRL 中的 DQN 算法[115]以及最优分支定界算法[116]进行算法最优性（系统时延）和算法运行速度两方面对比。在 DQN 中，本章更改经验回放的尺寸来表示训练数据大小的不同；此外，本章使用 200 条测试数据来检测算法性能，对比结果如表 12.2 所示。

将最优分支定界算法作为基准方法，可以看出 OMEN 能够获得接近最优的系统时延并且显著减少计算复杂度。从表中数据可以看出，在训练数据为 200 时，相较于最优分支定界算法，OMEN 可以提升计算速度约 4.32 倍，并且只牺牲了 2.93% 的准确度。然而，DQN 算法相较于最优分支定界法计算速度提升约 2.06 倍，但准确性方面与最优解差距达 3.94%。在训练数据较少（训练样本为 50 个）时，OMEN

速度提升约为 9.15 倍，准确性方面损失 7.39%；而 DQN 算法只能获得 75.32%的准确性结果，并且由于训练数据较少，DQN 算法有一定概率难以得到收敛的结果。

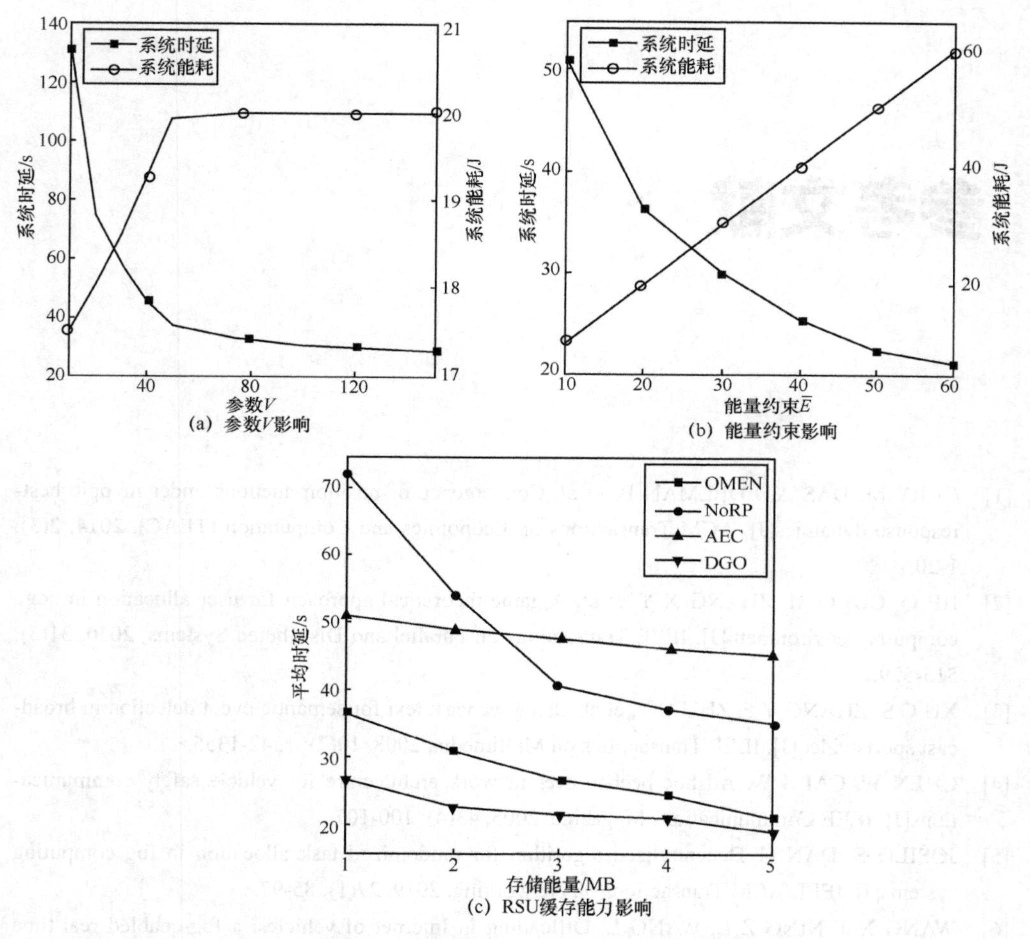

图 12.5 三个系统关键参数对 IoV 系统性能的影响

表 12.2 算法性能对比

<table>
<tr><th rowspan="2">训练数据</th><th colspan="3">系统时延</th><th colspan="3">运行提速</th></tr>
<tr><th>OMEN</th><th>DQN</th><th>B&B</th><th>OMEN</th><th>DQN</th><th>B&B</th></tr>
<tr><td>50</td><td>92.61%</td><td>75.32%</td><td rowspan="4">100%</td><td>9.15 倍</td><td>2.64 倍</td><td rowspan="4">1.00×</td></tr>
<tr><td>100</td><td>93.61%</td><td>85.06%</td><td>4.84 倍</td><td>2.29 倍</td></tr>
<tr><td>150</td><td>94.61%</td><td>91.33%</td><td>4.63 倍</td><td>2.17 倍</td></tr>
<tr><td>200</td><td>97.07%</td><td>96.06%</td><td>4.32 倍</td><td>2.06 倍</td></tr>
</table>

参考文献

[1] CARY M, DAS A, EDELMAN B. et al. Convergence of position auctions under myopic best-response dynamics[J]. ACM Transactions on Economics and Computation (TEAC), 2014, 2(3): 1-20.

[2] HE Q, CUI G M, ZHANG X Y, et al. A game-theoretical approach for user allocation in edge computing environment[J]. IEEE Transactions on Parallel and Distributed Systems, 2020, 31(3): 515-529.

[3] XU C S, ZHANG Y F, ZHU G Y, et al. Using webcast text for semantic event detection in broadcast sports video[J]. IEEE Transactions on Multimedia, 2008, 10(7): 1342-1355.

[4] CHEN W, CAI S W. Ad hoc peer-to-peer network architecture for vehicle safety communications[J]. IEEE Communications Magazine, 2005, 43(4): 100-107.

[5] JOŠILO S, DÁN G. Decentralized algorithm for randomized task allocation in fog computing systems[J]. IEEE/ACM Transactions on Networking, 2019, 27(1): 85-97.

[6] WANG X J, NING Z L, WANG L. Offloading in Internet of vehicles: a fog-enabled real-time traffic management system[J]. IEEE Transactions on Industrial Informatics, 2018, 14(10): 4568-4578.

[7] THOMAS M U. Queueing systems. volume 1: theory (Leonard Kleinrock)[J]. SIAM Review, 1976, 18(3): 512-514.

[8] WU Y H, MANSIMOV E, LIAO S, et al. Scalable trust-region method for deep reinforcement learning using Kronecker-factored approximation[C]//Proceedings of Advances in Neural Information Processing Systems. 2017: 5279-5288.

[9] GOODFELLOW I J, POUGET-ABADIE J, MIRZA M, et al. Generative adversarial networks[C]//Proceedings of Advances in Neural Information Processing Systems. 2014: 2672-2680.

[10] LI H S, LAI L F, POOR H V. Multicast routing for decentralized control of cyber physical sys-

tems with an application in smart grid[J]. IEEE Journal on Selected Areas in Communications, 2012, 30(6): 1097-1107.

[11] MADAN R, LALL S. Distributed algorithms for maximum lifetime routing in wireless sensor networks[J]. IEEE Transactions on Wireless Communications, 2006, 5(8): 2185-2193.

[12] JERZY FILAR, KOOS VRIEZE. Competitive Markov decision processes[M]. Springer Science & Business Media, 2012.

[13] PRASAD H L, BHATNAGAR S. A study of gradient descent schemes for general-sum stochastic games[J]. arXiv preprint arXiv:1507.00093,2015.

[14] SCHULMAN J, MORITZ P, LEVINE S, et al. High-dimensional continuous control using generalized advantage estimation[C]//Proceedings of the International Conference on Learning Representations. 2015: 5279-5288.

[15] SUTTON R S, MCALLESTER D A, SINGH S P, et al. Policy gradient methods for reinforcement learning with function approximation[C]//Proceedings of Advances in Neural Information Processing Systems. 2000: 1057-1063.

[16] BLOEM M, BAMBOS N. Infinite time horizon maximum causal entropy inverse reinforcement learning[C]//Proceedings of 53rd IEEE Conference on Decision and Control. 2014: 4911-4916.

[17] SYED U, BOWLING M, SCHAPIRE R E. Apprenticeship learning using linear programming[C]//Proceedings of the 25th International Conference on Machine Learning- ICML '08. 2008: 1032-1039.

[18] LIU M, ZHOU M, ZHANG W, et al. Multi-agent interactions modeling with correlated policies[C]//International Conference on Learning Representation. 2020: 1-20.

[19] ZHOU P Z, WANG C, YANG Y Y. Self-sustainable sensor networks with multi-source energy harvesting and wireless charging[C]//Proceedings of IEEE INFOCOM 2019-IEEE Conference on Computer Communications. 2019: 1828-1836.

[20] NING Z L, XIA F, HU X P, et al. Social-oriented adaptive transmission in opportunistic Internet of smartphones[J]. IEEE Transactions on Industrial Informatics, 2017, 13(2): 810-820.

[21] WALUNJKAR G, KOTESWARA RAO A. Simulation and evaluation of different mobility models in disaster scenarios[C]//Proceedings of 2019 4th International Conference on Recent Trends on Electronics, Information, Communication & Technology (RTEICT). 2019: 464-469.

[22] ZHANG J, HU X P, NING Z L, et al. Energy-latency tradeoff for energy-aware offloading in mobile edge computing networks[J]. IEEE Internet of Things Journal, 2018, 5(4): 2633-2645.

[23] CHEN L X, XU J. Task replication for vehicular cloud: contextual combinatorial bandit with delayed feedback[C]//Proceedings of IEEE INFOCOM 2019-IEEE Conference on Computer Communications. 2019: 748-756.

[24] MARTENS J, GROSSE R. Optimizing neural networks with Kronecker-factored approximate curvature C]//Proceedings of International Conference on Machine Learning. 2015: 2408-2417.

[25] MNIH V, BADIA A P, MIRZA M, et al. Asynchronous methods for deep reinforcement learning[C]//Proceedings of International Conference on Machine Learning. 2016: 1928-1937.

[26] LUO Q Y, LI C L, LUAN T H, et al. Collaborative data scheduling for vehicular edge computing

via deep reinforcement learning[J]. IEEE Internet of Things Journal, 2020, 7(10): 9637-9650.
[27] KAUL S, GRUTESER M, RAI V, et al. Minimizing age of information in vehicular networks[C]//Proceedings of 2011 8th Annual IEEE Communications Society Conference on Sensor, Mesh and Ad Hoc Communications and Networks. 2011: 350-358.
[28] HE Q, YUAN D, EPHREMIDES A. Optimal link scheduling for age minimization in wireless systems[J]. IEEE Transactions on Information Theory, 2018, 64(7): 5381-5394.
[29] CORNEO L, ROHNER C, GUNNINGBERG P. Age of information-aware scheduling for timely and scalable Internet of Things applications[C]//Proceedings of IEEE INFOCOM 2019 - IEEE Conference on Computer Communications. 2019: 2476-2484.
[30] KUO T W. Minimum age TDMA scheduling[C]//Proceedings of IEEE INFOCOM 2019 - IEEE Conference on Computer Communications. 2019: 2296-2304.
[31] WU X W, YANG J, WU J X. Optimal status update for age of information minimization with an energy harvesting source[J]. IEEE Transactions on Green Communications and Networking, 2018, 2(1): 193-204.
[32] MA Y, LIANG W F, LI J, et al. Mobility-aware and delay-sensitive service provisioning in mobile edge-cloud networks[J]. IEEE Transactions on Mobile Computing, 2020, (99): 1.
[33] WANG X J, NING Z L, ZHOU M C, et al. Privacy-preserving content dissemination for vehicular social networks: challenges and solutions[J]. IEEE Communications Surveys & Tutorials, 2019, 21(2): 1314-1345.
[34] ZHAN Y F, GUO S, LI P, et al. A deep reinforcement learning based offloading game in edge computing[J]. IEEE Transactions on Computers, 2020, 69(6): 883-893.
[35] IGL M, ZINTGRAF L, LE T A, et al. Deep variation reinforcement learning for POMDPs[C]// Proceedings of International Conference on Machine Learning. 1-17.
[36] KINGMA D P, WELLING M. Auto-encoding variational Bayes[J].arXiv: Machine Learning, 2013.
[37] ZHANG Z, YAO R, HUANG S, et al An online search method for representative risky fault chains based on reinforcement learning and knowledge transfer[J]. IEEE Transactions on Power Systems, 2019, 35(3): 1856-1867.
[38] ROSS S, BAGNELL D. Efficient reductions for imitation learning[C]//Proceedings of International conference on artificial intelligence and statistics. 2010: 6610-668.
[39] KINGMA D P, BA J L. Adam: a method for stochastic optimization[C]//Proceedingsof 3rd International Conference on Learning Representations. 2015: 1-11.
[40] LIU Y M, YU F R, LI X, et al. Decentralized resource allocation for video transcoding and delivery in blockchain-based system with mobile edge computing[J]. IEEE Transactions on Vehicular Technology, 2019, 68(11): 11169-11185.
[41] LIU M T, YU F R, TENG Y L, et al. Computation offloading and content caching in wireless blockchain networks with mobile edge computing[J]. IEEE Transactions on Vehicular Technology, 2018, 67(11): 11008-11021.
[42] QIU C R, HU Y, CHEN Y, et al. Deep deterministic policy gradient (DDPG)-based energy har-

vesting wireless communications[J]. IEEE Internet of Things Journal, 2019, 6(5): 8577-8588.

[43] LILLICRAP T, HUNT J, PRITZEL A, et al. Continuous control with deep reinforcement learning[J]. arXiv preprint arXiv:1509.02971, 2015.

[44] MAO C Y, LIN R R, XU C F, et al. Towards a trust prediction framework for cloud services based on PSO-driven neural network[J]. IEEE Access, 2017, 5: 2187-2199.

[45] MUHAMMAD G, RAHMAN S M M, ALELAIWI A, et al. Smart health solution integrating IoT and cloud: a case study of voice pathology monitoring[J]. IEEE Communications Magazine, 2017, 55(1): 69-73.

[46] WANG T, BHUIYAN M Z A, WANG G J, et al. Big data reduction for a smart city's critical infrastructural health monitoring[J]. IEEE Communications Magazine, 2018, 56(3): 128-133.

[47] LIU H, YAO X X, YANG T, et al. Cooperative privacy preservation for wearable devices in hybrid computing-based smart health[J]. IEEE Internet of Things Journal, 2019, 6(2): 1352-1362.

[48] 程子敬，赵俊楠，崔玉文，等. 基于纳什议价解的地外驻留平台网络可靠性与效用代价分析[J]. 通信学报, 2017, 38(2): 10-15.

[49] RAPPAPORT T S. Wireless communications: principles and practice[M]. New Jersey: Prentice hall PTR, 1996.

[50] DI B Y, SONG L Y, LI Y H. Sub-channel assignment, power allocation, and user scheduling for non-orthogonal multiple access networks[J]. IEEE Transactions on Wireless Communications, 2016, 15(11): 7686-7698.

[51] LIU Y, Li Y, NIU Y, JIN D. Joint optimization of path planningand resource allocation in mobile edge computing[J]. IEEE Transactions on Mobile Computing, 2020, 19(9): 2129–2144.

[52] WU Q Q, ZHANG R. Common throughput maximization in UAV-enabled OFDMA systems with delay consideration[J]. IEEE Transactions on Communications, 2018, 66(12): 6614-6627.

[53] HONG S, BRAND J, CHOI J I, et al. Applications of self-interference cancellation in 5G and beyond[J]. IEEE Communications Magazine, 2014, 52(2): 114-121.

[54] SUN Y X, ZHOU S, XU J. EMM: energy-aware mobility management for mobile edge computing in ultra dense networks[J]. IEEE Journal on Selected Areas in Communications, 2017, 35(11): 2637-2646.

[55] WANG X J, NING Z L, GUO S. Multi-agent imitation learning for pervasive edge computing: a decentralized computation offloading algorithm[J]. IEEE Transactions on Parallel and Distributed Systems, 2021, 32(2): 411-425.

[56] NING Z L, DONG P R, WANG X J, et al. Distributed and dynamic service placement in pervasive edge computing networks[J]. IEEE Transactions on Parallel and Distributed Systems, 2021, 32(6): 1277-1292.

[57] BERTSIMAS D, TSITSIKLIS J N. Introduction to Linear Optimization[M]. Athena Scientific Belmont, MA, 1997.

[58] CASTRO M, LISKOV B. Practical Byzantine fault tolerance[J]. ACM Transactions on Computer Systems (TOCS)Volume 20, 2002, 4: 398-461.

[59] WANG X J, NING Z L, HU X P, et al. Optimizing content dissemination for real-time traffic

management in large-scale internet of vehicle systems[J]. IEEE Transactions on Vehicular Technology, 2019, 68(2): 1093-1105.

[60] CHEN L, YU F R, JI H, et al. Distributed virtual resource allocation in small-cell networks with full-duplex self-backhauls and virtualization[J]. IEEE Transactions on Vehicular Technology, 2016, 65(7): 5410-5423.

[61] LIU M T, YU F R, TENG Y L, et al. Performance optimization for blockchain-enabled industrial internet of things (IIoT) systems: a deep reinforcement learning approach[J]. IEEE Transactions on Industrial Informatics, 2019, 15(6): 3559-3570.

[62] HUANG X M, YU R, KANG J W, et al. Software defined networking for energy harvesting internet of things[J]. IEEE Internet of Things Journal, 2018, 5(3): 1389-1399.

[63] SINGH S. Critical reasons for crashes investigated in the national motorvehicle crash causation survey[R]. 2015.

[64] FADLULLAH Z M, TANG F X, MAO B M, et al. State-of-the-art deep learning: evolving machine intelligence toward tomorrow's intelligent network traffic control systems[J]. IEEE Communications Surveys & Tutorials, 2017, 19(4): 2432-2455.

[65] NING Z L, HU X P, CHEN Z K, et al. Corrections to “a cooperative quality-aware service access system for social Internet of vehicles”[J]. IEEE Internet of Things Journal, 2020, 7(7): 6663.

[66] HOU W G, NING Z L, GUO L. Green survivable collaborative edge computing in smart cities[J]. IEEE Transactions on Industrial Informatics, 2018, 14(4): 1594-1605.

[67] NING Z L, HUANG J, WANG X J. Vehicular fog computing: enabling real-time traffic management for smart cities[J]. IEEE Wireless Communications, 2019, 26(1): 87-93.

[68] SALAHUDDIN M A, AL-FUQAHA A, GUIZANI M. Reinforcement learning for resource provisioning in the vehicular cloud[J]. IEEE Wireless Communications, 2016, 23(4): 128-135.

[69] WEI Y F, YU F R, SONG M. Distributed optimal relay selection in wireless cooperative networks with finite-state Markov channels[J]. IEEE Transactions on Vehicular Technology, 2010, 59(5): 2149-2158.

[70] NING Z L, HUANG J, WANG X J, et al. Mobile edge computing-enabled Internet of vehicles: toward energy-efficient scheduling[J]. IEEE Network, 2019, 33(5): 198-205.

[71] WEN Y G, ZHANG W W, LUO H Y. Energy-optimal mobile application execution: Taming resource-poor mobile devices with cloud clones[C]//Proceedings of IEEE INFOCOM. 2012: 2716-2720.

[72] KANTERE V, DASH D, FRANCOIS G, et al. Optimal service pricing for a cloud cache[J]. IEEE Transactions on Knowledge and Data Engineering, 2011, 23(9): 1345-1358.

[73] 刘树新，李星，陈鸿昶，等.基于资源传输匹配度的复杂网络链路预测方法[J]. 通信学报，2020, 41(6): 70-79.

[74] NING Z L, DONG P R, WANG X J, et al. When deep reinforcement learning meets 5G-enabled vehicular networks: a distributed offloading framework for traffic big data[J]. IEEE Transactions on Industrial Informatics, 2020, 16(2): 1352-1361.

[75] MOHAMMADI M, AL-FUQAHA A, SOROUR S, et al. Deep learning for IoT big data and

streaming analytics: a survey[J]. IEEE Communications Surveys & Tutorials, 2018, 20(4): 2923-2960.
[76] LI Z, WANG C, JIANG C J. User association for load balancing in vehicular networks: an online reinforcement learning approach[J]. IEEE Transactions on Intelligent Transportation Systems, 2017, 18(8): 2217-2228.
[77] CHEN X, JIAO L, LI W Z, et al. Efficient multi-user computation offloading for mobile-edge cloud computing[J]. IEEE/ACM Transactions on Networking, 2016, 24(5): 2795-2808.
[78] DENG S, XIANG Z, ZHAO P, et al. Dynamical resource allocation in edge for trustable internet-of-things system: a reinforcement learning method[J]. IEEE Transactions on Industrial Informatics, 2020, 16(9): 6103-6113.
[79] CHEN M, HAO Y X. Task offloading for mobile edge computing in software defined ultra-dense network[J]. IEEE Journal on Selected Areas in Communications, 2018, 36(3): 587-597.
[80] DAI Y Y, XU D, MAHARJAN S, et al. Joint computation offloading and user association in multi-task mobile edge computing[J]. IEEE Transactions on Vehicular Technology, 2018, 67(12): 12313-12325.
[81] 毕英蓉. 车联网中内容分发方案及激励机制的研究[D]. 大连: 大连理工大学, 2014.
[82] HE J P, CAI L, CHENG P, et al. Delay minimization for data dissemination in large-scale VANETs with buses and taxis[J]. IEEE Transactions on Mobile Computing, 2016, 15(8): 1939-1950.
[83] LI Z, WANG C, JIANG C J. User association for load balancing in vehicular networks: an online reinforcement learning approach[J]. IEEE Transactions on Intelligent Transportation Systems, 2017, 18(8): 2217-2228.
[84] NING Z L, DONG P R, WANG X J, et al. Deep reinforcement learning for vehicular edge computing[J]. ACM Transactions on Intelligent Systems and Technology, 2019, 10(6): 1-24.
[85] WANG K, YIN H, QUAN W, et al. Enabling collaborative edge computing for software defined vehicular networks[J]. IEEE Network, 2018, 32(5): 112-117.
[86] ZHANG J, HU X P, NING Z L, et al. Energy-latency tradeoff for energy-aware offloading in mobile edge computing networks[J]. IEEE Internet of Things Journal, 2018, 5(4): 2633-2645.
[87] ZHANG D G, GE H, ZHANG T, et al. New multi-hop clustering algorithm for vehicular ad hoc networks[J]. IEEE Transactions on Intelligent Transportation Systems, 2019, 20(4): 1517-1530.
[88] HU L, TIAN Y W, YANG J, et al. Ready player one: UAV-clustering-based multi-task offloading for vehicular VR/AR gaming[J]. IEEE Network, 2019, 33(3): 42-48.
[89] XIAO H L, CHEN Y H, ZHANG Q Y, et al. Joint clustering and power allocation for the cross roads congestion scenarios in cooperative vehicular networks[J]. IEEE Transactions on Intelligent Transportation Systems, 2019, 20(6): 2267-2277.
[90] HOU X S, LI Y, CHEN M, et al. Vehicular fog computing: a viewpoint of vehicles as the infrastructures[J]. IEEE Transactions on Vehicular Technology, 2016, 65(6): 3860-3873.
[91] NOZAKI S A, ROSS S M. Approximations in finite-capacity multi-server queues by Poisson arrivals[J]. Journal of Applied Probability, 1978, 15(4): 826-834.
[92] WÄCHTER A, BIEGLER L T. On the implementation of an interior-point filter line-search algo-

rithm for large-scale nonlinear programming[J]. Mathematical Programming, 2006, 106(1): 25-57.

[93] WU X Z, MIUCIC R, YANG S C, et al. Cars talk to phones: a DSRC based vehicle-pedestrian safety system[C]//Proceedings of 2014 IEEE 80th Vehicular Technology Conference (VTC2014-Fall). 2014: 1-7.

[94] NING Z L, WANG X J, RODRIGUES J J P C, et al. Joint computation offloading, power allocation, and channel assignment for 5G-enabled traffic management systems[J]. IEEE Transactions on Industrial Informatics, 2019, 15(5): 3058-3067.

[95] ZHANG J, LIEW S C, FU L. On fast optimal STDMA scheduling over fading wireless channels[C]//Proceedings of IEEE INFOCOM 2009. Piscataway: IEEE Press, 2009: 1710-1718.

[96] VAN LE D, THAM C K. A deep reinforcement learning based offloading scheme in ad-hoc mobile clouds[C]//Proceedings of IEEE INFOCOM 2018 - IEEE Conference on Computer Communications Workshops (INFOCOM WKSHPS). 2018: 760-765.

[97] NING Z L, DONG P R, KONG X J, et al. A cooperative partial computation offloading scheme for mobile edge computing enabled internet of things[J]. IEEE Internet of Things Journal, 2019, 6(3): 4804-4814.

[98] GUO S T, XIAO B, YANG Y Y, et al. Energy-efficient dynamic offloading and resource scheduling in mobile cloud computing[C]//Proceedings of IEEE INFOCOM 2016-the 35th Annual IEEE International Conference on Computer Communications. 2016: 1-9.

[99] ZHANG K, ZHU Y X, LENG S P, et al. Deep learning empowered task offloading for mobile edge computing in urban informatics[J]. IEEE Internet of Things Journal, 2019, 6(5): 7635-7647.

[100]YU J H, LIU J C, ZHANG R R, et al. Multi-seed group labeling in RFID systems[J]. IEEE Transactions on Mobile Computing, 2020, 19(12): 2850-2862.

[101]ZHENG Z B, YANG Y T, LIU J H, et al. Deep and embedded learning approach for traffic flow prediction in urban informatics[J]. IEEE Transactions on Intelligent Transportation Systems, 2019, 20(10): 3927-3939.

[102]LIN K, LUO J M, HU L, et al. Localization based on social big data analysis in the vehicular networks[J]. IEEE Transactions on Industrial Informatics, 2017, 13(4): 1932-1940.

[103]MACH P, BECVAR Z. Mobile edge computing: a survey on architecture and computation offloading[J]. IEEE Communications Surveys & Tutorials, 2017, 19(3): 1628-1656.

[104]张辉，曹丽娜. 现代通信原理与技术[M]. 西安：西安电子科技大学出版社, 2002.

[105]唐应辉，唐小我. 排队论：基础与分析技术[M]. 北京：科学出版社, 2006.

[106]XU J, CHEN L X, ZHOU P. Joint service caching and task offloading for mobile edge computing in dense networks[C]//Proceedings of IEEE INFOCOM 2018 - IEEE Conference on Computer Communications. 2018: 207-215.

[107]TAN L T, HU R Q, HANZO L. Twin-timescale artificial intelligence aided mobility-aware edge caching and computing in vehicular networks[J]. IEEE Transactions on Vehicular Technology, 2019, 68(4): 3086-3099.

[108]黄文奇，许如初. 近世计算理论导引: NP 难度问题的背景、前景及其求解算法研究[M]. 北京:

科学出版社, 2004.

[109]HUSSEIN A, GABER M M, ELYAN E, et al. Imitation learning[J]. ACM Computing Surveys, 2017, 50(2): 1-35.

[110]SUN W, VENKATRAMAN A, GORDON G J, et al. Deeply aggravated: differentiable imitation learning for sequential prediction[C]//Proceedings of the 34th International Conference on Machine Learning-Volume 70. 2017: 3309-3318.

[111]CHANG C C, LIN C J. LIBSVM: a library for support vector machines[J]. ACM transactions on intelligent systems and technology (TIST), 2011, 2(3): 1-27.

[112]ROSS S, GORDON G J, BAGNELL J A. A reduction of imitation learning and structured prediction to no-regret online learning[J]. Journal of Machine Learning Research, 2011, 15: 627-635.

[113]GUO S T, XIAO B, YANG Y Y, et al. Energy-efficient dynamic offloading and resource scheduling in mobile cloud computing[C]//Proceedings of IEEE INFOCOM 2016-The 35th Annual IEEE International Conference on Computer Communications. 2016: 1-9.

[114]LIAO Q, AZIZ D. Modeling of mobility-aware RRC state transition for energy-constrained signaling reduction[C]//Proceedings of 2016 IEEE Global Communications Conference (GLOBECOM). 2016: 1-7.

[115]HE Y, YU F R, ZHAO N, et al. Software-defined networks with mobile edge computing and caching for smart cities: a big data deep reinforcement learning approach[J]. IEEE Communications Magazine, 2017, 55(12): 31-37.

[116]LI Z Y, WANG C, XU R. Computation offloading to save energy on handheld devices: a partition scheme[C]//Proceedings of the 2001 international conference on Compilers, architecture, and synthesis for embedded systems. 2001: 238-246.

社, 2004.

[109]HOSSEIN A, GABER M M, PAYNE S, et al. Imitation learning[J]. ACM Computing Surveys (CSUR), 2017, 50(2): 1-35.

[110]SUN W, VENKATRAMAN A, GORDON G J, et al. Deeply aggrevated: differentiable imitation learning for sequential prediction[C]//Proceedings of the 34th International Conference on Machine Learning-Volume 70. 2017: 3309-3318.

[111]CHANG C C, LIN C J. LIBSVM: a library for support vector machines[J]. ACM transactions on intelligent systems and technology (TIST), 2011, 2(3): 1-27.

[112]ROSS S, GORDON G J, BAGNELL J A. A reduction of imitation learning and structured prediction to no-regret online learning[J]. Journal of Machine Learning Research, 2011, 15: 627-635.

[113]GUO S T, XIAO B, YANG Y Y, et al. Energy-efficient dynamic offloading and resource scheduling in mobile cloud computing[C]//Proceedings of IEEE INFOCOM 2016 - The 35th Annual IEEE International Conference on Computer Communications. 2016: 1-9.

[114]LEAO O, AZIZ D. Modeling of mobility-aware RRC state transition for energy-constrained signaling reduction[C]//Proceedings of 2016 IEEE Global Communications Conference (GLOBECOM). 2016: 1-7.

[115]HE Y, YU F R, ZHAO N, et al. Software-defined networks with mobile edge computing and caching for smart cities: a big data deep reinforcement learning approach[J]. IEEE Communications Magazine, 2017, 55(12): 31-37.

[116]LI Z Y, WANG C, XU R. Computation offloading to save energy on handheld devices: a partition scheme[C]//Proceedings of the 2001 international conference on Compilers, architecture, and synthesis for embedded systems. 2001: 238-246.